应对气候变化能力建设丛书

适应与减缓气候变化

李 祝 王松林 曾 炜 等编著

科 学 出 版 社
北 京

内 容 简 介

本书分为两篇，共计10章。第一篇为适应气候变化，包括气候变化的影响，气候变化风险的分析方法与工具，适应气候变化的基本理论及发展历史，气候变化适应政策，适应气候变化的对策与能力评估。第二篇为减缓气候变化，包括减缓气候变化概述，减缓气候变化的政策体制及行动，减缓气候变化的主要途径、措施，气候变化减缓技术，以及减缓气候变化面临的挑战与机遇。

本书可供气候变化相关政策的制定者、实施者、宣传者使用，也可供环境工程、生态工程、低碳经济等相关学科的大学生阅读参考。

图书在版编目(CIP)数据

适应与减缓气候变化 / 李祝等编著. —北京：科学出版社，2019.9
(应对气候变化能力建设丛书)
ISBN 978-7-03-062521-2

Ⅰ. ①适…　Ⅱ. ①李…　Ⅲ. ①气候变化-教材　Ⅳ. ①P467

中国版本图书馆CIP数据核字（2019）第211264号

责任编辑：杜 权 李亚佩 / 责任校对：樊雅琼
责任印制：彭 超 /封面设计：苏 波

科学出版社 出版
北京东黄城根北街16号
邮政编码：100717
http://www.sciencep.com
北京虎彩文化传播有限公司 印刷
科学出版社发行 各地新华书店经销
*
2019年9月第 一 版 开本：787×1092 1/16
2019年9月第一次印刷 印张：12
字数：285 000

定价：75.00 元

（如有印装质量问题，我社负责调换）

编 委 会

前　言

以全球变暖为主要特征的气候变化问题，已成为全球环境与实现全球可持续发展的主要问题之一，对人类社会经济活动产生了严重的危害。为了提高适应气候变化的能力，各国已经制定了相应的应对气候变化的国家战略。党的十九大以来，生态文明建设和生态环境保护被提升到前所未有的战略高度。构建人类命运共同体，建设绿色家园是人类的共同梦想，积极应对气候变化是建设生态文明的重要组成部分。面对气候变化，需要采取坚决的行动，其两大重要举措是适应和减缓。

本书是集体智慧的结晶，主要由湖北工业大学和华中科技大学的教师和研究人员完成。他们全面细致地从适应气候变化到减缓气候变化的理论、技术、政策、途径、措施，以及未来面临的挑战和机遇等方方面面，分章节进行详细讲述，不断补充完善最终编写成本书。本书分为两篇，第一篇为适应气候变化，第二篇为减缓气候变化。

本书由中华人民共和国国家发展和改革委员会中国清洁发展机制基金赠款项目“湖北省国家低碳工业园试点能力建设项目”（项目编号：国家发改委气候司 2014051）资助完成，由李祝担任主编，由王松林、曾炜任副主编，由张会琴、曹刚、谢鹏超、高林霞、汪淑廉、常峰毅、桂敏、黎明参与了各章的编写工作。另外，在本书的编写中参考了大量的相关书籍和资料，其中主要的参考文献附于书后，在此对这些文献的作者表示诚挚的感谢。

气候变化发展迅速，书中难免有疏漏和不妥之处，敬请广大读者批评指正。

编　者

2019 年 1 月

前　言

目　录

第一篇　适应气候变化

第 1 章　气候变化的影响

1.1　气候变化及其影响分类

气候变化是全球面临的紧迫问题。在有详细记录的近百年，气候发生了显著的变化。了解气候变化的历史和现状，并根据大量的科学证据分析气候变化的可能趋势，不仅对制订应对气候变化所造成不利影响的对策十分重要，而且可以用已经发生的气候变化现象和未来可能的气候变化趋势来提高公众对气候变化的意识。

1.1.1　气候变化

气候变化影响着人类的生存和发展，威胁着人类社会的持续发展，因此气候变化研究已成为目前国际科学界的热点之一，引起了各国政府与公众的强烈关注。随着科学研究的发展，人类对气候变化的认识在逐步深入。

在通常意义上讲，气候变化是指气候状态随时间的变化，可通过气候特性的平均值和离差的变化予以判别，这种变化会持续较长时间，通常为几十年或更长时间。气候特性平均值的升降，表明气候平均状态的变化；气候特性离差增大，则表明气候状态不稳定性增加，气候异常较明显。

气候变化发生的原因，一方面是自然的内部过程或外部胁迫，如太阳周期的改变、火山喷发等，另一方面是持续的人为活动引起的大气成分或土地利用的变化。因此，有的机构将气候变化定义为在可以比较的时期内所观测到的自然气候离差之外的直接或间接归因于人类活动改变大气成分的那一部分气候变化，以区别于自然原因的气候变率。

地球气候一直处于变化之中。在过去的 8 亿年里，地球经历了四次主要的冰期，期间散布的温暖期被称为间冰期。目前研究意义上的气候变化，通常是指地球在过去的 150 年内以前所未有的速度和程度出现的全球变暖现象。气候变化导致极端天气气候事件的频率、强度增加，加大了预估未来气候变化的不确定性。近百年来，全球气候变化体现在全球气温升高、海洋变暖、冰川大范围融化、海平面持续上升等诸多方面。1880～2012 年，全球地表平均气温大约上升了 0.85℃；在北半球，1983～2012 年可能是过去 1400 年中最暖的 30 年。1971～2010 年，气候系统增加的净能量中有 90%以上储存于海洋，造成海洋上层变暖。自 1971 年，全球冰川普遍出现退缩现象，格陵兰冰盖和南极冰盖的冰储量减少，北极海冰面积以每 10 年 3.5%～4.1%的速率缩小。20 世纪以来，全球海平面上升约 19cm，平均每年上升约 1.6mm。受全球气候变暖的影响，20 世纪中叶以来极端天气气候事件的强度和频率发生明显变化。其中，极端暖事件增多，极端冷事件减少；欧洲、亚洲、澳大利亚等热浪发生频率增高；陆地区域的强降水事件增加，欧洲南部和非洲西部干旱强度增强、持续时间增长；热带气旋的强度、频率和持续时间存在长期增加趋势。

1.1.2 气候变化的影响及其分类

气候系统作为人类赖以生存的自然环境系统的一个重要组成部分，它的任何变化都会对自然环境系统及社会经济产生不可忽视的影响。气候变化可能成为一种自然驱动力，一方面改变生态系统所依赖的气候条件（水、热、风）和气候资源（光、水、气），另一方面也改变其环境条件的稳定性。

气候变化的影响是指气候变化对自然系统和人类系统的影响，可分为潜在影响和剩余影响，这取决于是否考虑适应气候变化。

（1）潜在影响：不考虑适应气候变化，某一预估的气候变化所产生的全部影响。

（2）剩余影响：采取适应气候变化的措施后，气候变化仍将产生的影响。对许多影响（如生态退化、农作物产量变化、粮食安全引发冲突的可能性等）而言，气候变化通常不是唯一的驱动因素，尤其是对人类系统而言，“影响”不应单独归因于气候变化。

气候变化主要是指极端天气气候事件对自然系统和人类系统的影响，通常是指某一特定时期内的气候变化和危险气候事件之间的相互作用，以及暴露的社会或系统的脆弱性对生命、生活、健康状况、生态系统、经济、社会、文化、服务和基础设施产生的影响。气候变化对地球物理系统的影响（包括洪水、干旱、海平面上升）是气候变化的影响的一部分。

气候变化的影响是全方位、多尺度和多层次的，它不仅会严重影响人类赖以生存的自然环境系统，而且会对人类社会的发展产生深远的影响，甚至有可能危及人类社会的生存。正是出于这种忧患，自20世纪70年代提出了全球气候变化及其对人类社会可能产生的影响，国际科学界和各国政府（特别是发达国家和那些将会受到威胁的海岛和沿海国家）开展了各方面的气候变化影响的研究。气候变化的影响问题逐渐成为全球共同关注的热点问题。近年来区域性气候变化，特别是温度的升高，已经给世界上许多地区的陆地和海洋生态系统造成影响，总结目前评价气候变化对生态系统影响的研究主要集中在以下几方面：一是气候变化导致地表径流、旱涝灾害的频率和一些地方的水质等发生变化，特别是水资源的不稳定性，使供需矛盾更为突出；二是自然植被的地理分布与物种组成发生明显变化，中高纬度地区的植物生长季节延长，动植物分布范围向极地地区和高海拔地区延伸，一些动植物数量减少，一些植物开花提前，等等；三是冰川、冻土和积雪减少，大河、湖泊水位下降和面积萎缩；四是森林植被资源的生产力和分布、物种的组成结构等发生变化；五是在某些物种生存范围和数目增加的同时，气候变化使某些相对脆弱的物种灭绝，生物多样性锐减的风险增加。随着气候变化的频率和幅度的增加，遭受破坏的自然系统在数量上有所增加，空间范围也将扩大。

综上所述，气候变化的影响可以用以下三种方法分类。

1. 按影响的确定性程度分类

对于影响的确定性程度，可以根据证据的类型、数量、质量、一致性（如数据、机理认识、理论、模式、专家判断）及一致性程度对影响有效性的信度定性描述，也可以对影响的不确定性进行概率表示。信度水平可以用很低、低、中等、高和很高表示；概率可以用发生的可能性概率或术语表示。

图 1.1 为证据量和一致性程度及其与信度的关系。一般情况下，当有多条一致性独立的高质量证据链时，证据最为确凿。表 1.1 为概率描述的可能性术语与发生的可能性概率的关系。

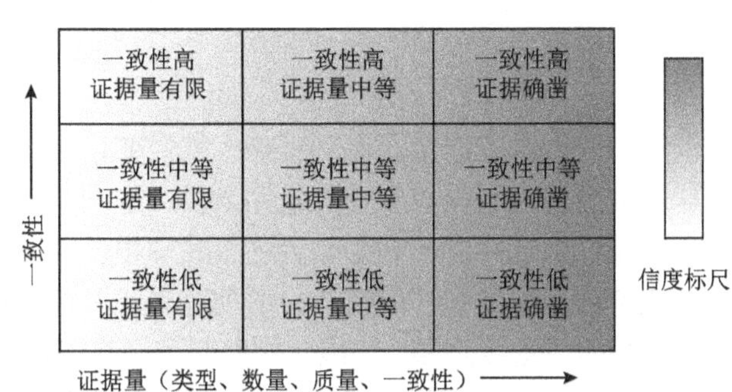

图 1.1　证据量和一致性程度及其与信度的关系

表 1.1　概率描述的可能性术语与发生的可能性概率的关系

可能性术语	发生的可能性概率/%
几乎确定	99～100
极有可能	95～100
很可能	90～100
可能	66～100
多半可能	50～100
或许可能	33～66
不可能	0～33
很不可能	0～10
极不可能	0～5
几乎不可能	0～1

2. 按影响的区域分类

按影响的区域分类，通常对世界上的八个主要地区区域进行分类，包括非洲、欧洲、亚洲、大洋洲、北美洲、南美洲、极地地区、小岛屿。

3. 按影响的系统分类

影响的系统可以分为地球物理系统、陆地生态系统、海洋生态系统、社会发展系统等。地球物理系统主要包括积雪、冰川、山体、河流、湖泊、洪水和干旱等。陆地生态系统主要包括动植物物种分布、生长状况、遗传发育和物候等。海洋生态系统主要包括海水、海岸变化，以及海洋物种的变化、迁徙和疾病模式等。社会发展系统主要包括农林牧渔业生产力、人类安全与生计、城市与农村、疾病和健康等。

1.2 气候变化影响的事实和现状

气候变化对自然系统和人类系统产生了深刻影响。气候变化导致的全球降水变化和冰川消融正在改变全球水文系统，影响着水资源量和水质，加剧着淡水资源缺乏。气候变化对农作物产量有利有弊，但总体以不利影响为主，其中小麦和玉米受气候变化不利影响最大。气候变化改变了部分生物物种的数量、活动范围、习性及迁徙模式等，部分陆地区域的物种向极地和高海拔地区迁移。气候变化引起了海洋酸化，影响着海洋生态，使人类健康问题进一步恶化。例如，一些地区由于炎热造成的人类死亡率在增高。

1.2.1 气候变化对人类系统的影响

在非洲，除了经济条件造成的变化外，南非农场主对不断变化的降水进行了自适应响应（低信度，气候变化起主要作用）；萨赫勒地区结果实的数目减少（低信度，气候变化起主要作用）；除了接种、耐药性、人口和生计造成的变化外，肯尼亚高原的疟疾增加（低信度，气候变化起次要作用）；除了渔业管理和土地利用造成的变化外，非洲大湖和卡里巴湖的渔业生产力下降（低信度，气候变化起次要作用）。

在欧洲，除了暴露度和医疗保健造成的变化外，英格兰和威尔士出现了由与寒冷相关的死亡率向与炎热相关的死亡率的转变（低信度，气候变化起主要作用）；除了经济和社会政治变化的影响外，北欧萨米人的生计受到负面影响（中等信度，气候变化起主要作用）；尽管技术得到了改进，但一些国家近几十年来的小麦产量并没有增长（中等信度，气候变化起次要作用）；在北欧地区，除了技术改进带来的增产外，气候变化对某些农作物的产量产生积极影响（中等信度，气候变化起次要作用）；欧洲部分地区发生蓝舌病毒的传播（中等信度，气候变化起次要作用）。

在亚洲，除了技术改进造成的产量增加外，南亚小麦总产量受到负面影响（中等信度，气候变化起次要作用）；除了技术改进造成的产量增加外，中国的小麦和玉米总产量受到负面影响（低信度，气候变化起次要作用）；以色列的介水传播疾病增加（低信度，气候变化起次要作用）。

在大洋洲，除了管理改进造成的成熟期提前外，近几十年来酿酒葡萄的成熟期提前（中等信度，气候变化起主要作用）；除了暴露度和医疗保健造成的变化外，澳大利亚冬季和夏季的人类死亡率发生变化（低信度，气候变化起主要作用）；除了政策、市场和短期气候变率造成的变化外，澳大利亚的农业活动位置发生变化（低信度，气候变化起次要作用）。

在北美洲，除了经济和社会政治变化的影响外，加拿大北极地区原住民的生计受到影响（中等信度，气候变化起主要作用）。

在南美洲，除了社会和经济压力增加造成的影响外，玻利维亚艾马拉的农民由于缺水，生计更加困难（中等信度，气候变化起主要作用）；除了技术改进带来的增产外，南美洲东南部农业产量增加，农业范围扩大（中等信度，气候变化起主要作用）。

在极地地区，除了经济和社会政治变化的影响外，北极人的生计受到影响（中等信度，气候变化起主要作用）；白令海峡的交通运输量提高（中等信度，气候变化起主要作用）。

在小岛屿地区，除了过度捕捞和污染造成的退化外，沿海渔业出现退化（低信度，气候变化起次要作用）。

1.2.2　气候变化对自然系统的影响

在非洲，东非的热带高原冰川收缩（高信度，气候变化起主要作用）；西非的河流量减少（低信度，气候变化起主要作用）；非洲大湖和卡里巴湖湖面升温和水体分层加强（高信度，气候变化起主要作用）；自 1970 年，萨赫勒地区的土壤墒情干旱增加，1990 年以来部分地区变得更加潮湿（中等信度，气候变化起主要作用）；除了土地利用造成的变化外，萨赫勒地区西部和摩洛哥半干旱地区树木密度减小（中等信度，气候变化起主要作用）；除了土地利用变化外，几种非洲南部的植物和动物的范围发生了变化（中等信度，气候变化起主要作用）；乞力马扎罗山的野火增多（低信度，气候变化起主要作用）；非洲热带海域的珊瑚礁减少（高信度，气候变化起主要作用）。

在欧洲，阿尔卑斯、斯堪的纳维亚半岛和冰岛收缩（高信度，气候变化起主要作用）；西阿尔卑斯山脉的岩石边坡失稳增加（中等信度，气候变化起主要作用）；极端河流量和洪水的发生频率变化（很低信度，气候变化起次要作用）；温带和寒带树木更早变绿、出叶、结果（高信度，气候变化起主要作用）；除了一些自然入侵外，更多的外来植物物种移生到欧洲（中等信度，气候变化起主要作用）；自 1970 年，候鸟迁徙过程中更早到欧洲（中等信度，气候变化起主要作用）；除了土地利用造成的变化外，欧洲的树线向北移动（低信度，气候变化起主要作用）；除了土地利用造成的变化外，最近几十年葡萄牙和希腊被烧毁的森林面积增加（高信度，气候变化起主要作用）；大西洋东北部的浮游动物、鱼类、海鸟和底栖无脊椎动物的分布向北转移（高信度，气候变化起主要作用）；整个欧洲海域的许多鱼类物种的分布向北、向更深处移动（中等信度，气候变化起主要作用）；大西洋东北部浮游生物物候发生变化（中等信度，气候变化起主要作用）；除了因入侵物种和人类活动造成的变化外，暖水物种的传播进入地中海（中等信度，气候变化起主要作用）。

在亚洲，西伯利亚、中亚和青藏高原多年冻土退化（高信度，气候变化起主要作用）；亚洲大部分的山地冰川收缩（中等信度，气候变化起主要作用）；除了土地利用造成的变化外，中国许多河流的水可用性发生变化（低信度，气候变化起次要作用）；中国华北中部和东北的土壤墒情降低（1950～2006 年）（中等信度，气候变化起主要作用）；除了土地利用造成的变化外，亚洲部分地区的地表水退化（中等信度，气候变化起次要作用）；亚洲许多地区，特别是在北部和东部，植物物候和生长状况发生变化（更早变绿）（中等信度，气候变化起主要作用）；许多植物和动物物种的分布海拔变高，或向极地方向移动，特别是在亚洲北部（中等信度，气候变化起主要作用）；近几十年来西伯利亚落叶松森林受到松树和云杉的入侵（低信度，气候变化起主要作用）；灌木进入西伯利亚苔原（高信度，气候变化起主要作用）；除了人类活动造成的影响外，亚洲热带海域的珊瑚礁减少（高信度，气候变化起主要作用）；中国东海和西太平洋的珊瑚范围向北扩展，日本海的掠食型鱼类也向北扩展（中等信度，气候变化起主要作用）；除了渔业活动造成的变化外，北太平洋西部的部分沙丁鱼被凤尾鱼替代（低信度，气候变化起主要作用）；亚洲北极地区的海岸侵蚀加剧（低信度，气候变化起主要作用）。

在大洋洲，澳大利亚 4 个高山站中的 3 个晚季积雪深度显著下降（1957～2000 年）（中等信度，气候变化起主要作用）；新西兰的积雪和冰川冰量大幅度减少（中等信度，气候变化起主要作用）；澳大利亚东南部因地区变暖造成的水文干旱强度加大（低信度，气候变化起次要作用）；澳大利亚西南部河流系统的入水流量减少（自 20 世纪 70 年代中期）（高信度，气候变化起主要作用）；除了当地气候、土地利用、污染和入侵物种造成的变化外，澳大利亚许多物种，特别是鸟类、蝴蝶和植物的遗传、发育、分布及物候发生变化（高信度，气候变化起主要作用）；澳大利亚东南部的一些湿地扩展，相邻的林地收缩（低信度，气候变化起主要作用）；澳大利亚北部的季风雨林扩展，大草原和草地收缩（中等信度，气候变化起主要作用）；新西兰怀卡托河鳗鱼苗的迁徙提前数周（低信度，气候变化起主要作用）；除了短期环境波动、捕鱼和污染造成的变化外，澳大利亚近海物种的分布向南转移（中等信度，气候变化起主要作用）；澳大利亚海鸟迁徙的时间发生变化（低信度，气候变化起主要作用）；除了污染和物理干扰的影响外，大堡礁和澳大利亚西部的珊瑚礁中的珊瑚白化（高信度，气候变化起主要作用）；除了污染造成的影响外，大堡礁的珊瑚白化模式发生变化（中等信度，气候变化起主要作用）。

在北美洲，整个北美洲西部和北部冰川收缩（高信度，气候变化起主要作用）；北美洲西部春季积雪的水量减少（1960～2002 年）（高信度，气候变化起主要作用）；北美洲西部以雪水为主的河流的峰值流量增加（高信度，气候变化起主要作用）；美国中西部和东北部的径流量增加（中等信度，气候变化起次要作用）；多个类群的物候发生变化，物种分布的海拔变高、向北移动（中等信度，气候变化起主要作用）；亚北极区针叶林和苔原野火的发生频率增加（中等信度，气候变化起主要作用）；树木死亡率和森林虫害的区域分布面积增加（低信度，气候变化起次要作用）；除了土地利用和消防管理造成的变化外，美国西部森林和加拿大北方森林的野火、火灾发生频率和持续时间及燃烧面积增加（中等信度，气候变化起次要作用）；大西洋西北部的鱼类物种的分布向北移动（高信度，气候变化起主要作用）；美国西海岸贻贝床群落发生变化（高信度，气候变化起主要作用）；太平洋东北部鲑鱼的迁徙和生存发生变化（高信度，气候变化起主要作用）；阿拉斯加和加拿大海岸侵蚀加剧（中等信度，气候变化起主要作用）。

在南美洲，安第斯山脉冰川收缩（高信度，气候变化起主要作用）；亚马孙河的流量极值发生变化（中等信度，气候变化起主要作用）；安第斯山脉西部河流的流量模式发生变化（中等信度，气候变化起主要作用）；除了土地利用造成的影响外，拉普拉塔河子流域的径流增加（高信度，气候变化起主要作用）；亚马孙流域的树木死亡率提高，森林火灾增多（低信度，气候变化起次要作用）；除了森林砍伐和土地退化的基准趋势外，亚马孙流域的雨林出现退化和衰退（低信度，气候变化起次要作用）。除了污染和物理干扰造成的影响外，加勒比海西部的珊瑚白化加重（高信度，气候变化起主要作用）；除了污染和土地利用造成的影响外，南美洲北海岸的红树林退化（低信度，气候变化起次要作用）。

在极地地区，北极海冰冰盖在夏季减少（高信度，气候变化起主要作用）；北极冰川的冰量减少（高信度，气候变化起主要作用）；整个北极的积雪范围下降（中等信度，气候变化起主要作用）；大范围冻土退化，尤其是北极地区南部（高信度，气候变化起主要作用）；南极海岸的冰量发生损失（中等信度，气候变化起主要作用）；大型极地河流的流量增加（1997～2007年）（低信度，气候变化起主要作用）；北极大部分地区冬季最低河水流量增加（中等信度，气候变化起主要作用）；1985～2009年，北极地区湖水温度上升，无冰季节延长（中等信度，气候变化起主要作用）；由于冻土退化，北极低纬地区的热喀斯特湖消失，以前是冻结泥炭的地区形成新的湖泊（高信度，气候变化起主要作用）；北极树线的纬度变高，海拔也变高（中等信度，气候变化起主要作用）；由于雪床减少和苔原灌木侵入，亚北极鸟类的繁殖区和种群规模发生改变（中等信度，气候变化起主要作用）；降水落到雪层后，由于积雪中的冰层变厚，苔原动物受到影响（中等信度，气候变化起主要作用）；过去 50 年间南极半岛西部及附近岛屿的植物种类范围增加（高信度，气候变化起主要作用）；南极西格尼岛上湖水中浮游植物的繁殖能力提高（高信度，气候变化起主要作用）；整个北极的海岸侵蚀加剧（中等信度，气候变化起主要作用）；非迁徙的北极物种受到负面影响（高信度，气候变化起主要作用）；北极候鸟的繁殖成功率降低（中等信度，气候变化起主要作用）；北冰洋的海豹和海鸟减少（中等信度，气候变化起主要作用）；由于海洋酸化，南部海洋有孔虫壳的厚度降低（中等信度，气候变化起主要作用）；斯科舍海的磷虾密度降低（中等信度，气候变化起主要作用）。

在小岛屿地区，除了用水量增加造成的影响外，牙买加水资源更加匮乏（很低信度，气候变化起次要作用）；毛里求斯的热带鸟类数量发生变化（中等信度，气候变化起主要作用）；夏威夷的一些特有植物物种减少（中等信度，气候变化起主要作用）；高海拔岛屿的树线和相关动物分布区域出现海拔上升趋势（低信度，气候变化起次要作用）；除了捕捞和污染造成的影响外，许多热带小岛附近的珊瑚白化加剧（高信度，气候变化起主要作用）；除了其他干扰造成的退化外，小岛周围的红树林、湿地和海草退化（很低信度，气候变化起次要作用）；除了人类活动、自然侵蚀和堆积造成的侵蚀外，洪水增强致使侵蚀加剧（低信度，气候变化起次要作用）；除了污染和地下水抽出造成的退化外，地下水和淡水生态系统由于海水入侵退化（低信度，气候变化起次要作用）。

1.3　气候变化的影响机理和途径

1.3.1　气候变化对农业的影响机理和途径

1. 气候变化对农业自然资源要素时空分布变化的影响

农业是自然再生产和社会再生产重合的产业，以农作物生长发育为基础。光、热、水和土壤等资源要素是决定农业生产的基本自然要素。气候变化及温室气体浓度变化，将会直接导致辐射、光照、热量、温度、湿度、风速等气候要素的时空格局发生变化，从而对农业生产形成全方位、多层次的影响。

在我国，东西部土地资源自然生产力的差异主要是东西部水分条件的差异引起的。此外，东部地区生物量从热带向寒温带递减，南北相差5～6倍，这种南北差异主要是南北热量条件的差异造成的。气候变化对土壤的影响虽然复杂，但可以归结为是通过土壤与环境要素，尤其是光、热、水等要素之间的联系来发生作用的，进而影响土壤有机质、土壤气体、土壤水分、土壤矿物质、土壤微生物活动和繁殖，最终影响土壤肥力。气温升高或降水量减少将会导致土壤有机碳含量减少；相反，气温降低或降水量增加会使土壤有机碳含量增多，但以气温变化的作用为主导。

2. 气候变化对农作物的双重影响

农业的自然再生产特性决定了农业生产受自然条件尤其是光、热、水等要素的直接制约。不同地区适宜生长的农作物品种与种类和当地的气候条件有密切关联。气候变化即主要气象要素的变化，将在很大程度上对农作物的品种资源，尤其是农作物的种类及其适应性等产生影响。气候变暖，气温升高，将改变农作物生长季节的长短，可能会加剧对光热敏感农作物的吸收作用，降低农作物干物质积累，最终导致农作物产量降低。气候变暖大大增强了我国多数区域的有效积温，大大提高光热资源的利用率，有效延长农作物的生长周期，为培育晚播早熟小麦品种和晚熟玉米品种提供可能。因此，气候变化对农业的影响有双重表现，一方面气候变化可能会加剧农业生产的逆境（包括生物逆境与非生物逆境），另一方面增加了宝贵的光热资源，有利于农作物的生长发育。

3. 气候变化对农作物种植制度与生产结构和区域布局的影响

虽然农业生产受自然适宜性的制约，但是它也是社会经济再生产的过程。区域农业发展，是农业生产活动适应自然条件的结果，直接表现为不同地区之间的农作物种植制度与生产结构和区域布局的差异。因此，气候变化对农作物种植制度与生产结构和区域布局都有较大的影响。

研究表明，随着温度的升高，1981～2007年中国一年两熟制、一年三熟制的种植北界都较1950～1980年有不同程度的北移。辽宁省、河北省、山西省、陕西省、内蒙古自治区、宁夏回族自治区、甘肃省和青海省的冬小麦种植北界不同程度地北移西扩。气候变暖也使双季稻的种植北界不同程度地北移。我国主要农区的光热资源在气候变化作用下将有不同程度的增加，有利于农业丰产。但是，降水变化可能对我国农业生产构成不利影响，因此，种植制度在气候变化背景下的演变仍具有较大的不确定性。黑龙江省过去 20 年的水稻播种范围向北和向东扩展，种植面积显著增加，小麦种植范围大幅向北扩展，与气候变暖带来的积温增加与积温带北移东扩密切相关。

4. 气候变化对农作物病虫害、旱涝等气象灾害的影响

国外很早就开展了气候变化对农作物病虫害的流行趋势的影响研究。有利的气象条件是农作物病虫害发生、流行、暴发的基础。气候变暖，尤其是暖冬，将十分有利于北方农区各种农作物病虫源（菌）安全越冬。在暖冬作用下，主要农作物病虫越冬基数将会增加，越冬死亡率降低，安全越冬的地理范围扩大，直接导致来年病虫害发生频率和危害程度加剧。气候变暖可使水稻黏虫越冬北界北移约 3 个纬度，稻飞虱越冬北界北移 2.5～3.5 个纬度，直接导致我国稻作区的这两种主要虫害的区域范围扩大。另外，从生态系统的角度来看，气候变暖将会引起生物种间关系的变化。例如，气温升高将会扰乱生态系统中害虫与捕食者、害虫寄生天敌等种群间的平衡关系，有些害虫的天敌可能因适应不了气候变化而缩减甚至消亡，相反在缺少天敌的有效控制条件下，一些害虫则会迅速繁殖，直接威胁农业稳产、丰产。

我国气候的形成与变化受太平洋、印度洋、北冰洋等全球性地理单元的重要影响。这些全球性地理单元的动态变化，尤其是异常变化，是我国农业灾害发生与发展的大气环流成因。全球气候变化，将会导致西太平洋暖池海水热力、青藏高原上空热力场、亚洲季风环境和西太平洋副热带高压异常变化，同时产生会对我国华北、长江中下游、华南和西南地区造成农业旱涝等气象灾害的大气环流。

2008 年初，我国南方遭遇严重的冰雪灾害；2009 年初，我国北方小麦集中产区发生极大干旱灾害；2010 年初，我国新疆、内蒙古等北方地区发生严重的雪灾冻害和西南地区持续干旱。这些现象在很大程度上与气候变化导致我国大气环流产生季节性和区域性振荡有关。

5. 气候变化对农业和农村社会经济发展的影响

气候变化对农业（尤其是粮食产量和粮食安全）和农村社会经济发展的影响已成为气候变化研究的一个重点领域。有研究认为，气候变暖将会导致我国部分地区的农作物产量下降。1980～2000 年气候变暖引起黄淮海农业区小麦全面减产，其中西部减产幅度大于东部。在水稻结实期，温度上升 1～2℃将会使水稻产量下降 10%～20%；温度每上升 1℃，玉米平均产量将减少 3%。

1.3.2　气候变化对水资源的影响机理和途径

20 世纪的观测事实表明，在过去的几十年里，全球气候变化在水文循环改变中扮演着越来越重要的角色。水文系统与气候变化的响应关系是由一系列的物理机制引起的，

最终导致总的大气湿度增加并伴随着蒸发、水循环及其他过程要素的变化。

旱涝的发生源于降水异常，直接原因是天气系统的异常。在全球变暖背景下，大气层中温室气体的辐射强迫增加，大气的持水能力增强，改变了大气的动力过程和热力过程，引起大气环流异常，从而导致区域降水特征发生变化，极端降水事件增加，引发洪涝灾害。短时高强度的暴雨或强度不大但历时较长的降水过程均可能引发洪涝灾害。笼罩面积较小的降水可能产生局部洪涝，而大范围的降水可能引发流域性洪水。

气候变化也会引起植被、土壤等下垫面条件的改变。植被的分布、类型、规模、质量，以及土壤湿度、结构的变化都会导致下垫面对径流的调蓄能力、地表粗糙度等特征发生显著变化，从而影响产汇流过程。降水特征与产汇流过程的改变，可能使水资源的时空分布更加不均匀，水资源调配难度增大，可用水资源量减少，水资源系统稳定性降低，从而增加干旱和洪水发生的概率。地面反射率等下垫面特性改变引起的地表潜热增加，会导致蒸散发增强，从而加剧区域干旱。同时，大气持水能力的增强意味着大气对地面形成强烈的水分需求，同样会加剧土壤蒸发，导致土壤含水量持续下降。而在水资源系统的需水侧，气候变暖在一定程度上可能会改变社会经济需水量和需水过程（如农作物物候期的变化、生长季延长等），可进一步改变水资源的供需关系，加剧水资源的供需矛盾，缺水率的不断增加必然会导致干旱事件的发生。

此外，值得注意的是，气候变暖会导致土壤碳库的源、汇功能转化，增加大气中CO_2的排放，对气候变化形成正反馈。下垫面与天气系统之间的互相作用机制又会增加天气系统变异的不确定性。图 1.2 是气候变化对旱涝事件驱动机制的概念模式图。

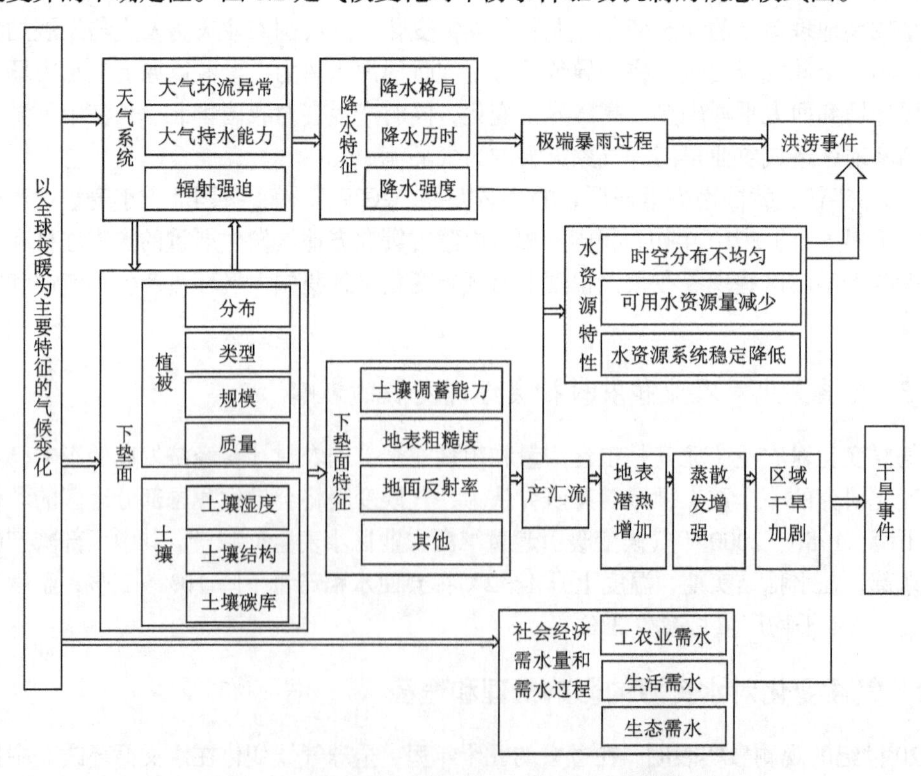

图 1.2　气候变化对旱涝事件驱动机制的概念模式图

1.3.3　气候变化对森林生态系统的影响机理和途径

森林生态系统是陆地生态系统的主体，对减少大气中的 CO_2 浓度、减缓全球变暖有着决定性的作用。在气候变化背景下，森林生态系统（尤其是高纬度的寒温带森林）的结构、功能、生产力，以及退化的森林生态系统的恢复和重建等，都将面临严峻的挑战。极端天气气候事件的发生强度和频率增加，会增加森林灾害发生的强度和频率，危及森林的安全，增加陆地温室气体的排放。全球气候及大气组成的变化，还会影响森林为人类社会提供产品和服务的功能，从而对社会经济系统产生显著的影响。由于气候变化的不确定性、生态系统的复杂性及人类认知的局限性，目前有关气候变化对森林生态系统的影响，以及森林生态系统对气候变化的敏感性、脆弱性与适应性等方面的研究较为缺乏。

气候变化对森林生态系统的影响主要包括以下几方面。

（1）森林生态系统中 C、N、P、S 等养分循环和水文功能发生变化。以森林生态系统中 C 循环为例，森林凋落物主要是通过微生物、昆虫和土壤动物等分解者的降解作用，把 CO_2 释放回大气，同时把养分归回林地。假如全球气候变暖，这势必影响森林凋落物的分解速率，如果分解速率变慢，那么森林凋落物将积累，同时许多养分不能归回林地；反之，如果分解速率变快，那么将大大加快森林凋落物的分解，无疑将加速 CO_2 和养分的释放。

（2）森林生态系统中乔木、灌木和草本植物的生活史、生理特征、分布和群落组成结构，尤其是森林生态系统中的建群种、优势种和指示种的种群动态、生理生态和分布格局发生变化。

（3）森林生态系统的微量气体释放速率发生变化。森林生态系统是大气中许多微量气体如氮氧化合物（NO_x）、CH_4 的直接来源。全球气候的变化将直接影响森林生态系统的微量气体的释放速率。例如，全球降水的增加相应加剧了森林的沼泽化，而沼泽化的森林常常是 CH_4 的重要来源。

（4）森林生态系统中水土流失和沉积发生变化。森林具有水土保持的功能。全球气候变化，尤其是大气年均温度和降水的改变，不但将导致林木树种组成、叶表面积、根系特性等森林特征发生变化，而且将改变森林的分布区，使有林地变成草原、荒地等无林地，这些都将影响林冠截流、地表径流和林分保持水土的功能。

（5）森林火灾发生频度和强度发生变化。全球气候变暖，不但将影响森林类型的分布，而且势必影响森林凋落物的积累和干湿状况，显然会对森林火灾发生频率和强度产生直接的影响。

（6）野生动物和乡土树种发生变化。许多野生动物和乡土树种对环境变化极为敏感，一旦气候条件改变，它们将通过生境迁移、种群数量变化等特征反映出来。

（7）森林微生物、植物病原、昆虫和土壤动物等生物多样性发生变化。全球气候变化会导致森林类型、分布面积的改变，这无疑将影响生物多样性。

本节请参见胡红梅的《气候变化对森林的影响》，http://www.docin.com/p-1962823833.html[2019-07-25]。

（8）林木的生长率、死亡率和材质发生变化。全球气候变化通过影响植物的生境条件、光合作用等，势必影响林木的生长率、死亡率，甚至林木材质。

（9）树线、林线、雪线和不同森林生态系统类型边界发生变化。树线、林线、雪线和不同森林生态系统类型边界往往是特定环境条件的产物，而一旦全球气候变化，显然将导致这些生态系统边界的改变。

气候变化对中国森林生态系统的影响主要包括以下几方面。

（1）气候变化对中国森林生态系统分布的影响。每类森林生态系统中都包含着众多的物种，虽然这些物种生长在同一气候条件下，但对气候变化的适应能力却不同。在剧烈的气候变化条件下，一些物种可能会因完全不能适应而死亡，另一些物种则仍然能够生存，变化后的条件还有可能更适合于区域物种的入侵，从而导致森林生态系统的分布发生变化。

（2）气候变化对中国森林生产力的影响。森林生产力是衡量树木生长状况和生态系统功能的主要指标之一。气候变化强烈地影响着森林生产力。中国森林生产力分布格局主要取决于气候环境的水热条件。气候变化并没有改变中国森林第一性生产力的地理分布格局，即从东南向西北森林生产力递减趋势不变，但不同地域的森林生产力有不同程度的增加。气候变化后的中国森林生产力变化率的地理分布格局与中国森林第一性生产力的地理分布格局相反，呈现从东南向西北递增的趋势。

（3）气候变化对中国森林树种物候的影响。物候是反映气候变化对植物发育阶段影响的综合性生物指标。随着全球气候的变化，中国森林树种的物候也将发生显著变化。

（4）气候变化对中国森林土壤 C、N 循环过程的影响。气候变化影响着森林土壤 C、N 循环过程，其中温度和降水等是影响土壤 C、N 循环过程（特别是土壤碳库和氮库及 C、N 微量气体排放）的直接或间接的关键因子。具体来说，气候变化对森林土壤 C、N 循环过程的影响主要表现在其对森林土壤碳库和氮库、土壤呼吸及土壤 CH_4 和 NO_2 排放等方面。

1.3.4 气候变化对海洋环境的影响机理和途径[①]

气候变化导致一些海洋要素发生改变，通常表现为海水温度升高、海水酸化、溶解氧质量浓度下降、海平面上升、海洋生物基因水平改变、浮游生物群落和海鸟迁徙分布改变、基岩海岸生态系统改变、红树林和珊瑚礁生态系统改变等，其影响机理主要是以下四个方面。

（1）温度的改变能够影响一些海洋生物的生理学过程和海水流体的物理过程。温度每上升 10℃，生化反应速率提高 1 倍；海水的密度与温度之间具有非线性的关系，海水表层温度升高能够导致冷水的下沉和海冰漂浮。此外，温度还能够影响海洋生物的生理速率和物理耐受限度。一些海洋生物的物种分布会因温度的变化而改变；而对于一些两栖生物和一些狭温性的地方种（如珊瑚），温度升高对它们的影响可能是致命性的。

（2）海水中 CO_2 的分压与海水 pH 直接相关。CO_2 分压升高，pH 下降，这对一些海

① 本节参见韦兴平、石峰等的《气候变化对海洋生物及生态系统的影响》。

洋生物和生态系统构成严重的威胁。海洋吸收大气 CO_2 的速率，受温度的影响，越冷的水体酸化越明显。在低纬度海区，海水中的 CO_2 质量浓度可能已经达到饱和，这意味着低纬度区域更多的 CO_2 将停留在空气中，温室效应更为显著。海洋变暖，可能会减轻海水酸化的程度，但并不能减缓 CO_2 质量浓度长期升高所带来的影响。对于一些海洋生物，如球石藻、部分软体动物、海星、海胆及珊瑚等，碳酸钙是构成其骨骼的重要成分，海水酸化将影响这些生物结构的完整性，威胁其生存。近岸海域碳酸盐离子一般处于饱和状态，其溶解度随着深度的增加而增加，溶解面（碳酸盐开始溶解的深度）可能会因为海水酸化而变浅，这将导致这些具有钙质结构的海洋生物的栖息地缩小。对于近岸海域来说，CO_2 质量浓度大于 490mg/m^3 将会影响珊瑚骨骼的钙化，威胁其生存。

（3）低溶解氧质量浓度将威胁海洋生物的生存，导致海洋荒漠化。从 20 世纪 50 年代开始，由于全球气候变暖，海洋的溶解氧质量浓度呈下降趋势。海水中溶解氧的质量浓度与温度呈线性关系。温度每升高 1℃，溶解氧质量浓度下降 6%；如果温度和 CO_2 质量浓度继续上升，那么低氧区的范围将会扩大，到 21 世纪末低氧区的范围将会增加 50%，这将对渔业生产等多方面造成消极影响。此外，陆源营养盐的输入导致的沿岸富营养化、海平面上升等都将致使颗粒有机物进一步累积和微生物活动增加，进一步消耗海水中的溶解氧。一些生物体可能会躲避低氧区，而那些定栖性种类则会因无法耐受低氧而死亡；不同种类生物耐受低氧的能力不同，这可能导致海洋生物群落结构的改变。

（4）气候变化会导致混合层深度变浅、水体扰动增加，使浮游植物暴露于紫外辐射的程度增加，导致浮游植物的生理学和形态学发生变化，使其细胞碳含量增加、叶绿素 a 含量降低、细胞分裂次数减少、细胞个体增大。紫外辐射能够影响浮游植物群落的粒径大小，因为小细胞更容易受紫外线的影响，它们应对紫外损伤的代谢消耗更高。

在气候变化背景下，高生产力的高纬度春季藻华系统、大洋东边界上升流生态系统和赤道上升流系统等亚区域的风场和海水混合的变化可能已影响从微生物过程直至较高营养阶层的能量传递。在某些海区，有更多的有机碳向深海转移，可能会刺激微生物的耗氧水平，而由于海温升高、海洋层化和环流变化的影响，热带太平洋、大西洋和印度洋（特别是赤道上升流系统）的溶解氧质量浓度正在下降。在高纬度春季藻华系统的东北大西洋海区对海洋变暖有明显的响应。最大的变化为 20 世纪 70 年代末以来该海区浮游生物的物候特征、地理分布和丰度及鱼类种群的变化，特别是这个亚区域的鱼类和浮游动物的迁移速度最快。在 1950～2009 年，赤道上升流系统特别是非洲和南美洲近岸的赤道上升流系统已经变暖（太平洋和大西洋的赤道上升流系统表层温度分别上升了 0.54℃和 0.43℃）。

随着全球气候的变暖，海洋生态系统、生物种群和渔业对于上升流变化引起的风险具有显著的不确定性。对于海洋变暖和酸化的影响而言，由于上升流水体有高 CO_2 浓度和低 pH 的特点，大洋东边界上升流生态系统和赤道上升流系统也具有潜在的脆弱性；并且，含氧量的减少还会增加大洋东边界上升流生态系统近岸生态系统和渔业的风险。在 1950～2009 年，大洋东边界上升流生态系统中的加利福尼亚和加拉利上升流的表层海温分别升高了 0.73℃和 0.53℃，而本格拉和洪堡上升流的表层海温变化则不明显。

某些海区的变暖还增强了海洋层化的风险，阻碍海水与空气的 O_2 交换，并形成低氧区域，尤其是在波罗的海和黑海。在近岸与近海系统的某些海区，如东印度洋至西太平洋的部分水域，表层海温于1950～2009年上升了约0.80℃，其中，中国东海和墨西哥湾等近海有显著升温，且局地的污染对低氧区的扩大也有影响，从而可能影响这些海区的生态系统及渔业和旅游业等相关产业。在气候变化、局地污染和过度开发等综合影响下，近岸与近海系统、半封闭海和副热带涡旋区域内的珊瑚礁有迅速衰退的现象。其中，海温的升高对珊瑚礁白化和死亡的影响尤为显著。1998～2010年，北太平洋、印度洋和北大西洋的副热带涡旋等海区的叶绿素浓度分别下降了9%、12%和11%，这高于其内在的季节和年际变率。期间，海水的显著变暖导致了海洋层化的加强、混合层深度的减少及可利用的营养盐及生产力的降低等现象。1957～2010年，随着深度700～2000m的海水变暖，深海这个最丰富最难以评估的生境，其发生的变化可能包含了人类影响的信号。表层初级生产力的下降可能减少了深海的生态系统对有机碳的利用，如副热带涡旋区的深海。

1.3.5 气候变化对冰冻圈的影响机理和途径

冰冻圈是指地球表层水以固态形式存在的圈层，包括冰川（山地冰川、冰帽、极地冰盖、冰架等）、冻土（季节冻土和多年冻土）、积雪、固态降水、海冰、河冰、湖冰等。冰冻圈与大气圈、水圈、陆地表层和生物圈共同组成气候系统。冰冻圈的变化及其与其他圈层相互作用的关系是认识气候系统的重要环节，因而受到广泛关注。

在受气候变化影响的环境系统中，冰冻圈的变化首当其冲，是全球变化最快速、最显著、最具指示性的圈层，也是对气候系统影响最直接和最敏感的圈层，被认为是气候系统多圈层相互作用的核心纽带和关键性因素之一。

冰冻圈的组成成分多样，各组分的内部动力机制、时空分布、气候响应过程都不相同，而这些组分多叠加出现，过程与影响往往是复合的，因此增加了研究的难度。例如，冰川的规模和类型、冻土分布与下垫面的水热状况、积雪面积与深度等的不同，对气候的反馈存在很大差异，由此产生的水文、生态和气候影响也表现各异。另外，冰川、冻土、积雪、海冰等冰冻圈要素的变化及其对气候的动力响应过程在时间和空间尺度上存在很大差异。

气候变化会导致冰冻圈诸要素的敏感响应。冰冻圈的变化实质是相变过程，但在这一看似很简单的固液态水转变过程中，由于冰川、积雪、冻土、海冰等变化的时间和空间尺度差异很大，其动力响应过程和水热变化过程对气候响应的时间从小时到百年甚至万年变化（如多年冻土、冰盖），其热力差异从相变热到对地面反射率将影响全球能量分布。另外，不同的冰冻圈要素对气候变化的动力响应过程和机理是不同的，导致冰冻圈各要素变化对气候、生态、水文及环境的影响存在差异。

1.3.6 气候变化对人类健康的影响机理和途径

气候变化对人类健康的影响主要表现在传染病发病率增加、传染病分布范围扩大、人群对疾病易感性增强。气候变化的直接影响是极端气温、强降水量和与气候相关的自然灾害直接导致的死亡、伤害和疾病。气候变化的间接影响是热带的边界可能会扩大到亚热带，温带部分地区可能会变成亚热带。

热带是细菌性传染病、寄生虫病、病毒性传染病最主要的发源地，而随着温带地区的变暖，造成这些疾病扩散；适宜媒介动物生长繁殖环境的时空范围扩大，使细菌和病毒的生长繁殖的时空范围扩大。例如，气候变暖导致的海水温度升高，使副溶血性弧菌已扩散到了美国的阿拉斯加州；气候变化延长了钉螺、血吸虫生长发育季节，导致我国钉螺和血吸虫病流行区向北迁移扩散，并将在 2050 年有明显的扩大；疟疾只分布在冬季最低气温 16℃以上的区域，但由于气候变暖，疟疾将向拉丁美洲、非洲、亚洲及中东等高纬度地区扩散；气候变化导致一些传染病媒介向高海拔扩散现象，登革热以前只在海拔 1000 m 以下的地区发生，而现在哥伦比亚海拔超过 2000 m 的地区发现了登革热和黄热病的媒介昆虫。此外，由于气候变化，海平面升高引起了人口迁移，导致传染病和心理疾病的增加；气候变化影响空气质量，导致呼吸道传染病增多；气候变化影响社会、经济和人口，导致更广范围的公共卫生问题。在气候变暖对传染病的影响中，以媒介生物传播的相关传染病最为敏感，一方面媒介生物的时空分布易受气候因素的影响，另一方面病原体在媒介生物体内的繁殖与扩增也受气候因素的影响。这两方面因素的联合作用，使媒介生物性传染病的时空分布与气候因素有着密不可分的关系。

1.3.7　气候变化对环境的影响机理和途径

气候变化可以通过改变地面气温而加速某些大气污染成分（如 O_3）的前体物（如挥发性有机物）的自然源排放，可以通过改变化学反应速率、边界层高度和天气系统出现频率等影响污染物的垂直混合和扩散速度，还可以通过改变大气环流形势，进而改变污染物的传输方式。气候变化不仅影响室外空气质量，还影响室内空气质量，进而影响人体健康。因此，气候变化可以影响局地或区域的大气环境质量，也可以带来室内空气质量的改变。但是这些影响仍存在着诸多不确定性因素，如未来气候变化的趋势和程度、大气污染物及其前体物的排放量的未来变化趋势、大气污染成分与气候变化因子间的相关关系、不同大气组分间在不同气象条件作用下的物化过程和机理的认识水平等。在经济较发达的国家，O_3 前体物的排放已趋于稳定，在考虑了不确定因素后，气候变化仍然会增加对流层 O_3 的浓度。另外，涉及气候变化对颗粒物污染程度影响的研究在世界范围内仍然较少，因此，判别气候变化对颗粒物的影响程度仍缺乏强有力的证据。

1.4　未来气候变化趋势及其造成的风险

1.4.1　未来 100 年气候变化趋势

政府间气候变化专门委员会（Intergovernmental Panel on Climate Change，IPCC）第五次评估报告（The Fifth Assessment Report，AR5）中关于长期气候变化的预估主要基于耦合模式比较计划第五阶段（Coupled Model Intercomparison Project Phase 5，CMIP5）的 46 个地球系统模式结果，在对模式、情景及不确定性介绍的基础上，给出了 21 世纪及其后更远时期的气候变化预估结果。与第四次评估报告（The Fourth Assessment Report,

AR4）及耦合模式比较计划第三阶段（Coupled Model Intercomparison Project Phase 3，CMIP3）不同的是，AR5 预估所使用的温室气体排放情景是典型浓度路径（representative concentration pathways，RCP）[AR4 主要使用的温室气体排放情景是排放情景特别报告（special report on emission scenarios，SRES）]，但在相似温室气体浓度的情况下，两者给出的未来气候变化结果差别不大。

1. 情景、集合和不确定性

预估基于 CMIP5 的试验结果，CMIP5 使用了包含更完备强迫的 RCP。AR5 主要使用的 4 个 RCP 情景 RCP2.6、RCP4.5、RCP6.0、RCP8.5 所对应的 21 世纪末辐射强迫较 AR4 使用的 3 个 SRES 情景（B1、A1B 和 A2）分布范围更广，如其中与 2℃阈值所对应的 RCP2.6 情景的辐射强迫较 B1 情景低了近 $2W/m^2$，由此使得 21 世纪末升温下限的 0.3℃低于 AR4 的 1.1℃。在 RCP 各情景下，未来气溶胶强迫的下降幅度更大，其数值在 21 世纪比 SRES 各情景更低，CO_2 在 21 世纪占总人为强迫的 80%～90%。这些新的模拟试验和研究继续致力于对长期预估中不确定性的特征进行更全面和严格的描述，但是自 AR4 以来，不确定性的幅度没有显著变化。CMIP3 和 CMIP5 对变化的大尺度形态和幅度的预估总体一致，全球气温预估存在的差异主要是由温室气体排放情景的改变引起的。21 世纪中叶以前，预估的变化和温室气体排放情景选择的关系不大，但随后的变化幅度则在非常大的程度上受温室气体排放情景选择的影响。与 AR4 所使用的相应温室气体排放情景相比，基于 RCP 的气候变化，在空间分布和变化幅度方面均与 AR4 中的预估结果类似。

2. 气温变化的预估

21 世纪中期全球平均地表气温将随温室气体排放的持续而继续升高。基于浓度驱动的 RCP 各情景（RCP 2.6、RCP 4.5、RCP 6.0、RCP 8.5），相对于 1986～2005 年，2081～2100 年全球平均地表气温可能处于 CMIP5 结果的 5%～95%，分别为 0.3～1.7℃（RCP2.6）、1.1～2.6℃（RCP4.5）、1.4～3.1℃（RCP6.0）和 2.6～4.8℃（RCP8.5）。相比工业化前，RCP4.5、RCP6.0 和 RCP8.5 情景下预估的 2081～2100 年全球平均地表气温可能会高 1.5℃（高信度）。在 RCP6.0 和 RCP8.5 情景下，可能会比工业化前高 2℃（高信度），而在 RCP2.6 情景下可能比工业化前不高于 2℃（中等信度）。除在 RCP8.5 情景下可能在 2081～2100 年出现超过 4℃升温的情况外（中等信度），其他所有 RCP 情景下都不可能出现此现象（高信度）。

升温会存在较大的区域性差异。陆地升温较海洋升温大（高信度），到 21 世纪末两者相差 1.4～1.7 倍。在不考虑大西洋经向翻转环流（Atlantic meridional overturning circulation，AMOC）的情况下，北极地区的升温预估最高（很高信度）。这种极地放大作用在南极不存在，这主要是由深层海洋混合、海洋热吸收及南极冰盖的继续维持引起的。北大西洋和南大洋的升温在各种情景下都最低。纬向平均气温在对流层均将升高，特别是在对流层上层和高纬度地区，而在平流层平均气温则降低。

几乎确定的是，随着全球平均地表气温升高，绝大部分地区极端热事件会增多，极端冷事件会减少。热浪很可能发生的频率更高，时间更长；然而，偶尔的极端冷事件也会继续出现。未来几十年大多数地区的暖日和暖夜的频率可能会增多，而冷日和冷夜的频率可能会减少。在大部分地区，预估 20 年一遇低温事件的增加速率会大于冬季平均气温的上升速率，而低温重现值变化最大的是在高纬度地区。预估大部分地区 20 年一遇高温事件的增加速率会接近或大于夏季平均气温的上升速率。在 RCP8.5 情景下，到 21 世纪末大部分陆地区域目前 20 年一遇高温事件可能会更为频繁（频率至少加倍，并在许多地区会变成一年或两年一遇的事件），目前 20 年一遇的低温事件将变得极为罕见。

3. 水循环变化的预估

纬向平均降水很可能将在高纬度和一些中纬度地区增加，多半会在亚热带地区减少。在区域尺度上降水变化可能会受人为气溶胶排放的影响，并将受自然内部变率的强烈影响。陆地近地面的比湿很可能将上升。

从长期而言，随着全球平均地表气温的升高，全球降水将会增加（几乎确定）。气温每升高 1℃全球平均降水的增长率将低于大气水汽的增长率。除 RCP2.6 情景外，在其他情景下降水可能将增加（1%～3%）/℃。在全球气候变暖背景下，平均降水量的变化将会出现显著的空间差异；有些地区会上升，有些地区会下降，而有些地区则没有显著变化。随着全球气温的升高，预估大部分海洋的年平均表面蒸发量将增加。具有高信度的是，在 21 世纪气温升高的状况下，全球在干旱地区和湿润地区之间的季节平均降水差将会增大，而且全球大部分地区的湿季和干季的降水差也将增大。高纬度和赤道太平洋地区降水很可能增加。在 RCP8.5 情景下，到 21 世纪末很多中纬度和副热带干旱地区平均降水将可能减少，很多中纬度湿润地区的平均降水将可能增加。

中纬度大部分陆地和多雨热带地区的极端降水事件很可能强度加大、频率增高。就全球而言，随着气温的上升，对于短时降水事件，可能会有较多的强风暴和较少的弱风暴。年度最大日降水 20 年一遇值对气温的敏感性存在较大的区域差异，在局地气温每上升 1℃全球平均敏感性范围增加 4%（CMIP3 平均）～5.3%（CMIP5 平均）。

4. 冰冻圈变化的预估

随着气温的上升，21 世纪北极海冰的冰盖很可能继续缩小、变薄。同时在南极，预估海冰面积和冰量减小，但是为低信度。预估在所有 RCP 情景下冰川体积都会变小。到 21 世纪末，根据 CMIP5 多模式平均值，预估北极海冰全年都会减少，2081 年至 2100 年 9 月北极海冰平均面积在 RCP2.6 情景下将减少 43%、在 RCP8.5 情景下将减少 94%，2 月将分别减少 8%和 34%（中等信度）。随着全球气温的上升，22 世纪北半球的积雪很可能将会减少，北半球春季积雪将减少，冻土层几乎确定会退缩。

5. 海洋变化的预估

在所有 RCP 情景下，预估全球海洋都将变暖。表面变暖幅度最大的海洋位于副热带和热带。深海区变暖以南大洋最为明显。由于长时间从海洋表面向深海传热，即使温室气体排放量减少或浓度保持不变，海洋变暖也将持续数个世纪。在一些地区，到 21 世纪末在海洋上层几百米的区域，预估温度上升 0.6（RCP2.6）～2.0℃（RCP8.5），在 1km 深的海区预估温度上升 0.3（RCP2.6）～0.6℃（RCP8.5）。

AMOC 在 21 世纪很可能会减弱，但很不可能发生突变或者崩溃，对 21 世纪之后 AMOC 演变的评估具有低信度，也不能排除 21 世纪之后由于长期持续升温而使 AMOC 崩溃的可能性。

6. 气候稳定性、气候变化的持续性和不可逆性

CO_2 累计排放在很大程度上决定了 21 世纪后期及以后的全球平均地表温度变暖。即使停止 CO_2 排放，气候变化的许多方面也将持续数个世纪。这充分说明了过去、现在和未来的 CO_2 排放可以产生长达数个世纪的气候变化。人为 CO_2 的累计排放量与升温近似呈线性相关。如果将人为排放 CO_2 单独引起的变暖限制在与工业化前相比不超过 2℃，则自工业化开始，所有人为 CO_2 累计排放量需要限制在 1000Gt C（约合 3670 Gt O_2）（$1Gt=10^9$ t），而 2011 年之前的累计排放已经超过了这个数值的一半。降低升温目标，或者提高维持低于特定升温目标的可能性，将要求降低 CO_2 的累计排放量。考虑非 CO_2 温室气体增加、气溶胶减少或多年冻土层温室气体释放等因素，则还将降低特定升温目标的 CO_2 累计排放量。很可能所排放 CO_2 中的 20%以上会在大气中滞留 1000 年以上。即使完全停止排放，气温也将在一个高的水平上维持数个世纪。气候变化的多个方面在数个世纪乃至千年尺度上是不可逆的，除非将大气中的 CO_2 进行有效去除。气候系统的一些组成部分或现象可能会存在突变或非线性变化，已知其中一部分曾经在历史上发生过，如 AMOC、格陵兰冰盖、亚马孙森林和季风环流等。但总体来说这类事件可能在 21 世纪发生的信度很低，一致性也很差。

7. 讨论

在 CMIP5 和 AR5 对长期气候变化的预估中，使用了新的温室气体排放情景 RCP，所给出的 21 世纪末气温预估结果（0.3～4.8℃）相比 AR4 中使用 SRES 情景的预估结果（1.1～6.4℃）在上下限上都存在一定的差别。CMIP5 代表了目前相关领域的最高水平，而且通过多模式结果的集合和分析，可以给出未来变化的范围，为影响的评估和适应对策服务提供了基础数据。需要注意的是，由于计算机条件限制，尽管 CMIP5 的水平分辨率有所提高，但对于如东亚季风气候等的模拟仍存在不足和误差，而高水平分辨率的区域气候模式在对东亚当代气候有更高模拟能力的同时，所给出的气候变化性也往往与全球模式不同，需要对 CMIP5 结果进行统计或者统计降尺度，以得到相对可靠的区域尺度气候变化信息。

1.4.2　未来自然系统和人类社会存在的风险

气候变化将会放大自然系统和人类系统的现存风险，同时带来各种新生风险。风险

的分布是不均匀的，但无论处于哪种发展水平的国家，其弱势人群和社区面临的风险通常是更高的。气候变暖幅度的提高会增加对人类、物种和环境产生严重、普遍和不可逆转影响的可能性。持续地高排放温室气体对生物多样性、生态系统服务和经济发展造成负面影响，同时放大了生计和粮食与人类安全面临的风险。

1. 海洋、海岸沿线、陆地及淡水生态系统及其服务

气候变暖的速度和规模的增加、海洋酸化、海平面上升和其他气候变化因素给自然系统和人类系统带来的风险不断上升。21 世纪很多动植物都将无法适应当地的气候，或者无法快速迁移，从而无法寻找到中高速气候变化下的适宜气候。珊瑚礁和极地生态系统高度脆弱。

由于 21 世纪中叶或者之后的气候变化，尤其是气候变化和其他压力源的互相作用，一大部分的陆地、淡水和海洋生物面临着更大的灭绝风险。因为气候变化的规模和速度发生变化，灭绝的风险在所有的 RCP 情景中相对于工业化前期和当前阶段都会有所增加，灭绝将会受到几个和气候相关原因的驱动（如气候变暖、海冰减少、降水量变化、河水流量减少、海洋酸化和海水含氧量下降），这些因素之间的相互作用，以及同时发生的栖息地改变、过度利用、污染、富营养化和物种入侵也会带来相应的影响。

海洋生态系统（尤其是珊瑚礁和极地生态系统）会受到海洋酸化的影响（中等信度、高信度）。海洋酸化会影响有机物的生理、行为和种群动态。高度钙化的软体动物、棘皮动物和造礁珊瑚比甲壳动物和鱼类更为敏感。海洋酸化和其他全球变化（如全球变暖和含氧量逐步减少）及地区变化（如污染和富营养化）的共同作用（高信度）可给物种和生态系统带来交互、复杂且放大的影响。

由于气候变化、毁林和生态恶化，陆地生物圈存储的碳容易流失到大气中。气候变化给陆地存储的碳带来的直接影响包括高温、干旱和风暴，间接影响包括火灾风险提高、病虫害和疾病暴发。预估很多地区会出现林木死亡量和森林顶枯症有所上升的现象，会给碳存储、生物多样性、木材生产、水质、便利设施和经济活动带来风险。

永久冻土的消融很有可能会造成碳和 CH_4 排放量的大量增加。

在整个 21 世纪和之后的时间里，由于海平面上升，海岸系统和低洼地区将会越来越多地经历下沉、洪涝和侵蚀。气候和非气候因素将会侵蚀珊瑚礁的栖息地，将海岸线更多地暴露给海浪和风暴，将进一步恶化对渔业和旅游业至关重要的环境特征。一些地势低洼的发展中国家和小岛国预估会受到非常大的影响，所造成的损失和适应所需成本将会占到其国内生产总值（gross domestic product，GDP）的几个百分点。

2. 水、粮食和城市系统、人类健康、安全和民生

预估 21 世纪遭受水短缺并受到主要河流洪水影响的全球人口比例将会随着全球变暖而增加。

21 世纪的气候变化会造成多数干旱亚热带地区的可再生地表水和地下水的减少，一些部门之间对水的竞争加剧。在现有的干旱地区，旱灾发生的频率到 21 世纪末有可能会

增加。在高纬度地区，水资源预估会有所增加。气温升高、沉积物增多、大雨带来的营养物和污染物负荷、干旱导致的污染物浓度上升及洪水期间处理设施被破坏都将会降低水源水质，给饮用水水质带来威胁。

粮食安全的所有方面都有可能受气候变化的影响，包括粮食的生产、获取、使用和价格。如果不采取适应行动，且在局地温度高出 20 世纪末水平的 2℃或更高的情况下，预估热带和温带地区的小麦、水稻和玉米生产会受到气候变化的不利影响，虽然个别地方可能会受益。随着农作物种类、地区和适应情况的不同，预估影响也各不相同，与 20 世纪末相比，有 10%的预估认为 2030～2049 年农作物产量会增长超过 10%，约 10%的预估认为农作物产量会减少超过 25%。如果全球温度比 20 世纪末上升约 4℃或者更高，同时粮食需求不断上升，将会给全球的粮食安全带来较大风险。

到 21 世纪中叶前，预估气候变化主要会加剧现有健康问题，从而影响人类健康。与未发生气候变化的基线相比，整个 21 世纪的气候变化将加剧很多地区，尤其是低收入发展中国家的不良健康状况。健康影响包括热浪和火灾导致伤亡，食源性和水源性疾病风险加大，脆弱人口的工作能力丧失，劳动效率降低。在全球范围，负面影响的规模和严重程度将会越来越超过正面影响。到 2100 年，一些地区一年中某些时候预估会受到高温和高湿天气的双重影响，从而影响人们的日常活动，包括粮食种植和户外工作。

预估气候变化将增加城市地区的人群、资产、经济和生态系统的风险，包括热应力、风暴、极端降水、洪水、山体滑坡、大气污染、干旱、水资源短缺、海平面上升和风暴潮带来的风险。对于那些缺乏必要的基础设施和服务的人们或者居住在暴露地区的人们来说，这些风险会被放大。

预估农村地区在水资源可用性及其供应、粮食安全、基础设施和农业收入方面会遭受重大影响，包括全世界粮食和非粮食作物生产区会发生位移。这些因素都将不成比例地影响农村贫困人口的福利，如以女性为主导的家庭和没有足够土地、现代农业投入、基础设施和教育的贫困人口。

随着温度进一步上升，总经济损失会增加，但是气候变化对全球经济的影响目前还难以估计。虽然已知有一定局限性，但根据 IPCC，如果气温较工业化前升高约 2.5℃，造成的全球年经济损失将占收入的 0.2%～2.0%。对于多数经济部门来说，人口、年龄结构、收入、技术、相对价格、生活方式、监管和治理方面的变化预估会比气候变化带来更大的影响。更加严重和（或）频发的天气灾害预估会增加与灾害相关的损失和损失变率，给可负担的保险带来更多挑战，尤其是在发展中国家。

从减贫的角度来看，预估在气候变化的影响下，经济增长会放缓，减贫难度会加大，粮食安全状况会进一步恶化，现有贫困陷阱会延长，新的贫困陷阱会出现，而新的贫困陷阱主要会出现在城市地区和新生饥荒热点地区。气候变化会加剧大部分发展中国家的贫困问题，在不平等明显突出的国家制造新的贫困点，这既包括发达国家，也包括发展中国家。

预估气候变化会加剧人们流离失所。一些缺乏主动移民机会的人们更有可能暴露在洪水、干旱等极端天气气候事件中，流离失所的风险会加剧。增加流动的机会可以减少这类人的脆弱性。移民可以应对极端天气和长期的气候变异及变化，也可以成为一个有效的适应策略。

3. 2100 年以后的气候变化、不可逆及气候突变

人类即使现在停止排放温室气体，气候变化的很多方面及其相关影响也会延续数个世纪。升温的程度越高，气候突变和不可逆的风险越大。

在除 RCP2.6 情景之外的所有 RCP 情景下，2100 年后变暖仍将继续。人为净 CO_2 排放完全停止后，地表升高后的温度仍然会维持数个世纪。就数个世纪至千年时间尺度而言，由 CO_2 排放导致的人为气候变化的很大部分是不可逆转的，除非在持续时期内将大气中的 CO_2 大量净移除。

全球地表平均温度进入稳定状态并不意味着气候系统的所有组分都稳定。迁移的生物群落、再平衡的土壤碳、冰盖、海洋温度及相关的海平面上升都具有固有的漫长时间尺度，这会导致在全球地表温度稳定后的几百年乃至几千年里仍然会持续发生变化。

如果持续排放 CO_2，海洋酸化将持续数个世纪，这将严重影响海洋生态系统，升高的极端温度将会加剧这一影响。全球平均海平面上升将会在 2100 年后持续数个世纪。

21 世纪气候变化的幅度和速率可对海洋、陆地和淡水生态系统（含湿地）及温水珊瑚礁构成较高风险，可使其组成、结构和功能在区域尺度发生突变和不可逆变化。多年冻土的面积会随着全球温度的持续上升而减少。预估现有的多年冻土区域会成为碳（CO_2 和 CH_4）的净排放源。

第 2 章　气候变化风险的分析方法与工具

风险是指某种有害的结果或预期损失（死亡、受伤、贫困、生计、经济活动被中断，经济或环境损失等）的发生概率，这种结果或损失是自然系统和人类系统交互影响所引发的危险及脆弱性造成的。

气候变化风险是由气候变化影响超过某一阈值所引起的社会经济或资源环境的可能损失。它包括两个基本要素：一是气候变化对系统的损害程度即不利影响的程度；二是损失发生的可能性。

气候变化风险评估是指针对气候变化对自然环境和人类社会影响的定性分析和量化评估过程，是气候变化风险管理和应对气候变化研究的重要组成部分，其最终目的是为制定有效的国际和区域的气候变化适应指导政策提供科学依据，以应对和减缓气候变化可能带来的不利影响。

2.1　气候变化风险的分类与识别

2.1.1　气候变化风险的分类和特点

1. 分类

对气候变化风险进行界定和识别是风险分类及风险评估与管理的基础。目前科学界对于气候变化风险的分类还没有形成统一的看法。

按照风险的来源，气候变化风险可以分为气温变化、CO_2 浓度变化、降水变化、病虫鼠害、水温变化、海平面变化、极端天气气候事件等。

按照风险的结果，气候变化风险可以分为农林牧渔业生产力变化、水资源变化、海洋环境变化、陆地生态系统变化、生存环境变化、人类健康环境变化、重大基础设施和产业变化等。

按照风险的领域，气候变化风险可以分为农业、林业、渔业、畜牧业、水资源、海洋环境、生态环境、生存环境、人类健康、重大基础设施等。

按照风险的不确定性，气候变化风险可以分为简单风险、复杂风险、不确定风险、模糊风险等。简单风险是指那些因果关系清楚，并且已达成共识的风险，但简单风险并不等同于小的和可忽略的风险，关键是其潜在的负面影响十分明显，所用的价值观是无可争议的，不确定性很低。复杂风险是那些很难识别或者很难量化风险源和风险结果之间的因果关系，往往有大量潜在的风险因子和可能结果，可能是由于风险源的各个因子之间复杂的协同作用或对抗作用、风险结果对风险源的滞后、干扰变量等引起的。不确定风险指那些影响因素已经明确，但其潜在的损害及其可能性未知或高度不确定性，对不利影响本身或其可能性还不能准确描述的风险，由于其相关知识是不完备的，其决策的科学和技术基础缺乏清晰性，在风险评估中往往需要依靠不确定的猜想和预测。模糊风险包括解释性模糊风险和标准性模糊风险。解释性模糊风险指对于同一评估结果的不同解释，如对是否有不利影响（风险）存在争议；标准性模糊风险指存在风险的证据充足，无可争议，但对于可容忍的或可接受的风险界限的划分还存在分歧。

2. 特点

气候变化风险具有不确定性。这里的不确定性反映的是对事物缺乏确切认识的程度，在某种完全确定到几乎完全缺乏可信度的范围内变化。气候变化风险的不确定性可能是由无知、偶然性、随机性、不精确观测、无法充分测量、缺乏知识或模糊不清引起的，从这种广义的理解来看，不同程度的不确定性基本可以用来表征简单风险、复杂风险、不确定风险及模糊风险的梯级变化。如果所了解的信息和知识非常充分，已经有了深入的研究和既定的方法，剩余的不确定性很低，则属于简单风险；如果信息和知识充分，剩余的不确定性较低，但是由于风险的机制比较复杂、干涉变量比较多，则属于复杂风险；如果对一个风险目前所知不多，知识和信息比较缺乏，不确定性较高，则属于不确定风险；如果对一个风险所知非常少，甚至对于它是否会导致不利影响都不太明确，或者是对其可容忍度和可接受程度的界限划分产生争议时，则属于模糊风险。

气候风险除了一般意义上所具有的不确定性和危害性等特点外，还有以下特点。

（1）复杂性。气候变化风险的最终受体包括整个社会经济和生态系统及其各个组建层次（个体、种群、群落、生态系统、景观乃至区域），考虑系统之间的相互作用及不同组建层次的相互联系，即风险级联，因此相对于单一类型的风险而言，气候变化风险的复杂性显著提高。

（2）内在价值性难以完全量化。气候变化风险的后果主要包括经济损失、生命威胁、各种系统的产出、特性及系统本身的变化等，因此经济学上的风险和自然灾害的风险常用经济损失来表示。气候变化风险应体现和表征气候变化系统自身的结构和功能，以气候变化系统的内在价值为依据，因此不能用简单的物质或经济损失来表示。气候变化风险的影响具备多向性，许多社会影响、政治影响难以完全量化，且气候变化存在代际代内公平性和外部性，经济损失的货币化难以完全包括上述的各种后果，缺乏公平性。

（3）动态性。任何系统都不是封闭和静止不变的，而是处于一种动态变化的过程中。由于影响气候变化风险的各个随机因素都是动态变化的，气候变化风险具有动态性。

（4）客观性。由于气候变化风险对于整个经济社会和自然系统来说是客观存在的，在进行气候变化风险评估时要认识到这种客观性，并采取科学严谨的态度进行评价。

上述各种气候变化风险特点，代表了气候变化风险研究的不同阶段和不同领域对气候变化风险理解的不同角度。总的来看，可以归纳为三个方面：从风险自身的角度，气候变化风险是一定概率条件的损失；从气候变化影响因子的角度，气候变化风险是各种风险因子出现的概率；从气候变化风险系统理论定义的角度，气候变化风险主要由自然、社会及经济三者共同作用，并重视人类社会经济在气候变化风险形成中的作用，即人类自身活动会对气候变化风险造成“放大”或者“减缓”的作用。或许是对经济学应对气候变化的能力抱有怀疑，因为在增长和减缓之间确实存在着十分尖锐甚至不可调和的矛盾；或许是受古典经济学的视野所限，加之主流经济学对无止境的 GDP 增长的迷恋，在市场体制固有的成本转移倾向的支配下，人类往往不顾后果地滥用资源，气候变化风险无可避免，庇古税、产权界定等新古典理论不能从根本上解决气候变化风险的问题。

2.1.2　气候变化风险的识别

风险识别是查找、列出和描述风险事件、风险源、风险后果等风险要素的过程。气候变化风险涉及自然、社会、经济、政治和生活的许多层面，是复杂多样的系统性风险，但从大方向而言，气候变化风险源大体可以归纳为自然和人为两大类（表 2.1）。

自然气候变化风险源不仅包括气象、水文、地质等方面的极端气候变化，如干旱、洪水、冰雹、大风、冻害、地震、崩塌、泥石流等，也包括了一些低概率事件及变化幅度和速率较小的蠕变性风险事件（如生态系统结构和功能的改变）。人为气候变化风险源指导致危害或严重干扰气候变化的人为活动，如大量的毁林毁草，过度开垦、开荒，开发建设活动所引起的水土流失、草场退化、土地沙化、盐碱化等。不同类型的气候变化风险对自然、经济和社会系统的影响也不同，识别这些气候变化风险的目的是要按照风险相关知识和信息的复杂性、不确定性及争议程度对气候变化风险进行分类，从而为开展风险的分类评价和管理提供科学基础。

气候变化风险事件是指气候变化可能对自然生态系统和社会经济系统造成的各种具体（负面）影响，不仅包括洪水、风暴等常见的气候相关的突发性事件，也包括一些低概率事件及变化幅度和速率较小的蠕变性风险事件（如生态系统结构和功能的改变）。气候变化风险源主要包括两个方面：一是平均气候状况（如气温、降水、海平面上升）；二是极端气候变化（如热带气旋、风暴潮、极端降水、河流洪水、热浪、寒潮、干旱）。气候变化风险的后果主要包括经济损失，生命威胁，各种系统的产出、特性，以及系统本身的变化等。表 2.1 从农业，森林、草原和渔业，水文与水资源，海岸带，自然生态系统，生存环境，人类健康，重要基础设施和产业风险等分部门、分领域的角度，识别了主要的气候变化风险事件，并对其风险源和可能风险结果进行较为系统地描述和总结。

从表 2.1 可以看出，气候变化风险体系由大量具体风险构成，涉及自然、社会、经济、政治和生活的许多层面，是复杂多样的系统性风险。人类目前的科学技术发展水平尚未能完全认识气候变化及其产生的风险。气候变化风险体系内的不同风险相对于人类的知识水平来说，表现出不同的复杂程度和确定程度。如果对所有风险都笼统地、不分类别地采用传统风险评估和管理方法，不仅效率较低，而且可能会导致错误的结果。因此，需要在识别这些气候变化风险的基础上，按照风险相关知识和信息的复杂性、不确定性及争议程度对气候变化风险进行分类，从而为开展气候变化风险的分类评价和管理提供科学基础。

表 2.1　气候变化风险的识别

部门领域	气候变化风险事件	风险源（气候变化）	可能风险结果
农业	农作物及其市场价格波动	气温升高，CO_2 浓度增加，干旱、洪水、热浪频率增加	除少数地区外，大部分地区会产生负面影响，农作物减产，农作物市场价格可能会产生波动
	灌溉需水量增加	气温升高，干旱	增加农业灌溉需水量，加剧水资源供需矛盾
	农作物病虫害增加	气温升高，热日增多，CO_2 浓度增加，极端天气气候事件增加	增加许多主要农作物害虫和杂草的数量、生长速度和地理分布的范围
森林、草原和渔业	森林生产力与木材市场	气温升高，干旱，病虫鼠害	气温升高一般增加森林生产力，干旱、病虫鼠害会降低生产力，木材供给的变化会影响市场
	草场与畜产量变化	气温升高，干旱，病虫害	温带地区升温有利于草原生产力和畜产量的提高，但季节性干旱和热带地区相反，病虫害和干旱会带来负面影响
	森林草原火灾	气温升高，干旱，热浪	世界各地发生森林火灾的次数增加、规模扩大
	渔业与水产业风险	气温升高，海平面上升，极端天气气候事件	影响鱼类种群数量和分布范围的变化，并最终影响渔业资源的数量、质量及其开发利用，导致某些鱼种灭绝
水文与水资源	供水短缺	气温升高，干旱、热浪、降水变化，海平面上升	气候变化对径流量和地下水补给量的影响在不同地区和不同模式下是不同的，主要依赖降水变化情况而定
	水质恶化	较高的水温和变率，海平面上升，降水较少和变率增加，干旱等极端事件	河流的水温升高和变率加大可能促进藻类、细菌和真菌繁殖。高强度的降水将导致土壤中的污染物流入水体，在河口和内陆河段流量可能减少，导致水体盐度增加
	冰川消融	气温升高，降水变率增加	大多数冰川加速融化，许多小冰川可能消失
	洪涝与干旱	气温升高，降水变率增加，海平面上升，热带气旋、风暴潮等极端事件增加	干旱和洪涝等极端事件发生的频率和强度都可能增大
海岸带	海岸侵蚀	海平面上升，热带气旋，风暴潮	提高海岸侵蚀率，导致海岸退化
	沿岸低地的淹没	海平面上升，热带气旋，风暴潮	淹没沿岸土地，造成严重社会经济损失
	盐水入侵（河口、地下水）	海平面上升，风暴潮，洪水	地表水和地下水的盐水入侵都可能恶化，严重影响供水
	沿海湿地、珊瑚礁等生态系统的退化	气温升高，海平面上升，热带气旋，风暴潮，海水酸化	沿海湿地退化，珊瑚礁白化甚至消失，进而影响相关生态系统的机构和功能
	热带气旋、风暴潮灾害风险	气温升高，海平面上升	热带和副热带地区热带气旋强度可能会增加，路线可能改变，风暴潮强度可能增加，进而造成严重的社会经济和环境影响

续表

部门领域	气候变化风险事件	风险源（气候变化）	可能风险结果
自然生态系统	生境的丧失和物种的灭绝	气温升高，干旱，野火，病虫害	引起生境变化，甚至是毁灭性破坏，加剧生物多样性损失，物种灭绝的风险增加
	陆地生态系统结构、功能破坏	气温升高，CO_2浓度增加，极端天气气候事件	生态系统结构、范围发生变化（有向两极移动的趋势），提供的物质和服务功能降低
	海洋酸化对海洋生物的风险	气温升高，CO_2浓度增加	导致海洋生物死亡，珊瑚礁生态系统破坏，生物多样性丧失
生存环境	城市大气污染	气温升高，CO_2浓度增加	加重O_3污染，同时加剧城市已有的空气污染
	城市热岛效应	气温升高，CO_2浓度增加，极端气候	热岛效应在气候变暖的背景下可能加剧
	土壤盐碱化和沙漠化	气温升高，海平面上升，降水变率增加，干旱等极端气候	在主要的干旱和半干旱区，沙漠化土地面积可能增大，土壤盐碱化可能加剧
	沙尘暴	气温升高，降水变率增加，干旱等极端气候	气候变化对沙尘暴的影响还不确定，可能加剧或减弱，也可能无影响
人类健康	极端天气气候事件导致的疾病、伤亡	气温升高，极端气候	使某些疾病死亡率、伤残率和传染病的发病率上升，并加大社会心理压力
	媒介传染病（血吸虫、疟疾、登革热、流行性出血热）	气温升高，极端气候	血吸虫的分布和种群数量可能会变化，气候变化对疟疾有不同的影响，有些感染区域扩展，有些区域将缩减；对登革热与流行性出血热的影响机制还不太确定
	空气质量引起的呼吸系统疾病	气温升高，极端气候	造成呼吸系统、免疫系统的损伤
重要基础设施和产业风险	大型水利工程	气温升高，洪水，火灾，风暴，长期干旱等极端天气气候事件	危害大坝安全，可能产生滑坡、泥石流灾害，并可能诱发地震，气温升高与长期干旱导致水利工程发电和运营风险
	交通和传输系统	气温升高，极端天气气候事件，如洪水、滑坡、火灾、风暴等	道路变形、毁坏、供水系统、食物供给，以及能源输送系统、信息系统、废物处理系统可能受到影响或破坏
	金融保险业、旅游业	海平面上升，极端天气气候事件，如洪水、滑坡、火灾、风暴等	各种灾害的增加，尤其是一些极端气候灾害可能提高巨灾风险评估中保险精算的不确定性，导致保险费用增加及保险覆盖面的降低；考虑巨灾风险成本可能增加，保险公司也可能持保守观望态度，整个保险业可能受到抑制 降低旅游资源的吸引力，对旅游者的安全和行为将产生影响，降低旅游经济收入。影响能源的消费和生产，取暖需求会降低，制冷耗费会增加，能源的成本也可能提高

要进行气候变化风险评估，首先要弄清楚风险的“源”和“汇”。换句话说，就是要弄清三个要素：什么会变成不利事件、变成不利事件的可能性及变成不利事件的后果。

传统的气象灾害风险理论认为，气象灾害损失由致灾因子、承灾体和孕灾环境共同决定；气象灾害是气象风险的结果，若把气候变化风险理解为气候变化背景下的气象灾害风险，则其大小可通过致灾因子的危险性，承灾体的敏感性、脆弱性，环境的防灾减灾能力来评价。风险分析目标是定量分析影响阈值与不确定范围之间的关系，气候变化风险研究需要基于特定的社会经济情景，并预估未来不同的气候变化情景。由于气候预估情景的不确定性，IPCC 指出，识别系统的气候变化脆弱性或关键阈值是应对气候变化风险的重要途径。在上述观点的指引下，与气候变化风险评估相关的研究工作主要集中在三个领域：基于风险概念模型的气候变化风险指数评估，基于气候情景预估与风险阈值的气候变化风险概率评估，气候变化脆弱性评估。

1. 基于风险概念模型的气候变化风险指数评估

基于风险概念模型的气候变化风险指数评估的基本思路是：第一，分析气候系统对社会经济系统造成不利后果的原因；第二，识别造成风险的要素；第三，定义风险指数；第四，结合气候变化背景，通过对这些要素的评估来量化风险。气候变化风险指标评估的流程一般包括三个步骤：第一，通过风险要素识别建立风险指标体系；第二，提出指标的量化评估方案；第三，构建指标融合/综合评估模型。依据风险指标体系、量化评估方案和指标融合/综合评估模型建立的评估模型称为风险概念模型。

1）风险要素识别

风险要素识别是风险评估的基础。风险要素识别是对风险事件“源”和“汇”的再分解，是对构成评价对象风险的所有因素按照属性结构和物理机制的筛选。进行风险指数评估，通常将风险按照危险性、脆弱性和防治能力等要素分类，并构建指标体系。危险性（或称暴露性）指标包含能够导致危险事件发生的环境变量。例如，流域洪涝灾害危险性可以通过年平均大雨日、平均最大 3 日降水量、海拔、倾斜度和缓冲区 5 个指标来评价。脆弱性（或称敏感性）指标包含承受危险的社会经济变量，如洪灾承受体的脆弱性评价指标包括人口密度、人均 GDP 和农作物面积等。防治能力（或称适应能力）则表示社会系统通过对自身属性调节预防和应对不利影响的能力。

2）指标量化

指标量化是对构成风险的指标变量的量化评估，是搭建变量观测值和评估值的桥梁。指标量化方案直接决定评估的合理性。标准化是一种常用的指标量化方法。按照直观理解，指标变量观测值越“好”，发生不利后果的程度和可能性越小，风险越小；指标变量观测值越“差”，发生不利后果的程度和可能性越大，风险越大。因此，指标变量的标准化值可以用作指标的评估值。用于标准化的参考值一般选取的是该指标变量观测值的极值或最优值。另一种常用的指标量化方法是隶属度评估。隶属度是变量对评估属性的隶属程度。进行隶属度评价时，首先需要明确变量不同评估的观测值分级标准，变量观测值属于哪个标准，就赋予相应的隶属度评估值。

3）综合评估

因为系统风险通常由多个要素决定，所以在对各个指标变量进行量化评估以后，还需要综合多个指标对系统风险进行评估。常用的一种综合评估方法是指标融合方法，即结合专家评分进行经验校正和统计结果的加权求和方法或组合求积方法。联合国国际减灾战略（United Nations International Strategy for Disaster Reduction，UNISDR）采用的自然灾害风险综合评价公式为风险（risk）=危险（hazard）×脆弱性（vulnerability）。

经验公式也是常用的风险评估方法。经验公式是依据环境要素对评价对象的影响机制建立的表达式。将海平面上升风险指标定义为$R=\frac{SGL}{(b+h)}$。其中：S 为海平面上升高度，m；G 为由海滩材质决定的退化率，%；L 为影响区域宽度，m；b 为典型地貌高度，m；h 为该地形在海水下的极限关闭深度，m。

4）气候变化风险指标评估的优点与不足

风险概念模型具有很好的研究基础，评估指标意义明确，考虑气候变化影响因素较全面，评估过程易操作。但是气候变化风险指标评估也存在不足。首先，风险概念模型出发点要求致灾因子易于辨识、成灾机制明确且风险链清晰，而由人类活动引起的气候变化及其间接影响途径复杂、成灾机制不明确，致使该类模型的应用受到限制。其次，指数法的主观性较强，对风险系统的物理机制体现不足，数据可靠性不足，以及与之伴随的综合评估结果难以进行可靠性验证等。这些不足在一定程度上制约了评估结果的应用和评估研究的拓展。

2. 基于气候情景预估和风险阈值的气候变化风险概率评估

气候变化风险概率评估，又称或然风险评估。气候变化风险概率评估的基本思路是通过气候模式[如全球气候模型/区域气候模型（global climate model/regional climate model，GCM/RCM）]预估的未来某一时刻或某一时段的气候状况，估算在此气候状况下被评价对象的响应，将发生不利影响的概率表示为风险。影响关联的估计主要有两种方法，一种是将气候预估数据代入评估模型估算出评估对象的状态如粮食产量、水文要素特征和经济产值等，并由此来判断气候变化对该评估对象的利弊；另一种是针对被评估对象的性状发生改变的气象要素阈值，分析未来气象要素变化可能超越阈值的概率，通过超越概率来量化气候变化风险。因此，影响风险概率评估准确性的因素主要是评估模型和风险阈值的确定。同时，由于现行气候模拟技术的限制，气候情景预估的不确定性也成为评估准确性的重要决定因素。

1）评估模型

评估模型或称环境影响关联评估模型，是研究对象某一属性评估值对某个或某几个环境要素观测值的函数。评估模型的科学性直接关系到模拟结果的可靠性。部分学科领域有现成的评估模型，可以直接与气候模式预估数据结合起来对未来情景进行模拟。而在多数研究领域，该类模型尚不成熟，因此建立科学合理的评估模型成为研究重点。

作物和环境研究综合模型是在结合区域气候模式的气候变化影响作物评估研究中应用较广泛的环境影响关联评价模型。此外还有集成多种作物模型的综合性决策支持系统，如农业技术转移决策支持系统，以及在植被生态系统研究中的生物地理模型等。

除作物和植被生态系统之外，目前气候变化对水文系统的影响得到较多研究，常用的评价模型有概率分布模型和流域气候与土地利用情景模拟模型等。基于应对气候变化防洪系统风险，提出了防洪设施改造研究的改进实物期权模型方法。

2）风险阈值

评估模型的不明确是对气候变化影响精确模拟的重要制约因素。阈值是指研究对象维系正常状态的环境变量临界值。一般认为，环境变量超过阈值是评价对象发生危险的充分条件。因此，风险阈值研究也成为近年来气候变化风险研究的热点之一。基于概率的风险阈值评估可能是对提高气候变化影响的理解和风险管理效果的一个有利机制。但是对于多数研究对象，尤其对于系统而言，阈值的确定可能会较为困难，因此，系统阈值的估算方法成为部分研究的热点。

水文系统的气候变化风险研究较多采用了基于风险阈值的超越概率评估方法。将水文系统风险定义为荷载大于系统承载能力引发系统失效的概率，即供水量低于供水要求的概率。水文系统工程风险是一种包括多个因素的标准形式，或者包括可靠性、弹性和弱点等组成的超标准形式。

3）不确定性

不确定性是指气候变化风险概率评估研究中可能出现不可信或不可靠的结果。不确定性问题是气候变化风险概率评估的难点和核心问题。不确定性及如何降低不确定性是气候变化风险概率评估的重要内容。

①不确定性来源

气候变化风险概率评估的不确定性主要来源于：气候变化情景的不确定性，包括气候模式本身的不完善、情景设定的不确定性、应用技术的不确定性；评估模型的不确定性，包括评估模型结构的不确定性、评估模型参数的不确定性、评估模型的其他输入信息的不确定性；评估过程的不确定性，包括陆气耦合技术的不确定性、人类活动的影响、未来气候变化适应措施考虑得不完善等。

在气候变化对农业影响评估研究中，气候模式输出与作物模型输入之间的尺度差异是气候变化对农业影响评估不确定性的主要来源之一。不确定性会随着评估过程的深入，自上而下逐层传播。需要指出，气候变化风险概率评估的不确定性来源多种多样，包括科学因素和社会因素，是难以定义和量化的。

②不确定度的量化

不确定度的量化是对不确定性大小的估算。采用模式离差来估算模式预估结果的不确定性，通过计算多模式集合结果的绝对值与模式离差之间的比值来定量刻画多模式几何信号的可信度。比值大于 1 表示多模式集合模拟的气候变化大于模式离差（即信号大于噪声），多模式集合结果是可信的；相反，比值小于 1 表示模式间的噪声要大于多模式集合结果所反映的信号，多模式集合结果的可信度较低。

③降低不确定度的途径

降低不确定度的途径主要包括：提高区域气候变化情景预测精度，如完善全球气候模式、改进排放情景、统计降尺度技术；完善气候变化影响评估模型及评估过程，如改进和完善评估模型、充分考虑人类活动的调整适应和影响等。使用多个模式集合的气候情景预估来研究气候变化影响和气候变化风险是当前许多学者选择用来降低不确定度的重要途径之一。

统计降尺度（statistical downscaling，SD）技术的应用是降低气候预估不确定性的一个重要途径。统计降尺度是结合局地气候观测变量和大尺度的 GCM 输出之间建立的统计线性或非线性关系，以降低区域气候预估不确定度的方法。

气候在很大程度上具有概率性，因此在天气气候研究的各领域中，统计气候学方法具有不可替代的重要作用。多个气候模式的预估产品综合起来就构成了一个未来气候变化的总体，这样通过总体的概率分布函数（probability distribution function，PDF）就可以计算超过某阈值事件的风险概率。虽然同样是采用统计气候学方法，但是一般认为模式的结果是不应该被当作总体统计概率分布的。针对这个问题，没有对气候模式产品进行总体假设，而是从多个气候模式中随机抽取资料，对资料进行统计分析，并计算超过阈值的水平，通过多次重复试验，生成超过阈值的风险概率分布。

使用三角模糊数来代表未来气候变化情景（三角模糊数的两端分别是 IPCC 估计的最大值和最小值），以达到降低预估情景不确定度的目的。由于贝叶斯神经网络处理用信度表示的不确定性问题的固有优势，贝叶斯神经网络模型在处理信度表示的气候变化不确定性的水文响应问题时，表现出有效应用前景。

4）气候变化风险概率评估的优点与缺点

气候变化风险概率评估方法克服了风险指数评估物理机制不明确的缺点。基于气候情景预估数据和评估模型的情景模拟也具有较为坚实的科学基础。但是气候变化风险概率评估方法也存在许多缺点，主要体现在：情景模式只是未来结果的子集，一个 GCM/RCM 的输出仅提供了一种未来大尺度气候陈述；GCM/RCM 可能无法完全模拟区域和局地的气候，尤其是极端事件；多情景模式分析虽然可提供多个潜在的未来变化结果，但是缺少相应的概率估计，使得结果的不确定度给风险决策和政策制定造成很大的困难；气候要素对气候变化的响应是非线性的，可能出现 GCM/RCM 模拟结果以外的情景；气候系统与其他系统之间相互作用的动力过程可能会十分复杂，单纯的气候模式输出结果可能无法加深人们对这些相互作用的理解。

3. 气候变化脆弱性评估

气候变化脆弱性是气候变化风险产生的必要条件，因此脆弱性研究是识别和防范气候变化风险的重要内容。脆弱性评估是气候变化风险评估（气候变化影响、适应和脆弱性）的重要组成部分，也是 IPCC 所倡导的应对气候变化进行风险管理的重要途径之一。

1）脆弱性的定义

在防灾减灾领域，脆弱性是指系统自身固有的对环境变化的适应能力。社会脆弱性关注的主要是人群对危害的敏感程度，以及他们对极端事件的恢复能力。基础设施脆弱性分析主要关心的是基础设施的物理、运转和地理特征，它们对于威胁的易损性，它们在系统中的作用，以及它们与破坏性事件的潜在联系。脆弱性具有空间属性和时间属性。空间属性体现在对于系统能力接近极限的地区，脆弱性会增加，同样，任何可能的失误都会增强社会和系统的影响；时间属性体现在时点和时段，不同时点和不同时段的危害造成的后果不同。

气候变化脆弱性是指地球物理系统、生物系统和社会经济系统对气候变化的敏感程度，这种敏感是指它无法应对气候变化带来的不利影响。其决定要素一般包括敏感性、暴露性和适应能力。许多对气候敏感的系统都存在着脆弱性，如食物系统、基础设施、人类健康、水资源、海岸带系统、生态系统、冰盖和大气海洋环流模式等。在具体研究工作中，脆弱性的定义应便于量化和建模。例如，水资源脆弱性定义为水资源系统在气候变化、人为活动等的作用下，水资源系统的结构发生改变，水资源数量减少和质量降低，以及由此引发的水资源供给、需求、管理的变化和旱涝等自然灾害的发生。农业生产的气候脆弱性,可以定义为某一地区农业生产过程对气候变化各敏感因素的反应强弱，以及当地社会经济-生产-生态等环境要素对气候变化影响可能适应性的综合不稳定反应；也可以定义为农业系统容易受到气候变化（包括气候变率和极端天气气候事件）的不利影响，且无法应对不利影响的程度，这代表了农业系统经受的气候变异特征、程度、速率及自身敏感性和适应能力的反应等。没有哪个单一脆弱性定义可以适合所有的评估对象和评估目的。在不同研究领域，脆弱性有着不同的认识和理解，因此有不同的脆弱性定义。在气候变化脆弱性研究和脆弱性应对领域对脆弱性存在两种理解，分别是起点理论和终点理论。

起点理论将脆弱性理解为不同经济社会政策产生的基本依据，认为是脆弱性决定了政策的落脚点；终点理论认为脆弱性的大小等同于气候变化带来的最终影响减去调整适应政策所做的贡献，可以理解为适应政策无法消除的那部分的不利影响。从这个角度上说，脆弱性还是争论于不利事件的结果和原因，认为脆弱性应该主要包括三个方面：脆弱性应该作为一个结果而不是一种原因来研究；脆弱性的影响是负面的；脆弱性是一个相对概念而不是绝对的损害程度。而沿用自然灾害学领域的观点，脆弱性则被认为是系统受到损害的原因，灾害损失才是脆弱性存在的结果。针对这个问题，一些气候变化领域的脆弱性概念恰恰是灾害-风险评估领域的风险概念。防灾减灾机构一般把风险分成内部（脆弱性）和外部（危害）两个部分，而气候变化机构则把危害和暴露定义为一体，作为脆弱性来研究。

2）脆弱性的计算

①脆弱性曲线

脆弱性曲线（或称脆弱性观测）是从致灾因子的角度，基于灾情数据、调查和模型共同完成的脆弱性测量，通过在一定强度的致灾因子情况下的灾害损失来间接反映脆弱性的大小。将脆弱性用脆弱性曲线表示，以便于风险和灾害的快速评估。从测量的角度来看，脆弱性一般反映的是系统损失程度与致灾因子强度的关系。

②脆弱性指数

在起点理论前提下，脆弱性一般定义为系统受影响的倾向或处理危险事件时能力的不足。在此定义框架下，脆弱性的大小一般通过定义脆弱性指数来体现，具体实现方案类似于指标量化。

③情景模拟

基于终点理论，在未来气候条件下，如果评价对象变得不利，则认为该对象是脆弱的，且不利程度越大，脆弱性越大。通过环境影响关联评估模型模拟出气候变化背景下的结果后，对脆弱性再进行评价。

3）关键脆弱性

为了更加科学地对气候变化风险进行管理，IPCC 的 AR4 提出了关键脆弱性的概念，指出科学研究可以为政策制定者提供“哪些脆弱性比较关键”的信息，从而制定更合适的应对政策。关键脆弱性可能和一些系统的阈值有联系，当超过这个阈值时，系统的非线性过程将使系统从一种主要状态切换到另一种状态，因此平缓的气候渐变过程同样可以对系统造成破坏。确定气候变化的哪些影响比较关键或比较危险是一个动力学的过程，由客观因素和主观因素共同组成。客观因素是指系统的属性，主要包括尺度、量级、时段和持续性等；主观因素（或称标准化因素）是对科学知识和观测事实的标准化，主要包括对被威胁的系统的重要性和独特性的评定、影响的分布、风险厌恶程度和潜在适应措施的可行性与效果等。同时，AR4 为识别关键脆弱性提出了 8 个标准。量级标准，用来衡量影响量级的定量标准主要是金额和受影响的人口数量、作物产量、物种数量等。定性标准，主要是社会认可度。时效标准，相对于未来的事件，马上就会发生的不利影响更可能被认为“关键”。持续性和可逆性标准通常认为，持续的和不可逆转的不利影响是“关键”的。可能性和信度标准，可能性是指专家对于主观概率标定中概率分布的中值；信度则决定于其散布，散布越小，信度越大。可能性越大的影响事件越容易被认为“关键”。潜在适应能力标准，应对措施的可行性和可用性越低，这种影响越可能被归类为“关键脆弱性”。分布的标准，影响和脆弱性的种类越多或者分布特征越明显，越有可能被认为“关键”。受险系统的重要性标准，若一个系统的功能起决定性作用，那么该系统更可能被认为“关键”。

关键风险是对气候系统危险的与人为干扰水平相关的潜在严重影响。成为关键风险是由于灾害的高危险性或由于暴露于灾害下的社会和系统的高脆弱性，或两者兼而有之。关键风险的确定基于影响的大幅度或高概率、影响的不可逆性或时机、持续脆弱性或暴露度、降低风险的有限潜力。某些风险在某些地区突出，而其他风险在全球具有普遍性。对于风险评估来说非常重要的一点是要评估未来影响的最大可能范围，包括小概率但后果严重的影响。风险水平往往与温度一起上升，有时更加直接地与其他气候变化维度（如升温速率）、海洋酸化及海平面上升的幅度与速率相关。

跨部门和区域的关键风险包括以下几条。

（1）风暴潮、沿海洪涝和海平面上升，一些区域的内陆洪水、极热期造成的健康不佳和生计干扰风险。

（2）极端天气气候事件导致的基础设施网络和关键服务崩溃的系统性风险。

（3）粮食安全和水安全问题、农村生计保障和收入的损失等风险，尤其是对于较贫困人群。

（4）生态系统、生物多样性，以及生态系统益处、功能和服务的损失风险。

4. 气候变化风险经济评估的局限性

通常可利用综合经济指标（如 GDP、总收入）来衡量一部分气候变化的风险和影响。然而，这种估算不全面，且受到若干重要的概念性和经验性约束条件的影响。如果温度比工业化前期升高约 2.5℃，全球每年经济损失的不完全估算结果则会是收入的 0.2%～2%（证据量中等，一致性中等）。损失多半可能是超过这个范围，而不是小于这个范围（证据有限，一致性高）。对多排放 1t CO_2 的增量累计经济影响（碳的社会成本）的估算源自这些研究，预估 2000～2015 年每吨碳的成本为几美元到几百美元（证据确凿，一致性中等）。对这些影响的估算并不完整，且依赖大量的假设，其中不少假设颇具争议。很多估算并未考虑出现大尺度异常事件和不可逆的可能性、临界点及其他重要因子，尤其是那些难以货币化的因子，如生物多样性的减少。估算综合成本可掩盖不同部门、地区、国家和社区在影响方面的显著差异，因此估算时需要依赖伦理考虑，在综合各国及国内各类损失时尤其如此（高信度）。只有在有限的温升水平下才能开展全球累计经济损失的估算。用于 21 世纪的情景会超过这些水平，除非要采取额外的减缓行动，而这会导致额外的经济成本。不同温度水平上的总经济影响包括减缓成本、减缓效益、减缓副作用、适应成本和气候损害。因此，在任意给定温度水平上对减缓成本和气候损害进行估算并不等同于对减缓成本和减缓效益的评估。关于在现有温度水平上升温 3℃的经济成本知之甚少。准确估算气候变化风险（及由此产生的减缓效益）要全面考虑气候变化各种可能的影响，包括那些出现概率低但后果严重的影响，否则减缓效益可能被低估（高信度）。即使具备了更多的知识，当前估算的某些局限性也无法避免，如在多种多样个人价值共存情况下随着时间推移的累积影响问题。考虑这些局限性，要找到单一最佳气候变化目标和气候政策已超越了科学的范畴。

2.2　气候变化脆弱性分析工具

2.2.1　气候变化脆弱性

脆弱性最早出现于地质学领域的文献和灾害方面的文献。对于脆弱性，不同领域有不同的理解。1979 年联合国救灾组织（United Nations Disaster Relief Organization，UNDRO）将脆弱性定义为：脆弱性为灾害（自然事件发生的强度、覆盖面和持续时间）与风险（暴露在灾害事件中的概率）之间的关系。联合国粮食与农业组织（United Nations Food and Agriculture Organization，FAO）认为，存在可能导致地方居民出现粮食安全和营养不良的因素。美国农业部认为，在一定地区很难通过适应措施改变气候变化负面影响的程度。通过对多位科学家研究的总结认为，脆弱性主要包括三个方面：首先，脆弱性应该作为结果而不应该作为原因来研究；其次，针对其他不敏感因素而言，脆弱性的影响是负面的而不是正面的；最后，脆弱性是一个区别于社会经济集团或地区的相对概念，而不是度量损失程度的单位。

根据 IPCC AR4，脆弱性是指某个系统容易受到气候变化（包括气候变率和极端天气气候事件）的不利影响，但却没有能力应对不利影响的程度。脆弱性随一个系统所面临的气候变化和变异的特征、幅度和速率、敏感性及其适应能力而变化。脆弱性是系统遭受的气候变化和变异的特征、幅度和速率及系统的暴露程度、敏感性和适应能力的一

个函数。即

$$脆弱性（V）=f\{风险暴露程度（E）\times 敏感性（S）\times 适应能力（A）\}$$

脆弱性取决于自然、社会、人类、经济及环境系统等多种因素。脆弱性因时间、空间而异，不同群体之间、不同群体内部脆弱性各有不同。某一人群或系统（如贫穷社区）对某种风险/损害更脆弱，通常会对其他类型的风险/损害也具有脆弱性。到目前为止，国际、国内对于脆弱性仍没有一个统一的定义。在不同的学科和研究领域，如气候变化、防灾减灾、基础设施和建筑等，脆弱性的含义不尽相同，甚至名称也有差异。

脆弱性作为人类社会对气候变化敏感的程度，它与人类社会组成和结构关系密切。在应对气候变化的层面上，脆弱性把气候变化关注的重心从自然科学事件转移到人类社会经济系统，关注人类社会经济系统的安全和可持续发展，关注社会弱势群体和落后地区。它从要减缓气候变化拓展到要适应气候变化，从全球共同应对的艰难到各地方主动适应与发展。脆弱性的减少或降低应该是人类适应气候变化的重要手段。在一定程度上，气候变化是很难控制的，人类必须通过降低脆弱性来实现更加安全的环境。脆弱性分析可以找到人类社会应对气候变化的途径。

脆弱性评估是用来回答谁和什么脆弱，对什么脆弱，脆弱性程度多大，哪些区域或部门脆弱，以及它们的适应能力。气候脆弱性评估对个人、社区（农村和城市）、行业系统如何认识气候变化、理解气候变化的影响、摸清已有的适应能力等方面有重要作用。气候变化脆弱性评估是在某种研究或决策背景下，面向不同的相关利益群体，对关注的问题开展研究。脆弱性评估可以为以下三种类型的决策者情景提供信息：为减缓全球气候变暖而制定长期的减排目标，并提供详细的论述和科学信息；识别关键的脆弱区域和脆弱群体，从而优化资源配置来满足研究和适应气候变化的需求；针对某区域和领域，制订具体的适应性政策。

2.2.2　气候变化脆弱性评估及其分析方法

脆弱性评估是适应气候变化政策、决策框架的重要组成部分。像决策过程一样，脆弱性评估也是循环重复的。随着新信息的获得、条件的变化和适应优先的变化，有必要重新完善脆弱性评估的各个方面。

1. 脆弱性评估的主要步骤

（1）建立脆弱性评估框架。确定具体的气候风险（对什么脆弱）和脆弱对象（社会群体、区域、部门）；影响脆弱性的因素[物理（基础设施）、环境、社会、经济、制度、文化]；明确决策标准（选择用于脆弱性风险评估的数据信息）。

（2）评估当前气候变化脆弱性。当前风险和历史事件评估；当前脆弱性因素和适应能力确定。

（3）识别未来气候和社会经济强迫因子的潜在影响。识别这些强迫因子的直接和间接后果；确定未来社会经济情景；确定未来气候变化趋势。

（4）评估未来气候变化脆弱性。把当前气候变化脆弱性与未来气候变化和社会经济情景综合考虑，评估未来气候变化脆弱性。

2. 气候变化脆弱性评估工具

1）气候情景法

气候情景分析主要是为系统脆弱性评估提供背景数据，包括气候变化的观测事实分析与未来气候情景的分析预测。前者主要用于系统气候变化脆弱性的历史动态和现状分析，后者主要用于未来气候变化脆弱性的评估。气候变化的观测事实分析主要基于大量气候观测资料，运用气候统计学的方法研究气候演变的时空变化特征和规律。未来气候情景的分析预测，主要是基于全球或区域性的气候模式，在不同的排放情景下，对不同空间尺度的气候变化进行模拟预测。这种方法主要是气候科学领域的研究内容。

2）模型模拟法

采用模型进行模拟预测是当前气候变化影响评估中最常用，也是发展最迅速的研究方法之一，特别是在定量评估研究中，模型的应用更多。根据不同的评估对象，目前系统响应气候变化的评估模型主要包括自然生态系统模型、水文水资源模型及社会经济影响模型等。

3）指标体系法

指标体系法是对系统响应气候变化脆弱性综合评估的主要方法。通过脆弱性指标体系对系统脆弱性进行定量评估，包括指标选取和指标权重的确定。目前气候变化脆弱性相关评估指标体系主要分为两类：一类是面向区域的综合系统评估，另一类是面向某一生态系统类型的专项评估。在区域综合系统评估指标体系方面，如南太平洋应用地学委员会的环境脆弱性指标体系与脆弱性恢复指标模型提出的气候变化脆弱性评估体系等。对系统脆弱性指标权重赋值的方法有专家打分法、层次分析法、成本有效性分析法等，其中专家打分法和层次分析法较为常见。专家打分法又称德尔菲法，将气候变化脆弱性指标体系的各权重以问卷的方式咨询多位专家，综合各专家对各个指标权重的打分情况，对权重反复修改，反复咨询专家，直到和多数专家达成一致意见为止。层次分析法是一种定性和定量相结合的分析方法，常被用于解决多目标、多准则、多要素、多层次的非结构化的复杂决策问题。该方法通过对复杂问题的决策思维过程模型化、数量化，将复杂问题分解为若干有联系有序的层次，每个层次有若干个因素，对每个层次的相关元素进行比较判断，把各因素的相对重要性定量化，再利用数学的方法决定全部因素的重要性次序和权重，并辅以一致性检验以保证权重的合理性。

①专家打分法

专家打分法因简便可靠，是一种人们常用的有效的群体决策的方法。专家打分法并不需要专家群体成员列席，是避免集体讨论存在的屈从于权威或盲目服从多数的缺陷的一种方法。

为消除专家成员间的相互影响，参加的专家可以互不了解。它运用匿名方式反复征询意见和进行背靠背的交流，以充分发挥专家的智慧、知识和经验，最后汇总得出一个能比较反映专家群体意志的结果。专家打分法的一般程序如下。

确定调查目的，拟订调查提纲。首先确定目标，拟订出要求专家回答的问题的详细提纲，并同时向专家提供有关背景材料，包括目的、期限、调查表填写方法及其他希望要求等说明。

选择一批熟悉本问题的专家，一般至少为 20 人，包括理论和实践等各方面专家。首先，以通信方式向各位选定专家发出调查表征询意见。对返回的意见进行归纳综合，定量统计分析；其次，将结果寄给有关专家，每个专家收到一本问卷结果的复制件。看过结果后，再次请专家提出他们的方案。第一轮的结果常常是激发出新的方案或改变某些人的原有观点。重复上述步骤直到取得大体上一致的意见。

专家打分法的优点主要是简便易行，具有一定科学性和实用性，可以避免会议讨论时产生的因害怕权威而随声附和或固执己见,或因顾虑情面不愿与他人意见冲突等弊病；同时也可使大家发表的意见较快收敛。参加者也易接受结论，具有一定程度综合意见的客观性。但它的缺点是由于专家一般时间紧，回答往往比较草率，同时决策主要依靠专家，因此归根到底仍属专家的集体主观判断。此外，在选择合适的专家方面也较困难，征询意见的时间较长，对于快速决策难于使用等。

②层次分析法

层次分析法是对一些较为复杂、较为模糊的问题做出决策的简易方法，它特别适用于那些难于完全定量分析的问题。它是美国运筹学家 T. L. Saaty 教授于 20 世纪 70 年代初期提出的一种简便、灵活而又实用的多准则决策方法。

人们在进行社会、经济及科学管理领域问题的系统分析中，面临的常常是一个由相互关联、相互制约的众多因素构成的复杂而缺少定量数据的系统。层次分析法为这类问题的决策和排序提供了一种新的、简洁而实用的建模方法。运用层次分析法建模，大体上可按下面四个步骤进行：建立递阶层次结构模型；构造各层次中的所有判断矩阵；层次单排序及一致性检验；层次总排序及一致性检验。下面分别说明这四个步骤的实现过程。

应用层次分析法分析决策问题时，首先要把问题条理化、层次化，构造出一个有层次的结构模型。在这个模型下，复杂问题被分解为元素的组成部分，这些元素又按其属性及关系形成若干层次，上一层次的元素作为准则对下一层次有关元素起支配作用。这些层次可以分为以下三类。

最高层：这一层次只有一个元素，一般它是分析问题的预定目标或理想结果，因此也称为目标层。

中间层：这一层次包含了为实现目标所涉及的中间环节，它可以由若干个层次组成，包括所需考虑的准则、子准则，因此也称为准则层。

最底层：这一层次包括了为实现目标可供选择的各种措施、决策方案等，因此也称为措施层或方案层。

递阶层次结构中的层次数与问题的复杂程度及需要分析的详尽程度有关，一般层次数不受限制。每一层次中各元素所支配的元素一般不要超过 9 个，这是因为支配的元素过多会给两两比较判断带来困难。

③成本有效性分析法

成本有效性分析主要针对那些无法确定和量化收益的决策对象。许多公共政策的成本可以估算，但是往往很难估算政策的收益。例如，海岸防浪堤的各项成本是可计算的，收益则涉及生态效益、社会公平、减贫、社区发展、教育和健康改进等多方面，难以简单进行评估。这种情况下，可以通过分析政策达成某一种或几种目标的有效性来进行评判。政策有效性可以采用高、中、低等不同的定性评估方式来进行。对于可在市场上交易但是由于垄断、管制、税收或补贴而导致价格扭曲或无法通过直接的市场价格计算的成本和收益，一般可使用影子价格法、替代市场法和环境价值评估法进行近似估算。

（1）影子价格的获得有多种途径，其中最常用的有以下几种方法：第一种，求解线性规划，影子价格的数学基础是线性规划的对偶规划理论。资源的最优配置可以转化为一个线性规划问题，其对偶规划的最优解就是影子价格。第二种，以国内市场价格为基础进行调整，剔除市场的非完全竞争性，受经济机制、经济政策和历史等因素影响的市场价格，可作为产品或投入品的影子价格。第三种，以国际市场价格为基础确定。第四种，机会成本法，机会成本通常指由于使用资源必须放弃的该资源其他用途的效益。

（2）替代市场法用于所讨论的物品和劳务不能用市场价格表示时，用替代的物品和劳务的市场价格作为确定该物品和劳务价值的依据。不是利用受环境质量变化所影响的商品或劳务的直接市场价格来估计环境效益，而是利用替代或相应产品的价格来估计无价格的环境商品或劳务，利用环境质量不同条件下工人工资的差异来估计环境质量变化造成的经济损失或带来的经济效益。

（3）环境价值评估法有很多种，但它们都建立在总经济价值概念的基础上。总经济价值是针对环境资源而言的，它将环境资源的价值分为使用价值和非使用价值两部分。使用价值包括直接使用价值、间接使用价值和选择价值；非使用价值的一种已被普遍接受的观点是存在价值。环境价值评估法可分为三类：第一类，直接市场评价法，主要包括剂量-反应方法、生产率变动法、人力资本法；第二类，揭示偏好法（用实际表现出来的偏好进行估算），包括内涵资产定价法、防护支出法、重置成本法、旅行费用法等；第三类，陈述偏好法（用表达的偏好进行估算），包括投标博弈法、比较博弈法等。

2.2.3　气候变化脆弱性评估案例分析

1. 上海市气候变化脆弱性及适应能力评估

暴雨、台风、市涝、高温热浪和海平面上升等气候风险对上海市的社会、经济发展造成了威胁。上海市气温在近 50 年间上升了 2.2℃，这种温度变化主要体现在平均最低、最高气温上升和城、郊温差的增大。上海市季节和年平均气温变化高于全国和长江三角洲平均水平的 2 倍。中国社会科学院城市发展与环境研究所的研究采用脆弱性指标综合评价方法，从物质基础脆弱性、生态环境脆弱性、经济脆弱性、社会文化脆弱性和制度脆弱性五个要素入手，通过文献、社会调研、专家打分等多种方法，选定二级定量和定性指标，并以此来描述暴露程度、敏感性、适应能力。

脆弱性第一位的地区是上海气候变化条件下最脆弱的地区，这些地区属于上海的郊区，农业产值比重大，而农业对气候变化敏感性最高，因而最为脆弱。第二位的地区是内城区，人口密度大、人均绿地面积少、交通拥挤；或者是城郊，但属于沿海地区，且人均 GDP 和地均产值均很低。第三位的地区是农业区，人口密度低、外来人口最少，因此脆弱程度也只属于中等水平。第四位的地区是具有高度密集的物质资本和优越的基础设施的地区，并且地方政府财政对该地区的人均支出远高于其他地区，因此该地区具有很强的适应能力。

2. 广东气候变化脆弱性评估框架

气候变化造成的台风、暴雨、洪涝等极端天气气候事件增多，使得作为沿海地区的广东省未来可能面临日益加剧的气候风险。广东省气候变化影响评估范围界定研究就是要确定脆弱性评估的四个问题：谁脆弱（气候风险的影响对象：生态系统、社会、经济），气候危害所导致的风险类型哪些，哪里有风险（风险分布的区域范围），以及风险有多大（风险造成的具体影响、结果）。

范围界定研究是研究工作的第一步。广东省地处中国大陆最南部，位于珠江三角洲。全省陆地面积为 $17.97\times10^4\text{km}^2$，约占全国陆地面积的 1.87%；其中岛屿面积为 1513.2km^2，约占全省陆地面积的 0.84%。全省大陆海岸线长 4114.3km，居全国第一位，海域总面积为 $41.9\times10^4\text{km}^2$。地貌类型复杂多样，有山地、丘陵、台地和平原，其面积分别占全省土地总面积的 35.3%、27.4%、13.72%和 23.4%，河流和湖泊等只占全省土地总面积的 5.5%。地势总体是北高南低，北部多为山地和高丘陵，南部则为平原和台地。

广东省经济总量自 1989 年，连续 19 年稳居全国之首，GDP 年均增长 13.7%，经济总量先后超过亚洲“四小龙”的新加坡、中国香港特别行政区和中国台湾地区。广东省已由农业大省转变为工业大省，有世界制造业基地之称。2009 年全省生产总值为 3.9 万亿元，三次产业比重为 2.5 : 48.4 : 49.1，农业比重很小。但是，广东省经济发展还很不平衡，珠江三角洲地区人口占全省的 40%～50%，但 GDP 却占到了全省的 70%～80%；2007 年，深圳、广州人均 GDP 高达 70000 元以上，但梅州人均 GDP 还不到 10000 元，与甘肃省、云南省水平相当；城乡差别也较大，城镇居民人均收入是农民的 3 倍，贫富差距更大，最高 10%收入组人均可支配收入是最低组的 10 倍。大量的流动人口分布于广东各城市的角落，他们的社会保障缺乏、工作强度大、危险性高、收入低，脆弱性远高于本地居民。

1991～2008 年，广东省各种自然灾害的直接经济损失约 1377.5 亿元，气象灾害造成的直接经济损失为 1355.3 亿元，占各种自然灾害的直接经济损失的 98%以上，平均每年为 75.3 亿元。气象灾害损失平均占 GDP 的 2.4%以上，大大高于美国（0.27%）和日本（0.5%）等发达国家。气象灾害发生最多的是台风和暴雨，冬季的冷害损失也不小。春季和秋季干旱时有发生。

广东气候变化风险范围界定。

1）气候风险的影响对象

（1）人群：可以考虑广东的流动人口，如外来务工人员、低收入人群（包括农民）。

（2）部门：农业和渔业。

2）气候危害所导致的风险类型

（1）台风。
（2）暴雨洪涝。
（3）海平面上升。
（4）其他。
3）风险分布的区域范围
（1）省级：广东全省，以21个地级市为基本单位。
（2）区域范围：沿海岸带、北部山区、四大河流（东江、北江、西江和韩江）流域。
（3）城市：广州市等主要城市。
4）风险程度（风险造成的具体影响、结果）
（1）人群：受灾人口，成灾人口。
（2）农田：受灾面积，成灾面积。
（3）物质财产：房屋倒塌比重。
（4）综合经济风险：直接经济损失。

第3章　适应气候变化的基本理论及发展历史

3.1　适应气候变化的概念和术语

3.1.1　适应气候变化的概念

“适应”是指自然或人类系统为应对实际的或预期的气候影响而做出的减小脆弱性的倡议或措施，即自然或人类系统为应对现实的或预期的气候刺激或其影响而做出的调整，这种调整能够减轻损害或开发有利的机会。一般来说，适应，即有意识、有计划地采取的适应对策和行动（包括预防性的适应和有计划的适应）。“适应能力”专指未来应对气候风险采取的适应措施。未实施适应政策之前采取的防灾减灾等风险应对措施，称为“应对能力”。

适应是自然或人类系统在实际或预期的气候演变刺激下做出的一种调整反应。有三个途径来减少脆弱性，一是减少暴露程度，二是降低敏感程度，三是提高灾害后的补偿和恢复能力。适应的短期目标是减小气候风险、增强适应能力，长期目标应当与可持续发展相一致。可见，适应与可持续发展密不可分。社会经济的脆弱性不仅来自气候变化的挑战，还取决于发展的现状和路径。可持续发展可以降低脆弱性，适应政策只有在可持续发展的框架下实施才能取得成功。

涉及适应有以下几种概念。

（1）预防性（主动）适应：在气候变化所引起的影响显现之前启动的对气候变化带来的负面影响采取的反应。

（2）自主性（自发性）适应：不是对气候影响做出的有意识的反应，而是由自然系统中的生态应激或人类系统中的市场机制和社会福利变化所发生的反应。

（3）规划适应：针对未来可能发生的气候风险预先制定政策、规划进行防范。规划适应是政府决策的结果，建立在意识到环境已经发生改变或即将发生变化的基础上，采取的一系列管理措施使其恢复，保持或达到理想的状态。

（4）适应能力：系统适应气候变化，以减小潜在损害应对不利后果或利用有利机会的能力。

（5）恢复力：系统不改变其状态就能经受气候与环境冲击的程度。一般具有两个层面的含义，一是系统承受扰动的能力，二是系统从影响中重新恢复的能力。

（6）适应赤字：发展中国家由于灾害风险投资不足导致的适应欠账。

（7）错误适应：人类或自然系统针对气候刺激的反馈导致了脆弱性的增加，即某项适应活动并未按照预期成功地减小脆弱性，反而使之增加。

3.1.2　适应气候变化的术语

敏感性是指某个系统受气候变率或气候变化影响的程度，包括不利和有利的影响。影响也许是直接的（例如，农作物产量因响应平均温度、温度范围或温度变率而下降），也许是间接的（例如，由于海平面上升，沿海地区洪水频率增加所造成的破坏）。

暴露程度是指研究对象接触某种特定气候条件（如风暴、干旱、热浪等）的程度。在气候变化研究中是指某类特定群体、区域接触某种气候灾害的特征与程度。

3.2　适应气候变化的发展历史

在当前国际社会所关注的全球变暖诸多不利影响中，气候变化的社会影响是一个重要的研究领域。以 IPCC 为代表的主流观点认为，显著的全球变暖已经对当今人类环境，包括农林业管理、人类健康、人居环境、沿海社会经济发展等造成直接或间接的影响，且认为未来持续的升温很可能对区域社会经济发展及适应能力构成严峻挑战，若全球升温超过 2℃，还可能带来灾难性后果。我国正处在经济快速发展阶段，人口众多、经济发展水平较低、气候条件复杂、生态环境脆弱，是受气候变化影响最严重的国家之一，同时还面临转变经济发展方式、参与国际谈判、实现节能减排目标等种种压力。因此，加强对气候变化的社会经济影响的研究既是重要的科学问题，又是实现我国当前及未来社会经济健康、稳定、持续发展的迫切要求。

作为社会发展的外部条件，气候变化的社会影响往往是自然和社会两大系统多种因素在多时空尺度上的相互耦合、共同作用的结果。人类社会系统固有的脆弱性及弹性使得气候变化影响通过一系列反馈过程在社会系统中被放大或被抑制。当前社会状态处在以稳定为主导的弹性状态，技术条件的大大改善、区域社会经济联系的加强及社会稳定发展等带来的社会适应能力的增强，可能掩盖了气候变化的不利影响。探讨气候变化影响在社会不同层次之间的传递及其与社会经济各部门的互动过程需要以长时间尺度作为基本切入条件。

历史是认识现在和未来的钥匙。作为人类文明兴衰的重要背景条件，各种时空尺度的气候变化对人类社会发展的影响从未间断。近几十年来，国际上大量研究成果均揭示出历史上多个时间尺度的人口波动与迁徙、经济波动、社会治安变化乃至朝代更替等社会兴衰事件与气候变化都存在着密切而复杂的对应关系，但这种影响通常表现为“风险”和“机遇”的并存。

已有的研究揭示了许多古文明因受气候变化冲击而衰落的案例。例如，距今 4000 年左右的一次气候突变曾导致全球早期人类文明出现同步崩溃的现象；公元 1300 年左右的气候转冷同样引发太平洋岛屿文明社会复杂性的衰退及欧洲大陆人类社会的普遍危机；几十年到上百年的极端干旱被认为是玛雅文明崩溃的主要原因。

在欧洲过去 2500 年的历史过程中，罗马与中世纪繁荣时期对应于温暖湿润的夏季，而公元 250～600 年，气候变率的加大对应于西罗马帝国的崩溃及大迁徙时期的社会混乱。但人类社会并未因气候变化的不利影响而停止前进的脚步，而是在应对气候变化的过程中不断开拓创新、积累经验，从而取得了更大的繁荣。尽管由于社会的发展，过去环境变化对社会经济影响的许多具体结果已不可能重现，但历史事件所揭示的人类应对气候变化的过程与机理对当今人类社会应对全球气候变化的重大挑战仍具有一般意义。历史上人类应对气候变化的经验和教训，可以为应对以全球变暖为突出标志的现代及未来的气候变化挑战提供宝贵的借鉴。过去的全球变化研究计划（Past Global Changes，PAGES）的主题之一，就是通过认识过去人类-气候-生态系统在多时空尺度上的相互作用机制与过程，来增强对当代气候变化影响与人类社会适应的理解。

作为世界上四大文明古国之一，中国的人类活动对气候变化的影响与适应历史悠久，在生产力不甚发达的历史时期，以农为本的中国传统社会受环境演变特别是气候变化的影响强烈。从我国丰富史料中有可能发掘到气候变化影响与人类响应过程的信息，特别是近年来全球变暖及其可能影响问题日益受到关注，国内对于历史时期气候变化的影响与适应研究日趋活跃，成为中国在全球变化研究中的一个特色领域。

3.2.1　国际适应气候变化的历史发展

在近代早期，经历了普遍的降温，气候比较寒冷和潮湿。1300～1850 年，全球普遍出现了温度下降和冰川扩展的现象，结束了中世纪暖期，这段时期在学术界被称为“小冰期”。根据吉奥特建立的气候序列，1570 年后欧洲经历了普遍的降温，并一直持续到 17 世纪。在 16 世纪上半叶，欧洲的北部相对于南部温度更高，因此 16 世纪下半叶北部的降温显得尤为明显，温度变化也尤为剧烈。17 世纪是 1400 年以来最寒冷的时期，比 1961～1990 年平均低了 0.5～0.8℃，而其中最寒冷的阶段是蒙德尔极小期晚期（Late Maunder Minimum，1675～1715 年），并伴随着太阳活动的减弱和几次严重的火山爆发。菲斯特和布拉兹迪尔在研究 16 世纪中欧地区的气候时，经过统计分析认为，16 世纪中欧“相对于 1901～1960 年（比照年份），比较寒冷和潮湿……普遍的降温和降水的增多证实了关于 16 世纪下半叶气候恶化的假设”。根据研究，中欧 1500～1530 年的年平均温度比 1901～1960 年低 0.3℃，1530～1560 年的年平均温度基本上与 1901～1960 年持平，而 1560～1600 年的年平均温度比 1901～1960 年低 0.5℃。而中欧 16 世纪的平均降水都超过了 1901～1960 年，除了 16 世纪 40 年代。总之，1560 年之后，中欧普遍处于寒冷和潮湿中，并在 1587～1597 年达到了顶点。这与对冰川和洪水研究的结果是一致的。对瑞士阿尔卑斯山和法国阿尔卑斯山地区的冰川运动的研究表明，16 世纪中期气候处于一个相对比较温暖的阶段，从 1565 年开始出现温度急剧下降的现象，并导致 16 世纪末期冰川的扩张。对 16 世纪欧洲洪水的研究表明，16 世纪洪水的增多与气候模式的改变有很大的关系，尤其是降水量的增加。一项对 16 世纪佛兰德斯北部海岸暴风雨的研究表明，16 世纪下半叶的暴风雨比 16 世纪上半叶增加了 85%。菲斯特等根据 32 份气象日记的研究，得出了大致相同的结论，1564～1576 年冬季的温度相对于 1901～1960 年低了

1.7℃，而夏季相对潮湿；1580～1600 年，夏季温度低且多雨，冬季寒冷。

有研究表明，进入全新世以来的 10000 年中，全球气候存在着温度上升和下降的周期性波动。温度的变化对不同地区的降水产生不同的影响。在温暖时期，中低纬度温带大陆变得更加湿润，而高纬度地区（如北欧）则变得更加干燥；在气候变冷时期，降水量则发生相反的情况。这种冷暖变化的周期大约为 1200 年。

在全新世中期以来的 5000 多年中，上述周期性的冷暖波动发生过 5 次，形成 10 个冷暖不同的时期，由近到远排列如下。

现代暖期 A：公元 1820 年至今。

小冰期 B：公元 1280～公元 1820 年。

中世纪暖期 C：公元 600～公元 1280 年。

黑暗时代冷期 D：公元前 60～公元 600 年。

希腊罗马时代暖期 E：公元前 700～公元前 60 年。

荷马时代冷期 F：公元前 1275～公元前 700 年。

商朝暖期 G：公元前 1800～公元前 1250 年。

古文明衰落时期冷期 H：公元前 2200～公元前 1800 年。

新石器时代晚期暖期 I：公元前 2900～公元前 2200 年。

阿尔卑斯山雪中人冷期 J：公元前 3400～公元前 2900 年。

1991 年在阿尔卑斯山冰川中发现一具保存完好的古代尸体，被称为“冰人”。他大约生活在距今 5300 年前，死时年龄为 40～45 岁，身上穿着厚厚的兽皮衣服，携带着一柄铜质的斧头和一个装满箭的箭袋。对于“冰人”的死因，有各种猜测。但其尸体之所以能完好保存，一般认为是由气候变冷，尸体长期被冰雪淹没所致。

这是近 5000 年来最强的一次气候突变，也就是进入全新世以后最为寒冷的一次降温过程。这次气候突变的范围很广，涉及全球范围，尤其在北半球，表现更为突出，是历史时期以来对人类社会影响最严重的一次寒冷事件，也是一次世界范围内气候演化过程中的具有转折意义的气候事件，标志着全新世气候最适宜期（或称全新世大暖期）的结束和全新世后期的开始。这次气候突变之后，尽管气候有所恢复，并经历了多次的冷暖波动，许多地区的气候在某些阶段出现过明显的好转，但是全球气候总体上再没有达到全新世大暖期时的暖湿程度。

这次气候突变有以下几个特点。

（1）降温幅度大。研究表明，当时大西洋地区北部和亚热带地区海水表面温度下降 1～2℃。

（2）持续时间长。阿拉伯深海沉积物测年结果显示，这次降温的持续时间长达 300 年。

（3）影响范围广。阿尔卑斯山冰川、大西洋沉积物，以及我国青藏高原、新疆地区、东北地区、华北地区和华南地区的冰芯、湖泊沉积和古生物孢粉等提供的证据都记录了这次降温事件的影响。

（4）降温在一些季风边缘地区，引发了严重干旱。考古证据表明，在西亚地区，这一时期是历史上最寒冷和最干旱的时期；北非撒哈拉沙漠中的淡水湖从此全部干涸；印度河流域的干旱使得这里的古代文明从此在历史上消失。在中国，环境考古在青藏地区、东北地区、华北地区和南方地区对石笋、泥炭、湖泊沉淀等的研究结果显示，在距今 4200 年以后降水量普遍减少。但是也有考古证据显示，距今 5000 年之前的这次降温，在非季风气候地区则有不同的表现。例如，在中欧，气候变冷不是带来干旱，而是引起了冬季降水的增加。寒冷潮湿的气候导致阿尔卑斯山冰川延伸。在欧洲北部，气候变冷则导致了夏季雨量太大、温度太低，给当地原始畜牧业造成了毁灭性的灾害。如前所述，在中国的黄河流域和江淮流域也留下许多 5000 年前古洪水的痕迹和证据。

发生在 5000 年前的这次全球性气候突变，无论是降温所造成的大范围干旱，还是部分地区的冷湿和洪涝，对早期古代文明的影响是灾难性的。

在北非的撒哈拉沙漠，距今 4000～9500 年曾经多雨潮湿。20 世纪 30 年代以来，人们在非洲北部的撒哈拉沙漠中，发现了大量石器时代的岩画和岩雕。这些岩画和岩雕的主题有各种动物、人物、狩猎、采集、车马、战争等，为研究古代非洲历史提供了素材。从画面可以看出，当时撒哈拉是一个水草茂盛、充满生机的地方。撒哈拉曾经有过欣欣向荣的古代文明。考古证据显示，撒哈拉的彻底干旱发生在距今 4000 年前，曾经水源充沛的淡水湖全部干涸，撒哈拉文明结束，成为全世界最荒凉的沙漠地带。

而在欧洲北部，降温所导致的冷湿天气、冰川扩张、洪水灾害、湖水上涨，使得在这里滨湖而居的古代印欧人不得不逃离家园，远走他乡，迁往南俄罗斯、希腊、安纳托利亚、伊朗和印度，甚至在中国的新疆罗布泊附近，也发现了公元 2000 年前明显具有欧洲人特征的印欧人木乃伊。大规模迁徙，是人类社会遭遇气候灾难时的一种应对性选择。而这种迁徙，对于迁入地的社会来说，就是一种“入侵”，这正是历史上气候灾难和战乱往往同时发生的一个重要原因。当全球性气候恶化发生时，土地和环境对人口的供养能力普遍下降，所以外来人口的侵入会进一步破坏迁入地人口与环境的平衡关系，增加人口压力，造成新的迁徙。这种一波接一波的迁徙浪潮，形成传递和叠加效应，导致气候灾害的影响加重和扩散。

距今 4000 年前已经出现在尼罗河和美索不达米亚的农业文明区域，对周边的迁徙族群具有很大的吸引力。这些最早的文明古国都是在被沙漠包围的河流平原形成的，为数不多且范围有限，而且处于季风气候的边缘地区。气温下降造成季风退缩，导致气候严重干旱，土地承载能力急剧下降。当外来人口大规模侵入时，无疑是雪上加霜。于是在埃及和美索不达米亚，乃至当时的整个古代世界，都处于一个大动荡、大转折的时期。

在埃及，游牧的塞姆人从东北面袭来，侵入了肥沃的尼罗河三角洲地区。从公元前 2150 年到大约公元前 2040 年，古王国逐渐衰败瓦解，取而代之的是各州诸侯和相互竞争的地方王朝之间的激烈混战。

在幼发拉底河和底格里斯河河谷地区，由苏美尔人建立的乌尔王朝在长达几百公里的边界上受到迁徙大军的袭击。来自叙利亚的游牧民族阿摩利人如洪水般地涌进美索不达米亚，乌尔第三王朝终于灭亡。

在印度河流域，考古发现的证据显示，在距今 5200～3900 年，古印度河文明的居民点急剧增加，分布范围扩大至中游和下游地区，形成了发达的古代农业和高度发展的城市文明。但是在距今 3900 年后，区域内的西部、西南部遗址明显减少，而在东部的恒河上游地区有所增加，说明西部和西南部地区的降水量已不能维持农业的需求，人口被迫向东部转移。在距今 3000 年后，印度河中下游平原靠雨水补给水源的河流萎缩干涸，遗址进一步减少，印度河古文明消失。

3.2.2　中国适应气候变化的历史发展

国内外很多历史学家注意到，近 3000 年来中国的人口和社会经济发展呈现周期性的兴衰波动，被称为“朝代循环”或“朝代更替”，并被用来解释中国社会演化、经济兴衰等历史现象。这种社会经济波动在大多情况下被归因于社会因素。但同样存在另一个不容忽视的事实，即我国历史上的社会经济波动与气候变化之间仍存在良好的对应关系，气候的周期性波动可能在中国历史的周期性重演中扮演了重要角色。

早在 1932 年，我国著名地质学家李四光对中国战国时期后的战争进行统计，发现存在明显的动乱治乱周期，并指出与气候变化可能有相当的关系。过去数十年，特别是近 10 年的研究进一步表明，我国历史上的气候变化与社会经济波动之间的对应关系总体上表现为“冷抑暖扬”的特点，即暖期气候对我国是有利的。历史上经济发达、社会安定、国力强盛、人口增加、疆域扩展的时期往往出现在百年尺度的暖期（如“中世纪暖期”“希腊罗马时代暖期”等）；相反的情况则发生在冷期（如“小冰期”）。

中国历史上的治乱周期和人口波动与冷暖变化存在显著的对应关系。过去 2000 年中可称得上盛世、大治和中兴局面的社会经济繁荣时期共有 31 个，其中 25 个出现在气候较暖的时期或冷暖转换期中，如文景之治、贞观之治、开元盛世等；7 次大规模的国家动乱，即两汉之交、三国两晋南北朝、五代十国、两宋之交、元末明初、明末清初、清末民初，都发生在冷期。唐末至清初 70%～80%的战争高峰期均发生在冷期。我国历史上人口显著减少的时期出现在寒冷期，即使在人口数量存在显著趋势性变化的明清时期，在“小冰期”中的寒冷阶段人口也出现了显著下降。气候变冷可能是触发我国历史上人口大规模南迁的重要因素，魏晋南北朝、唐后期至五代十国、两宋之交 3 次大规模人口南迁，均发生在气候寒冷的时期。

粮食安全是人类生存的物质基础，也是维系经济发展和社会系统稳定的基础，在以农立国的古代中国，气候变化的社会影响问题实质上可以归结为粮食安全问题。一个区域内粮食安全的程度可以用来刻画社会系统的脆弱性，即社会对气候变化的敏感性和响应能力取决于该区域人均粮食占有水平和社会对粮食供给的调节能力，因严重饥馑引发的大规模动乱则意味着社会进入不稳定或高风险状态。气候变化直接影响粮食生产，进而影响粮食供给，直至动摇社会稳定性，产生一系列政治经济后果，上述粮食安全主导的因果链是气候变化影响从生产层次发展到社会层次的最主要途径。温暖气候背景会导致我国夏季风降水总体增多，尽管这可能会因空间差异而造成降水格局改变而引发更多的区域性旱涝灾害，但在总体上，特别是在北方地区有利于农业生产条件的改善。西汉—五代农业偏丰的公元前 206～公元前 51 年和公元 591～公元 960 年总体对应于百年尺度上气候偏暖时段，偏欠的公元前 250～公元 590 年总体对应于气候偏冷时段；在 9～13 世纪的中世纪暖期，农耕区一直扩展到现今蒙古境内的漠北地区，亚热带作物、冬麦类越冬作物的种植北界均较现代北移 1～2 个纬度，物候提早一个候左右。暖期的气候总体有利于农业发展，从而为社会更快发展提供更为优越的物质条件，这是历史上“冷抑暖扬”特点形成的根本原因。

历史时期气候变化影响“冷抑暖扬”的总体特点有助于人们更全面地认识全球变暖对我国的影响。20 世纪暖期是过去 2000 年中百年尺度的暖期之一，虽然现代中国已进入工业化阶段，社会经济状况与以农立国的历史时期有显著不同，但历史上暖期影响的某些方面对现代仍有借鉴意义，历史上暖期对社会发展有促进影响的基本事实可以帮助我们在了解气候增暖的负面影响时，也可以深入了解气候增暖的正面作用，从而更有针对性地适应气候增暖。

温暖的气候背景在总体上有利于农业生产条件的改善，从而在历史上推动社会的繁荣和人口的较快增长。然而盛世时期众多的人口也加大了社会对资源、环境的需求压力，这种在暖期尚能承受的压力，可能会因气候变冷导致农业生产力下降而凸显，甚至突破土地承载力的极限，给气候转冷（即使不是大幅度和长时期的降温）的不利影响留下了巨大隐患；加之在暖期所建立的社会对气候变化适应系统效用在气候转冷中往往也难以充分发挥，导致以农业为主体的社会系统弹性下降，处于高风险状态。

季风气候的不稳定性使得我国气候灾害具有频率高、强度大的特点。发生在上述气候和社会发展背景下的重大气候灾害往往更易引发社会危机，导致重大农民起义的爆发，甚至成为社会动荡乃至朝代更替的导火索。这也是造成我国历史上百年尺度的冷暖变化与社会经济的衰落呈现同期性、盛世往往悄随“流火”而去的重要因素。例如，17 世纪的小冰期寒冷阶段内崇祯大旱引发的李自成起义，导致了明朝的灭亡；19 世纪的小冰期寒冷阶段内西南大旱引发的太平天国运动，对清朝社会经济造成了重大打击。

适应是历史时期人类应对气候变化挑战的主要手段，中国古代人地关系思想的突出特色在于强调人与自然和谐统一，在承认环境对人类制约作用的前提下，通过主动的适应求得社会发展。适应不仅能够实现趋利避害的目标，更为重要的是，在适应过程中所建立起的生产技术和社会组织形式增强了人类应对气候变化的能力，能够促进后续的社会发展进步。中国历史上发生在气候寒冷时期的魏晋南北朝、唐后期至五代十国、两宋之交的 3 次大规模人口南迁，带动了江南地区的开发和经济中心的南移，使得我国能够在更广泛的空间上适应气候变化的影响。

我国地域广阔，气候和社会经济的区域差异显著，不论在暖期还是冷期都是有利和不利影响的地区并存，因此需要因地制宜地适应气候变化。中世纪暖期中的北宋时期，我国江南地区以干旱为主，华北及北方农牧交错带则相对湿润。南宋蒙元时期，东部地区普遍偏干，为适应中世纪暖期干湿变化的空间格局，北宋朝廷在变湿的华北地区积极推广水稻种植；而在变干的南方，自北宋时期开始积极推广占城稻和稻麦连种；到南宋时，长江流域的水稻产区已广泛种植了占城稻，且稻麦连种发展成为江南地区的一种广泛、稳定的耕作制度。占城稻的引进与稻麦连作的建立是中国粮食生产史上的一次革命，它们使得粮食生产受气候制约的影响渐趋减少。两宋时期的政策指导对南方地区占城稻的推广与稻麦连种的形成起到了积极的促进作用。

人类应对气候变化手段的选取主要取决于该手段的有效性和潜在的成本与收益之间的权衡，当一种应对手段的调节能力达到其极限时，便会被其他类型的手段替代。每种应对手段都以一定的社会经济条件为基础，并在时间和空间上均有一定的适用范围。

清代的华北平原地区，在 1730 年以前社会尚可以通过扩大耕地面积缓解当地人口压力，对气候变化的不利影响并不敏感；18 世纪 30～80 年代，尽管区域内耕地面积增长几乎停滞，但在经济强盛和相对温暖的气候背景下，以政府赈济为主、移民东蒙为辅的适应手段使社会在面对水旱灾害时仍具有很强的调节能力。自 18 世纪 90 年代，华北平原地区开始对气候变化有较高的脆弱性，其发生的前提条件是：人口增加导致人均耕地减少，使粮食安全处于临界状态，社会对粮食减产十分敏感；政府对水旱灾害的救济水平不能满足社会应对危机的需求；东蒙和东北作为华北移民目的地的作用因气候和政策影响受到限制。18 世纪 90 年代至 19 世纪 50 年代，面对气候由暖转寒及水旱频率的上升，政府只能赈济部分流民，东蒙移民的饱和迫使流民目的地转向更远的东北地区，清政府在东北开禁政策上的左右摇摆，强化了华北平原气候变化的消极影响，华北地区社会动乱事件开始增多。

3.3　适应气候变化与减缓气候变化和低碳发展的关系

3.3.1　适应气候变化与减缓气候变化的关系

减缓和适应气候变化是应对气候变化的两个组成部分，应当同等重视。减缓是一项相对长期、艰巨的任务，而适应是世界各国都要面对的现实，对于发展中国家尤为紧迫。由于以变暖为主要特征的气候变化对全球生态系统、资源格局和人类的生存环境产生了巨大的影响，严重制约着社会经济的可持续发展，世界各国需要加强国际合作，通过共同而有区别的行动来应对。包括减排温室气体和增汇在内的减缓措施是应对气候变化的根本性对策。发达国家对于其承担《京都议定书》第二承诺期的义务和偿还其历史排放欠账的态度消极，而且广大发展中国家处于工业化和城市化发展阶段，能源消耗不可避免地还要增加，因此全球温室气体排放总量很难在短时期内降下来。即使经过几十年的努力，在 21 世纪内能将温室气体浓度降低到工业化以前的水平，全球气候系统仍将以巨大的惯性维持变暖趋势一二百年。面对气候变化带来的严重影响，除继续坚持减缓对策外，还必须采取各种适应措施，最大限度地克服气候变化的不利影响，确保人类社会的可持续发展。

适应气候变化的一项重要内容是增强应对极端天气气候事件的能力。气候变化导致气候的波动明显加剧和许多极端天气气候事件的危害加重。靠目前的技术手段，人类还不能有效阻止极端天气气候事件，尤其是气象巨灾的发生，只能通过不断提高适应气候变化的能力、调整系统的布局与结构、增强承灾体的弹性与抗性、改良生态环境、局部削弱灾害源，来减轻极端天气气候事件的不利影响。

气候变化还带来全球生态环境的巨大变化，包括海平面和高山高原的雪线上升、生态系统的演替和物候的改变、土地利用格局与生物地球化学循环的改变、生物多样性减少和有害生物入侵等，同样需要采取相应的适应措施。

3.3.2 适应气候变化与低碳发展的关系

低碳发展，是一场涉及生产模式、生活方式、价值观念和国家权益的全球性革命。传统的工业化和城镇化以大量的能源消耗作为支撑，产生了大量的碳排放，不但导致了气候变化，而且导致了化石能源资源的日趋枯竭。气候变化引发的全球环境危机迫使人们反思，传统的高碳发展模式向低碳发展模式转变成为必然趋势。低碳发展一方面要不断提高碳利用效率，使单位化石能源消耗或碳排放产生更大的效益；另一方面要积极降低碳排放，发展低碳经济，开发可再生能源，同时通过植树造林和研发 CO_2 封存技术来增加碳汇，实现人类社会的清洁能源永续利用，从根本上消除气候变化的动因。

虽然严格意义上的适应并不涉及任何减排与增汇措施，但采取恰当的适应措施能够在很大程度上减轻气候变化的负面影响，并充分利用气候变化带来的某些机遇，在一定程度上保障人类社会的可持续发展。否则，人们为了保持现有的生产和生活水平，就不得不增加能耗和温室气体的排放。在这个意义上，适应也起到了间接减排和增汇的替代作用。换言之，如果以牺牲经济发展和生活质量来保护地球环境，势必为人们所不愿接受，同样达不到可持续发展的目的。

因此，适应气候变化也是社会经济低碳发展不可或缺的基本内容。与工业革命以来长期存在的掠夺式开发自然资源和破坏生态环境的行为相反，适应气候变化体现了人类与自然和谐相处、共同发展的理念，是可持续发展观的重要内容之一。

第 4 章　气候变化适应政策

4.1　气候变化适应政策的制定步骤

全球气候不断变化，与此同时人类的生存环境也随之改变。气候政策应立足于两个基本点：减少温室气体排放，适应气候的影响以减轻不利后果。

气候变化是一个全球性问题，对世界各地的影响绝不限于自然环境，还体现在社会、经济和科技领域。在不同领域、不同地区，气候变化的后果表现各不相同，可谓风险与机遇并存。为有效防范风险、利用机遇，必须合理制定适应气候变化的政策。

很多在适应政策制定方面遥遥领先的国家已发布各自的适应战略和适应行动计划，但在适应政策的融合（如在相关政策领域使气候变化适应问题成为“主流”关注）、实施、监督和评估方面却仍停留在起步阶段。气候变化适应政策制定过程不但适用于国家层面，而且适用于地区和地方层面。在国家层面，适应政策选择主要涉及新法律法规制定、现有法律法规修订、适应行动资助机制完善等；在地区和地方层面，则更注重适应措施的规划与执行。

步骤 1，确定政策宗旨。

提出地区/地方气候变化适应政策的总体宗旨。总体宗旨应高瞻远瞩、总揽全局，它意味着政策参数确定，显示政策制定者希望看到的进步方向。

步骤 2，选择优先领域。

首先考虑哪些是需要优先对待的领域，因为应对具体影响的具体行动要由相关领域具体部署。在政策制定过程中，此步骤用于确定气候变化适应行动的优先领域。选择优先领域应综合考虑该领域的脆弱性、经济与社会的影响力、气候变化适应的潜力及时间因素等。

步骤 3，描述优先风险与优先机遇特征。

此步骤为政策制定过程提供选定领域受气候变化影响的证据基础，包括关于可接受风险的专家判断和利益相关者的定义，从而描述每个领域中优先风险与优先机遇的特征。通过此步骤还可识别风险与机遇优先排序过程中存在的地区差异。

步骤 4，提出气候变化适应的目标。

此步骤旨在制定本领域适应目标，以解决步骤 3 确定的优先风险及优先机遇。

首先确定一系列潜在目标。根据本领域现有的政策和问题（为使气候变化适应成为主流或为避免政策目标冲突），并考虑跨领域冲突/协同效应（不同策略的一致性），评价潜在目标。

步骤 5a，确定子目标。

此步骤将本领域气候变化适应目标分解成一系列切实可行、附完成时间表的子目标，旨在将总目标转化为切实努力。

步骤 5b，选取指标。

指标选取标准包括数据可得性、与国家指标的一致性、适用范围及对推动成功的适应气候变化的影响力。尽管衡量适应气候变化的某些方面可能需要使用复杂指标，但指标选取以简单易懂为原则。

步骤 6，制定气候变化适应备选方案。

目标和子目标确定后，便可详细列出气候变化适应的最佳措施。建议在此过程中广泛征询利益相关者的意见，以此获得创新方法。根据不同的政策层面，适应选择方案可以是新制定或新修订的法律法规和技术规章、资助机制、研究项目、气候变化适应新机制及针对具体领域的适应措施等。

步骤 7，评估气候变化适应备选方案。

应仔细审议各项气候变化适应措施，从中选取可行方案。不同方案的相对成本将直接影响方案的吸引力。另外，成本收益评估需要关于本领域和经济学方面的大量专门知识。

步骤 8，确定跨领域重叠部分和潜在冲突。

各领域制定气候变化适应目标、子目标及方案后，应考虑本领域拟定的行动方向对其他领域将产生什么影响。此步骤必不可少，有助于避免适应受限或适应不良的结果，即气候变化适应政策在惠及某个领域的同时导致其他领域出现问题。

步骤 9，合并为政策框架。

此步骤将清晰展示各领域的目标、子目标及指标，在总体政策宗旨下检查合并效果，确定是否需要进行地区调整。适当时，有必要与地区/ 国家目标、子目标及指标相衔接。

步骤 10，审议与修改。

气候变化适应政策制定过程所需的时间跨度较长（可能几十年），应定期审议政策效果，并适时启动新一轮循环。首轮循环完成后，可能有必要重新审视和确定气候变化适应政策的总体宗旨及子目标。然而，随后的循环不一定需要重新审视所有步骤。审议程序旨在确定重新审视各步骤的频率，以此制定长远改进计划。

4.2　适应气候变化体制和制度建设

2017 年以来，中国政府在加强方案实施，完善体制机制，开展省级控制温室气体排放目标责任考核、强化法规标准、推动碳排放交易市场建设等方面取得一系列积极成效。

4.2.1　完善体制机制

1. 健全应对气候变化体制机制

按照中国政府机构改革的安排部署，2018 年 4 月，应对气候变化和减排职能划转至新组建的生态环境部。2018 年 7 月，根据国务院机构设置、人员变动情况和工作需要，国务院对国家应对气候变化及节能减排工作领导小组组成单位和人员进行调整。为落实《“十三五”控制温室气体排放工作方案》，各地区积极部署相关工作，截至 2018 年 6 月，全国 31 个省（自治区、直辖市）均发布了省级“十三五”控制温室气体排放的相关方案或规划，其中 25 个省（自治区、直辖市）发布了“十三五”控制温室气体排放工作方案，6 个省（自治区、直辖市）以相关规划、方案或意见的形式对“十三五”控制温室气体排放工作进行了安排。

2. 开展年度省级人民政府控制温室气体排放目标责任评价考核

2017 年，中华人民共和国国家发展和改革委员会（以下简称国家发展改革委）联合相关部门完成对各省（自治区、直辖市）2016 年度控制温室气体排放目标责任评价考核工作，考核结果表明，全国 27 个省（自治区、直辖市）完成各自的碳强度年度下降目标。2018 年，生态环境部联合相关部门完成对各省（自治区、直辖市）2017 年度控制温室气体排放目标责任评价考核。

4.2.2　强化法规标准

1. 推进应对气候变化法制化进程

应对气候变化领域的政策标准体系和环境司法制度不断完善，为健全应对气候变化法律法规提供了政策制度支撑。国家层面，正在起草中的《应对气候变化法》《碳排放权交易管理暂行条例》和已经出台的《清洁发展机制项目运行管理暂行办法》《中国清洁发展机制基金管理办法》《温室气体自愿减排交易管理暂行办法》《碳排放权交易管理暂行办法》的立法修法进程稳步推进。地方层面，《南京市低碳发展促进条例》纳入南京市政府 2018 年度立法计划，石家庄和南昌的《低碳发展促进条例》继续实施，各碳排放权交易试点地区的碳交易管理法规规章在全国碳市场建设过渡时期继续有效。

2. 推进应对气候变化标准化进程

积极对标《中华人民共和国标准化法》修订后的新要求，推进国家碳排放标准、低碳产品标识和认证工作。截至 2018 年 7 月，国家标准委已批准发布 16 项碳排放管理国家标准，涉及发电、钢铁、水泥等重点生产企业温室气体排放核算与报告要求。发布《温室气体排放核算与报告要求石油化工企业》等 14 项国家标准征求意见稿。截至 2018 年 7 月，国家发展改革委先后 12 批共备案 200 个基于项目碳减排核算方法学，涵盖工业、电力、能源、建筑、农业等多个重点部门和行业。国家认监委完成发布《组织温室气体排放核查通用规范》标准。2017 年，国家发展改革委、原质检总局、国家认监委联合发布第三批低碳产品认证目录。2017 年中国质量认证中心正式获得欧盟碳排放权交易航空领域核查资质，成为全国唯一获得欧盟碳排放权交易核查资质的核查机构。

4.2.3　推动碳排放权交易市场建设

1. 稳步推进全国碳排放权交易市场建设

2017 年 12 月，国家发展改革委印发《全国碳排放权交易市场建设方案（发电行业）》，召开全国碳排放交易体系启动工作电视电话会议，动员部署全国碳市场建设任务，要求以“稳中求进”为总基调，以发电行业为突破口，分阶段、有步骤地建立归属清晰、保护严格、流转顺畅、监管有效、公开透明的全国碳市场。国家发展改革委组织就《碳排放权交易管理暂行条例》进行广泛研讨，形成立法建议并配合国务院立法部门进一步开展立法审查工作。积极研究制定碳排放报告管理办法、碳市场交易管理办法、“发电行业配额分配技术指南”等相关配套规章和技术规范。

2. 持续推动试点碳市场建设

北京、天津、上海、重庆、广东、湖北、深圳已基本形成要素完善、运行平稳、成效明显、各具特色的区域碳排放权交易市场。7 个试点碳市场覆盖了电力、钢铁、水泥等多个行业近 3000 家重点排放单位，履约率保持较高水平，并呈逐年递增趋势。上海试点碳市场连续 5 个履约期实现重点排放单位按时 100%履约，纳管企业碳排放量比 2013 年累计下降了 7%，煤炭总量累计下降 11.7%。试点碳市场不断提升企业低碳意识，有力地推动了试点范围内碳排放总量和强度双降。截至 2018 年 10 月，7 个试点碳市场累计成交量突破 2.5 亿 t，累计成交金额约 60 亿元。

3. 创新发展碳普惠交易

广东省印发《广东省碳普惠制试点工作实施方案》《广东省碳普惠制试点建设指南》《碳普惠制核证减排量管理的暂行办法》《广东省碳普惠制核证减排量交易规则》等，在广州、东莞、中山、惠州、韶关、河源地区开展碳普惠制，围绕碳币、普惠核证减排量（PHCER）建立了碳普惠行为的量化方法和交易机制。北京碳市场开展“我自愿每周再少开一天车”活动，以碳普惠交易鼓励公众绿色出行。“我自愿每周再少开一天车”平台 2017 年 6 月上线运行，截至 2018 年 8 月底，已累计注册用户 11.8 万人，累计碳减排量超 2.2 万 t，单日形成碳减排量达 70t 左右。

第 5 章　适应气候变化的对策

2017 年以来，我国在加强温室气体统计核算、强化适应气候变化科技支撑体系建设、加强适应基础能力建设等方面做了大量的政策性工作，另外在对气候变化比较敏感的若干领域，例如农业、水资源、林业、海洋、气象、防灾减灾救灾以及加强适应能力建设等领域开展多项工作，提高对气候变化的监测预警能力，并取得积极进展。

5.1　加强温室气体统计核算体系建设

5.1.1　健全温室气体排放基础统计制度

继续落实《关于加强应对气候变化统计工作的意见》，国家发展改革委、国家统计局、生态环境部等部委开展应对气候变化统计指标体系和绿色发展指标体系构建，建立健全相关调查制度。2017 年，单位 GDP 二氧化碳排放下降率首次纳入《中华人民共和国 2017 年国民经济和社会发展统计公报》；国家统计局已将单位 GDP 二氧化碳排放下降率纳入《绿色发展指标体系》，用于年度综合评价各地区绿色发展总体情况。国家开展对省（自治区、直辖市）应对气候变化统计业务培训指导，并以省级年度控制温室气体排放目标责任考核为抓手，推动地方建立碳强度计算相关基础数据统计和报告工作，部分省市已建立应对气候变化统计制度建设和工作体系，27 省（自治区、直辖市）统计部门配备了专职人员负责应对气候变化相关统计核算工作。

5.1.2　推进温室气体清单编制和排放核算

在第一次和第二次气候变化国家信息通报和第一次两年更新报告编制工作基础上，生态环境部组织有关部门和专家，初步编制完成第三次气候变化国家信息通报和第二次两年更新报告。31 省（自治区、直辖市）完成了 2012 年和 2014 年省级温室气体清单的编制工作，14 个地区编制了其他年度的省级清单。

5.1.3　推动企业温室气体排放数据直报系统建设

2017 年，国家发展改革委发布《关于做好 2016、2017 年度碳排放报告与核查及排放监测计划制定工作的通知》，要求纳入碳排放权交易体系工作范围的八大重点行业开展 2016～2017 年度企业温室气体排放数据报告工作，目前已收集了 3100 多家重点企业排放数据。部分地方主管部门根据各自管理需求，在满足国家主管部门数据报告要求的基础上，进一步开展了行政区域内一般企业温室气体排放数据报告工作。国家气候战略中心已初步建成企业温室气体排放直报系统，培训填报人员1800人次。全国28个省（自治区、直辖市）建设完成了省级企业温室气体数据报送系统，其中17个地区的省级报送系统已投入使用。

5.2 强化科技队伍支撑

5.2.1 加强科技支撑

2017年4月，科技部、原环境保护部、中国气象局联合发布《"十三五"应对气候变化科技创新专项规划》，对科技应对气候变化进行了系统部署。2017年，国家发展改革委发布《国家重点节能低碳技术推广目录（2017年本低碳部分）》，涵盖非化石能源、燃料及原材料替代、工业过程等非二氧化碳减排、CCUS、碳汇等领域，共27项国家重点推广的低碳技术。2018年1月，国务院发布了《国务院关于全面加强基础科学研究的若干意见》，对全面加强基础科学研究作出部署，科技部围绕全球气候变化的机理与模式、影响与适应、减缓、观测与数据平台建设、战略研究等5方面加强部署。2018年，科技部、中科院、中国气象局、工程院联合牵头，会同外交部、国家发展改革委、教育部等有关部门启动编制《第四次气候变化国家评估报告》。中国气象局发布2018年《中国气候变化蓝皮书》，公布中国、亚洲和全球气候变化的最新监测信息。中国气象局持续做好参加IPCC的相关工作，积极组织参与《全球1.5℃增暖特别报告》撰写和评估工作。水利部开展自然和人类活动对地球系统陆地水循环的影响机理、变化环境下不同气候区河川径流变化归因定量识别、变化环境下城市洪涝灾害防治策略与措施等研究。国家气候变化专家委员会发挥专家咨询作用，就气候变化相关重大问题组织专题研讨，并形成多份咨询报告。

5.2.2 加强人才队伍建设

国家发展改革委持续深化应对气候变化能力建设培训，举办第二期全国发展改革系统应对气候变化国家行动和能力建设中高级干部专题研修班，培训全国应对气候变化一线干部约50人次。国管局组织召开2018年公共机构节能宣传工作座谈会，各地区机关事务管理局和中央国家机关垂管部门共计53人参加。中国气象局开设科学应对气候变化和生态文明相关课程和培训班。

5.2.3 加强相关学科建设

教育部鼓励高校根据经济社会发展需要和学校办学能力自主设置与应对气候变化相关专业，中、高等院校加强环境和气候变化教育科研基地建设。2018年清华大学气候变化与可持续发展研究院成立。中国科学院大学、北京大学、清华大学、中山大学、南京信息工程大学、南京大学、兰州大学和北京师范大学等高校相继开设《气候变化科学概论》等课程。

5.3 加强适应基础能力建设

5.3.1 加强基础设施建设

加强江河治理骨干工程建设，推进重大水资源配置工程和重点水源工程建设，提升流域区域水旱灾害防御能力和供水保障程度。全力抓好水利薄弱环节建设，治理中小河流2万多公里，开展5400余座小型病险水库除险加固，实施13个重点涝区37个易涝片排涝能力建设。在水土流失严重区域加快推进小流域综合治理、坡耕地综合整治和生态清洁小流域建设等国家水土保持重点工程。2017年以来，累计完成水土流失综合治理面积2.4万km^2，建成生态清洁小流域600条。

加强防火能力，全国县级以上草原防火机构达1148个，应急队伍7000余支，专兼职扑火人员19万余人，年均出动火灾隐患排查人员近2万人次，火灾24小时扑灭率保持在95%以上。

5.3.2 提高科技能力

持续开展全球和区域气候模式研发，继续开展气候变化预估研究，开展综合影响评估模型研发，中国区域平均温度、极端温度变化的监测归因工作取得重要进展。建立异常大风、降水对中国近海生态环境影响的准业务化试运行的预评估系统和示范海湾的决策支持系统，完善了北极海冰业务预报系统，继续推进海岸过程研究与海滩防护技术的推广工作。建立基于卫星遥感的陆源入海碳通量与扩散的动态监测示范系统。加强卫星雷达立体监测产品分析与应用，提高环境气象预报精细化水平。

5.3.3 建立灾害监测预警机制

印发《关于做好建立全国水资源承载能力监测预警机制工作的通知》，健全以地方行政首长负责制为核心的各级防汛抗旱工作责任制，完善大江大河防御洪水方案、洪水调度方案和水量应急调度预案，初步建立了全国旱情监测系统，建设自动和人工监测站点1021个。组织开展区域人群气象敏感性疾病科学调查，在试点城市开展儿童高温热浪健康风险预测预警服务。

5.4 提高重点领域适应能力

5.4.1 农业领域

2017年4月，财政部、原质检总局修订《农业资源及生态保护补助资金管理办法》，支持农业资源养护、生态保护及利益补偿。2017 年，原质检总局会同财政部选择 100 个重点县（市、区）开展有机肥替代化肥试点，集成推广有机肥替代化肥的生产技术模式，构建果菜茶有机肥替代化肥长效机制。各省（自治区、直辖市）完成县级精细化农业气候区划 3297 项、主要农业气象灾害风险区划 4563 项，为农业气象灾害风险管理提供支撑。继续加强农田基础设施建设，把农田水利作为农田建设的主攻方向，集中力量建设高标准农田，统筹实施高效节水灌溉，大力推进农田水利管理体制机制改革和农业水价综合改革。

5.4.2 水资源领域

推动落实水资源消耗总量和强度双控行动，深入开展节水型社会建设。2017 年，水利部印发《关于开展县域节水型社会达标建设工作的通知》《节水型社会评价标准》，以县域为单元，全面启动节水型社会达标建设，年内有 65 个县（区）完成节水型社会达标建设。全方位推动节水载体建设，部署开展节水型居民小区创建活动，大力推进节水型企业、灌区、单位建设，全国累计创建各类节水载体 7.97 万余家。国家发展改革委会同水利部、原质检总局发布《水效标识管理办法》，建立水效标识制度。出台《合同节水管理通则》《项目节水量计算导则》《项目节水评估导则》等 3 项国家技术标准，完成《纯碱》等 8 项取水定额国家标准修订。加快推进高效节水灌溉工程建设，全国高效节水灌溉面积达到 3.1 亿亩[①]。扎实推进《水污染防治行动计划》落实，持续强化长江等重点流域水生态环境保护。修订《饮用水水源保护区划分技术规范》，不断深化饮用水水源环境保护。原环境保护部联合住房城乡建设部印发《城市黑臭水体治理攻坚战实施方案》，开展城市黑臭水体整治环境保护专项行动，全面推进城市黑臭水体整治。

5.4.3 林业和生态系统

加强林地保护管理，严格实施国家、省、县级林地保护利用规划，严格审核审批建设项目使用林地，强化林地定额管理，首次对东北内蒙古国有林区 87 个林业局实施全覆盖执法检查，对全国 200 个县林地、林木采伐和保护发展森林资源实施目标责任制检查。继续实施《全国森林防火规划（2016—2025）》，2017 年中央预算内安排投资 14.8 亿元，财政补助约 6 亿元，加强森林防火基础设施建设。加强草原生态保护，推行禁牧休牧和草畜平衡，加强草原执法监督。2017 年，国家投入草原生态保护补奖资金 187.6 亿元，落实草原禁牧面积 12.06 亿亩，草畜平衡面积 26.05 亿亩。加强自然保护区建设，2017 年原国家林业局共安排 6.4 亿元支持国家级自然保护区基础设施建设和能力建设，截至 2017 年底，林业部门已建立各级各类自然保护区 2249 处，总面积 12613 万 hm^2，约占陆地国土面积 13.14%。

5.4.4 海洋领域

2017 年，国家海洋局编制发布《全国海洋经济发展“十三五”规划》，沿海有关省

① 1 亩≈666.7m^2。

（自治区、直辖市）先后出台省级海洋主体功能规划。发布《2017 年中国海平面公报》，全面评估了海平面上升及其影响状况，为沿海地区科学应对气候变化提供了依据。进一步强化海洋生态环境保护措施，启动“湾长制”试点。2017 年，国家海洋局与相关部门联合制订《关于改进和加强海洋经济发展金融服务的指导意见》，引导开发性、政策性金融向海洋领域累计投放贷款近 1700 亿元，沿海各省（自治区、直辖市）共设立各类海洋产业基金 3200 亿元。

5.4.5　气象领域

完成全国所有区县气象灾害风险普查，累计完成 35.6 万条中小河流、59 万条山洪沟、6.5 万个泥石流点、28 万个滑坡隐患点的风险普查和数据整理入库，组织完成全国三分之二以上中小河流洪水、山洪风险区划图谱的编制和应用。印发《基层中小河流洪水、山洪和地质灾害气象风险预警业务标准化建设指南》，开展基层中小河流洪水、山洪和地质灾害气象风险预警业务标准化建设试点 897 个，实现基层气象灾害风险预警“五有三覆盖”。加强城市防涝，为 83 个城市排水防涝设计开展了暴雨强度公式编制或者暴雨雨型设计。加强气象保障能力建设，编制完成 2016 年度《全国生态气象公报》，出版《农业应对气候变化蓝皮书-中国农业气象灾害及其灾损评估报告》，积极开展生态和环境气象服务。

5.4.6　防灾减灾救灾领域

2017 年 7 月，财政部、农业部、水利部和原国土资源部联合发布《中央财政农业生产救灾及特大防汛抗旱补助资金管理办法》，用于支持应对农业灾害的农业生产救灾、应对水旱灾害的特大防汛抗旱和应对突发地质灾害发生后的地质灾害救灾。水利部汛期科学调度水利工程，有效防御江河洪水，加强预测预报预警，及时向社会公众发布洪水预警 755 次，启动应急响应 27 次，派出 420 多个工作组赴水旱灾害一线，支持地方做好抗洪抢险和抗旱减灾工作。2017 年，国家减灾委、民政部共启动国家救灾应急响应 17 次，紧急调拨近 3 万顶救灾帐篷、11.6 万床（件）衣被、3.1 万条睡袋、6.9 万张折叠床等中央救灾物资，帮助地方做好受灾群众基本生活保障工作。2017 年，国家海洋局印发《贯彻落实〈中共中央国务院关于推进防灾减灾体制机制改革的意见〉工作方案》，对做好新时期海洋防灾减灾工作作出全面部署。2018 年 1 月，中国气象局发布《关于加强气象防灾减灾救灾工作的意见》，提出建设新时代气象防灾减灾救灾体系，明确实施气象防灾减灾救灾“七大行动”。

第二篇　减缓气候变化

第6章　减缓气候变化概述

6.1　减缓气候变化的相关理论

6.1.1　减缓气候变化的基本概念

1. 减缓气候变化的定义

科学家的研究在不断明确，全球气候在持续变暖，造成包括海平面上升、极端天气气候事件的强度和频率增加等一系列严重影响，因此减缓气候变化是目前和未来面临的全球性问题。根据《公约》，减缓气候变化是指在气候变化的背景下，以人为干扰来减少温室气体排放源或增加温室气体吸收汇的活动；而IPCC给予的定义是以降低辐射强度来减少全球变暖潜在影响的行动。与《公约》的概念比起来，IPCC给出的概念更加延伸，只要能够减少抵达地球表面的太阳辐射就是减缓，因此不仅包括减少源、增加汇等活动，还包括争议甚多的地球物理工程。

2. 减缓气候变化的目标

谈到减缓，就要明确减缓气候变化的目标是什么。1992年签署的《公约》设立了全球应对气候变化的长期目标：将大气中温室气体的浓度稳定在防止气候系统受到危险的人为干扰的水平上，这一水平应当在足以使生态系统能够自然地适应气候变化、确保粮食生产免受威胁并使经济发展能够可持续地进行的时间范围内实现。这个模糊的长期目标在随后的进程中不断演进，2010年《公约》第十六次缔约方会议（坎昆气候会议）最终确立了“到21世纪末，相比工业化前气候升温幅度不超过2℃”的量化目标。IPCC AR5认为2℃目标所对应的温室气体浓度大致为450ppm[①]。

减缓气候变化有两个基本点：公平和成本有效。如同任何制度安排一样，减缓气候变化一直以来都被公平和效率之争所困扰。发展中国家认为工业化国家对于目前气候变化的历史贡献远远大于其他国家，按照《公约》规定的“共同但有区别责任”原则，这些国家应该率先、大幅度减排，而发展中国家在可持续发展框架下应对气候变化。这也是《公约》所确定的基本原则。但随着全球温室气体排放的迅速上升、减缓气候变化紧迫性的加剧和发展中大国的群体性崛起，《公约》的基本原则受到质疑，重新建立全球统一减排框架的

---

① $1ppm=1mL/m^3=10^{-6}$。

呼声越来越高。2011 年在南非德班《公约》第十七次缔约方大会上通过的旨在形成一个“适用于所有缔约方”的全球框架的德班增强行动平台就是在这一背景下产生的。

减缓气候变化还必须考虑经济性问题。目前的全球经济社会发展现状还不能接受超出承受范围的任何激进减排安排。成本有效是衡量和实施减缓气候变化政策的重要准则，因此，几乎所有的减缓相关研究都包括对经济和社会影响的分析。减缓气候变化政策分析的基本挑战是如何以最小成本或损失来避免气候变化。

6.1.2 减缓气候变化的相关术语

1. 人为温室气体的源与汇

温室气体或温室效应气体是指大气中能促成温室效应的气体成分。温室气体在大气层中的份额不足 1%。其总浓度取决于各个源和汇的平衡结果。源是指某些化学或物理过程致使温室气体浓度增加；相反，汇是令其减少。

温室气体包括水汽，水汽所产生的温室效应占整体温室效应的 60%～70%，大气层中的水汽虽然是“天然温室效应”的主要原因，但普遍认为它的成分并不直接受人类活动的影响；其次是 CO_2，大约占 26%；其他还有 O_3、CH_4、一氧化二氮（N_2O）、氯氟碳化合物、全氟化碳（PFCs）、氢氟碳化物（HFCs）、氯氟烃（CFCs）及六氟化硫（SF_6）等。其中，O_3 比较特殊，当 O_3 处于大气层较低的部位时，如在对流层和同温层的下部，是一种温室气体，而处于同温层的上部（此处有一层臭氧层）时，它可以吸收太阳光中的紫外线。对流层中的 O_3 是仅次 CO_2、CH_4 的重要的温室气体，它是光化学产物，其丰度[①]受 CH_4、CO、NO_x 和挥发性有机物的排放量控制。若 CH_4 的丰度增加 1 倍，CO 和 NO_x 的丰度增加 3 倍，对流层中 O_3 的丰度将增加 50%。

人为温室气体种类繁多。《京都议定书》二期承诺中规定对七种主要人为温室气体进行管制，这七种气体分别为：CO_2、CH_4、N_2O、HFCs、PFCs、SF_6 和三氟化氮（NF_3）（后三种气体统称含氟气体）。不同温室气体的全球增温潜势（可简单理解为增温强度）非常不同，具体见表 6.1。

表 6.1 温室气体 100 年尺度全球增温潜势

温室气体种类	100 年增温潜势	温室气体种类	100 年增温潜势
CO_2	1	HFC-152a	140
CH_4	21	HFC-227en	2900
N_2O	310	HFC-236fa	6300
HFC-23（CHF_3）	11700	HFC-245fa	560
HFC-32	650	PFC-14（CF4）	6500
HFC-125	2800	PFC-116（C2F6）	9200
HFC-134a	1300	SF_6	23900
HFC-143a	3800	NF_3	17200

数据来源：IPCC-AR5-wa1，2013

① 丰度指气体的相对含量。

人为温室气体主要来源于化石燃料（煤炭、石油和天然气）燃烧，如电站锅炉、汽车发动机、居民和商业部门的炊事采暖活动。此外，还有相当一部分人为温室气体来自农业、工业生产过程、土地利用和废弃物处理，见表 6.2。

表 6.2　主要温室气体及其来源

温室气体种类	比重/%	主要来源
CO_2	76	矿物燃料燃烧、工业过程排放（原材料分解）、废弃物焚烧，植被燃烧
CH_4	16	燃料开采过程的逃逸排放、稻田排放、动物反刍、动物粪便分解、废弃物处理及燃料燃烧
N_2O	6	农田和动物粪便、工业工程排放（如己二酸生产和硝酸生产）、废水分解
含氟气体	2	工业生产过程［半导体生产、消耗臭氧层物质（ODS）替代品生产和使用、铝生产、镁生产、电力传输设备生产等］

除排放源外，还有一些活动能够清除大气中的温室气体，降低其浓度。从大气中清除温室气体、气溶胶或温室气体前体的任何过程、活动或机制都称为温室气体吸收汇。CH_4 和 N_2O 吸收汇的不确定性比 CO_2 吸收汇大得多，因此目前所提及的温室气体吸收汇还主要集中在碳汇方面，尤其是土地利用、土地利用变化和林业活动方面的碳汇。

减缓气候变化不仅可以通过控制和减少温室气体排放来实现，也可以通过增加和保护碳汇来实现，两者同等重要。

2. 碳汇

碳汇主要是指森林、草原、湖泊等从空气中吸收并储存 CO_2 的能力。生态环境良好和完整的生物多样性系统是碳汇的基础。通过植树造林、退牧还草和加强森林、草原的管理，保持和增加碳汇吸收 CO_2，是减缓温室气体增加的重要手段。

当前全球碳循环面临的一个最重要挑战是全球 CO_2 收支不平衡。20 世纪 80 年代末到目前发布的一系列 CO_2 收支数据显示，CO_2 排放总量在扣除大气 CO_2 增量和海洋碳汇量后还存在一个很大的“剩余陆地碳汇”（residual land sink）[以前称作“遗漏汇”（missing sink）]，其数值达到 1.8～3.4 Pg C/a。在 IPCC 最新发布的 AR5 中这一数值仍为 2.5 Pg C/a。为平衡全球碳收支，一直以来科学家将目光主要集中在陆地生态系统，特别是北半球中高纬度生态系统。然而通过大气 CO_2 反演、陆地生态系统模型和森林资源清查等方法获取的碳汇数据具有较大的差异（0.5～1.5 Pg C/a）和较高的不确定性（最高达± 0.8 Pg C/a），且部分地区由于森林管理方式变化、毁林、土地利用变化、干旱、火灾等原因，导致碳汇量降低，并可能成为碳源。加之，一些研究也发现北半球中高纬度森林碳库远比目前全球碳循环模型中所采用的量要小，仅为目前的 1/3～1/2，其碳汇量并没有预计的那么大，且一些研究也发现随着人类活动碳释放量的增加，陆地和海洋的碳汇效率并没有随之增加，反而呈现降低趋势。这些对全球碳循环研究来讲无疑是一个挑战性的结果。一方面要求陆地碳汇增加才能平衡全球碳收支，另一方面实际的碳汇可能并没有所期待的那么大，甚至有所降低，这更增加了平衡全球碳收支的不确定性。因此，在建设资源节约型、低能耗、低排放型社会的同时，增强和保护碳汇，是增加我国减缓气候变化能力的有效手段之一。

3. 温室气体存量和流量趋势

在 1970～2010 年，人类活动引起的温室气体排放总量已持续增加，而较大的绝对十年期增量的出现时间靠近这一时期的末端。虽然减缓气候变化政策的数量不断增加，但 1970～2000 年每年平均增加 40×10^8t CO_2 当量排放量，而 2000～2010 年人为温室气体年排放量每年平均增加 50×10^8t CO_2 当量。在 2000～2010 年人为温室气体排放总量为人类历史中的最高值并于 2010 年到达了 490×10^8t CO_2 当量。2008～2009 年的全球经济危机只暂时减少了排放。

源自化石燃料燃烧和工业流程的 CO_2 排放对 1970～2010 年温室气体排放总增加量的贡献率大约为 78%，而对于 2000～2010 年也有类似的贡献率。2010 年，与化石燃料燃烧有关的 CO_2 排放量达到了 320×10^8t CO_2，在 2011 年进一步增加了大约 3%，并在 2012 年增加了 1%～2%。2010 年人为温室气体排放总量为 490×10^8t CO_2 当量，其中 CO_2 依然是主要的人为温室气体（图 6.1），占 2010 年人为排放总量的 76%。16%来自 CH_4，6.2%来自 N_2O，2.0%来自含氟气体。自 1970 年来，每年大约 25%的人为温室气体排放是非 CO_2 气体。

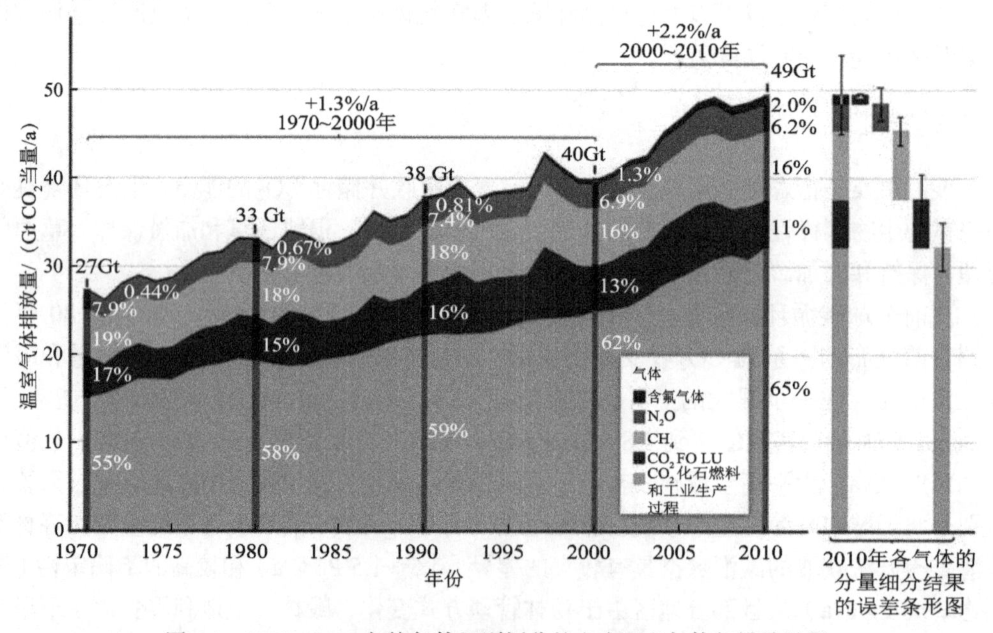

图 6.1　1970～2010 年按气体组别划分的人为温室气体年排放总量

资料来源：IPCC-AR5-wa1，2013

2011 年世界主要国家和地区化石燃料使用和水泥生产 CO_2 排放量如图 6.2 所示。2011 年全球煤炭消耗量增长 5%（所排放的 CO_2 占排放总量的 40%），而全球消耗的天然气和石油产品仅分别增长 2%和 1%。在过去的十年里，CO_2 年均排放量增长了 2.7%。由此可见，在经历了全球经济危机两年的严重影响和 2010 年的复苏之后，2011 年 CO_2 排放量增长率达到 3%，全球 CO_2 排放将继续前十年的趋势。

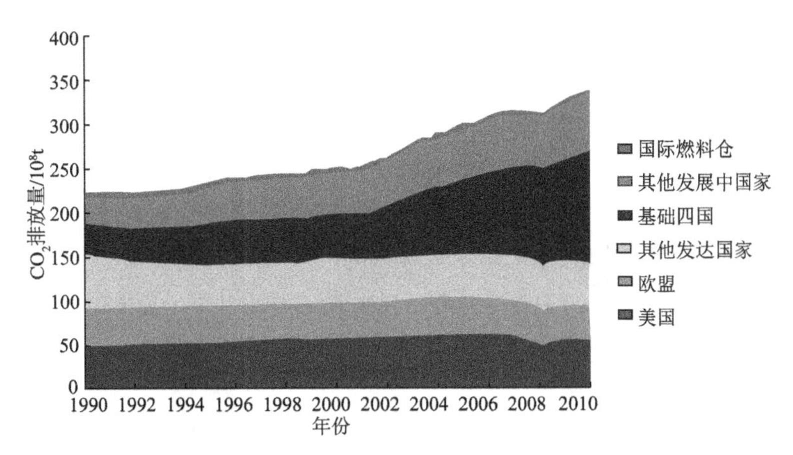

图 6.2　2011 年世界主要国家和地区化石燃料使用和水泥生产 CO_2 排放量

资料来源：PBL Netherlands Environmental Assessment Agency，2012

全球 CO_2 排放量始终保持着历史增长率的事实看似显著，但考虑疲软的经济状况、气候变暖及油价上涨等因素，许多经济合作与发展组织（Organisation for Economic Co-operation and Development，OECD）国家的 CO_2 排放量实际上已有所减少（如欧盟减少 3%，美国减少 2%，日本减少 2%）。欧盟更是大大减少了天然气的年燃烧量，出现了 10%的历史最大降幅。这一数据对于欧盟国家而言非常可观，因为在该地区，1/3 的天然气消耗被用于房屋供暖。此外，欧盟排放交易体系（European Union Emission Trading System，EU-ETS）成员公司所公布的数据显示：与 2010 年相比，2011 年 CO_2 排放量减少了 2.0%，11000 多套装置所产生的 CO_2 排放量超过欧盟排放总量的 40%。高昂的油价制约着燃油的消费水平，尤其是在美国，2011 年燃油均价激增 28%。更值得一提的是，OECD 国家目前的 CO_2 排放量仅占全球排放总量的 1/3。2011 年中国和印度的排放量与其持平，两国增幅分别为 9%和 6%。虽然发展中国家 CO_2 排放量的平均增长率为 6%，中国和印度仍是迄今为止全球 CO_2 排放量增长较快的国家，印度 2011 年的增加量高达 10×10^8t。

全球水泥熟料生产中的 CO_2 排放量增加了 6%（为最大的非燃烧类 CO_2 排放源，占全球 CO_2 排放总量的 4%），这主要源于中国 11%的增长率。相较而言，全球天然气燃烧产生的 CO_2 排放量较小，且在 2011 年没有发生明显变化，其中美国和俄罗斯排放量增幅最大，利比亚降幅最大。

在 2000～2010 年，人为温室气体年排放量已增加了 100×10^8t CO_2 当量，而这一增加量直接来自于能源供应（47%）、工业（30%）、交通运输（11%）和建筑（3%）等行业（图 6.3）。考虑间接排放可使建筑行业和工业的贡献率有所提升。自 2000 年，除林业和其他土地利用外，所有行业的温室气体排放量已经并仍在增加。2010 年的温室气体排放量为 490×10^8t CO_2 当量，其中能源供给行业排放了 34.6%（169.54×10^8t CO_2 当量），农业、林业和其他土地利用排放了 24%（117.6×10^8t CO_2 当量），工业排放了 21%（102.9×10^8t CO_2 当量），交通运输行业排放了 14%（68.6×10^8t CO_2 当量），而建筑业排放了 6.4%（31.36×10^8t CO_2 当量）。当将来自发电和产热的排放量划归于使用最终能源（即间接排放）的行业时，工业和建筑业在温室气体年排放量中所占的份额分别增至 31%和 19%。

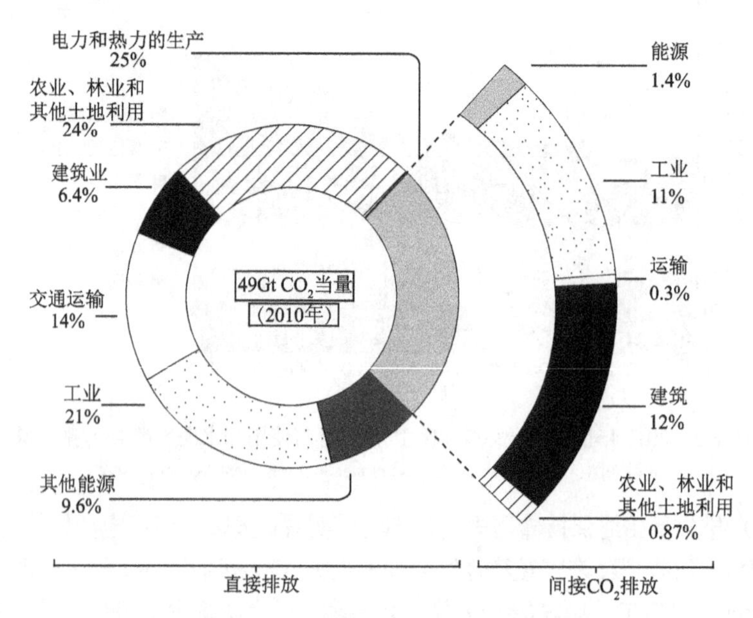

图 6.3　按经济行业划分的人为温室气体年排放量

AFOLU 为农业、林业及其他土地利用

资料来源：IPCC-AR5-wa3，2014

根据世界银行（World Bank）的统计数据，1990 年世界经济总量为 24.40 万亿美元，到 2016 年，世界经济总量增长了 1.73 倍，达到 42.20 万亿美元。在 GDP 增长率方面，自 20 世纪 90 年代，发展中国家的增长率要明显高于发达国家（图 6.4），2016 年同 1990 年相比，发达国家和发展中国家经济总量增长分别为 1.52 倍和 2.93 倍。这使得发展中国家的经济总量占世界经济总量的比重不断上升，由 1990 年的 18.7%上升到 2011 年的 31.2%。与经济发展相对应，从 20 世纪 90 年代以来，发展中国家温室气体排放增速也要高于发达国家，占世界温室气体排放总量的比例也不断攀升。

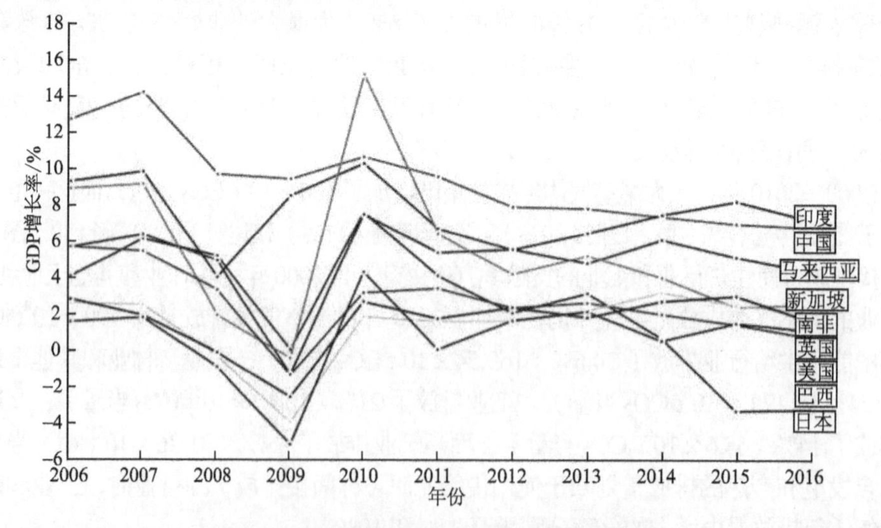

图 6.4　部分国家 2006～2016 年 GDP 增长率

资料来源：世界银行数据库，https://data.worldbank.org.cn/indicator/NY.GDP.MKTP.KD.ZG

在印度，由于国内经济需求占国民经济的 3/4，所以受全球经济衰退的影响较小。此外，也归因于它不像中国一样增加国内基础设施的投资，而是通过刺激已占全国总支出很高比例的国内消费来抵销出口对 GDP 的总量比例的急剧下降。2011年排放量持续增加 6%达到 20×10^8t。印度是全球第四大 CO_2 排放国，紧随欧盟，同时远远领先于全球第五大 CO_2 排放国俄罗斯。

4. 温室气体驱动因子

在全球范围内，经济和人口的增长继续成为因化石燃料燃烧导致 CO_2 排放量增加的最重要的两个驱动因子。在 2000～2010 年，人口增长的贡献率仍然保持在与前 30 年大致相同的水平，而经济增长的贡献率已急剧上升。在 2000～2010 年，这两个驱动因子均超过了因改进能源强度所达到的减排速度。相对于其他能源，煤用量的增加已逆转了全世界能源供给逐渐实现去碳化的长期趋势。

1）人均收入

人均收入与人均碳排放并非是一种简单的线性关系。一般说来，收入水平低，对碳排放的需求也低。随着人均收入水平的提高，人均碳排放量会不断增加，但在人均收入达到一定水平时，人均碳排放量增长趋缓，甚至随着收入的增加碳排放量下降。这是因为，当社会经济达到一定的发展水平时，人们对环境质量的需求提高，而且改善环境质量的能力也增强，因而对碳排放的需求反而下降。

现实的情况与环境经济的理论分析是相吻合的。根据当前世界各国的收入与碳排放水平所做的统计分析，年人均 GDP 低于 8000 美元，人均碳排放量随着人均收入的提高而增加，一直到人均 5t CO_2 的排放水平。随后，人均碳排放量并不必然随着收入的进一步提高而增加。同样，单位国民生产所排放的 CO_2 量即碳排放强度，与人均收入水平也表现出这种关系。随着收入的增加，碳排放强度呈上升趋势，然后随着收入的增加而呈下降趋势。大约在人均收入 8000 美元时，人均碳排放和碳排放强度便开始下降。多数发达国家的人均收入和碳排放强度高于上述数字，而多数发展中国家低于这一水平。目前中国的年人均 GDP 大约为 1000 美元，人均只有 2.5t CO_2 的排放水平。从上述数字看，中国的经济发展和人均碳排放水平仍将有较大幅度的增加。

2）人均能源消费趋势

IPCC 组织各国专家对未来世界的发展格局设计了四种发展情景分别为 A1、A2、B1、B2。A 方案强调经济增长，B 方案强调环境保护。类别 1 体现全球化思路，而类别 2 体现地区层面。因此它们组合代表了将来可能的四种发展情景。为了避免任何偏好或导向性含义，对四种发展情景没有加以冠名，而是用 A1、A2、B1 和 B2 表示。其中 A1 又设想了三种情境：A1FI 为高矿物能源消费型方案；A1T 为技术节能和新能源型方案；A1B 为一种综合型方案。

温室气体的排放情景与众多因素有关，其中人口、经济、技术、能源和农业（土地利用）是决定排放情景的主要驱动力。图 6.5 是 IPCC 开发的四种世界发展模式 A1、A2、

B1 和 B2 的示意图。未来人类社会是向全球化还是区域化方向发展，是注重经济增长还是注重环境保护，各种驱动因子如何满足不同的发展目标，将导致不同的排放情景。人类社会要实现不同的保护全球气候的排放目标，就必须对发展路径做出相应的选择。从这个意义上讲，排放情景就是发展路径。情景分析是选择发展路径的重要而有效的政策分析工具。

排放情景分析一般包含几个步骤，由粗到细，由定性到定量逐步展开。

（1）根据开发者对情景的设想，建立一组定性描述未来社会发展的情景框架。

（2）对情景框架下人口、社会经济发展和技术进步等主要情景驱动参数进行定性或定量描述。

（3）根据主要情景驱动参数，利用模型得到量化的样本排放情景。

为了使情景设计更贴近现实社会发展和政策分析的需要，开发者常常在研究开发的各个阶段，就情景框架的设计、参数选择和样本排放情景向有关专家或决策者征询意见，并不断改进，直至确定分析所采用的排放情景。

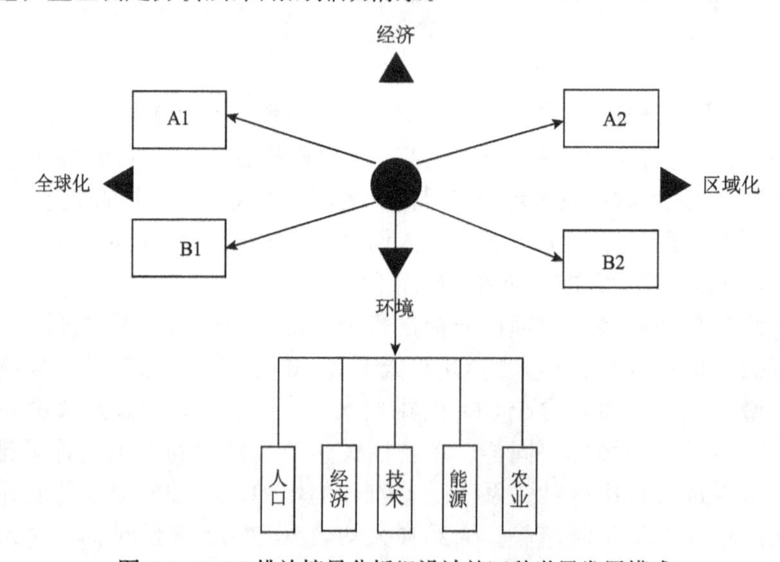

图 6.5　IPCC 排放情景分析组设计的四种世界发展模式

按照上述情景，IPCC 于 2000 年对未来 100 年能源需求和碳排放情景提出了分析预测。不论是哪种方案，从人均能源消费趋势看，世界各地均呈上升趋势，但差距在不断缩小。图 6.6 是根据 IPCC 的 A1B 情景（即全球化和高速经济增长的综合型发展路径）所计算的世界各地区人均能源消费量。当前发展中国家的人均能源消费量只有发达国家的 1/4 或更低。由于发展的需要，发展中国家的人均能源消费增长较快，而发达国家由于当前的消费已经处于较高水平，增长速率相对缓慢一些，但仍然是一种增长趋势。按这一情景，直到 2100 年，发达国家仍比发展中国家的人均能源消费高 20%。这一趋势说明两个问题：第一个问题是即使人均能源消费水平高，也需要更多的能源来实现人文发展的最大潜力；第二个问题是对于人均能源消费较低的发展中国家，必须要有较快速度的能源消费增长，来保障人文发展潜力的迅速实现。由于未来人口增长主要来自发展中国家，因此，未来能源需求的增长，从总量上看，将主要源于发展中国家。同样，由于发展中国家的人口和人均能源消费的增加，而技术水平又相对落后，因此，IPCC 的发展情景分析表明，未来全球温室气体排放主要呈上升趋势，而且主要源于发展中国家的排放需求。

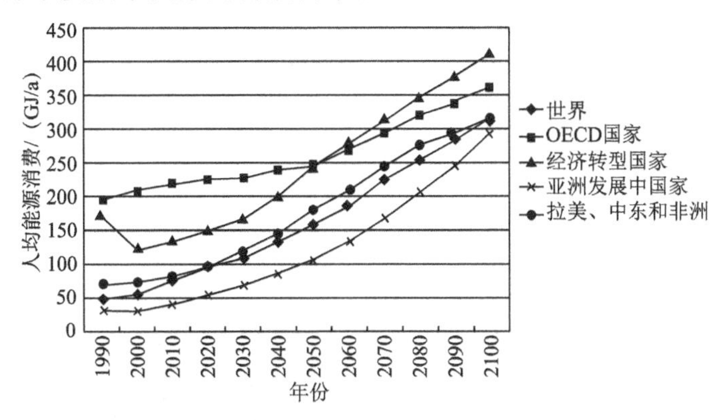

图 6.6　世界各区人均能源消费变化趋势（1990～2100 年）

资料来源：根据 IPCC《排放方案专题报告》A1B 情景计算

若不为减少温室气体排放付出更多努力而停留在目前已有的努力上，那么可以预计受全球人口增长和经济活动驱动的排放将持续增加。一些基线情景（即那些不采取更多减缓措施的情景）得出的结果是：与工业化前水平相比，2100 年的全球平均地表温度将从 3.7℃升至 4.8℃。为本次评估收集的各种排放情景可代表所有辐射强迫，其中包括温室气体、对流层 O_3、气溶胶和反射度变化。一些基线情景（那些对限制排放没有明显付出更多努力的情景）表明：到 2030 年排放浓度将超过 450ppm CO_2 当量，并且到 2100 年将达到 750～1300 ppm CO_2 当量。为比较起见，根据估算，2011 年的排放浓度为 430 ppm CO_2 当量。

6.2　减缓气候变化的科学认知

鉴于治理、道德、公平、价值判断、经济评估和对风险及不确定性的不同理解和响应的重要性，利用各类分析方法来评估预期的风险和效益可为做出限制气候变化及其影响的有效决策提供依据。

可持续发展和公平可为评估气候政策奠定基础。为实现可持续发展和公平，努力减缓因气候变化带来的不利影响，包括消除贫困。各国在过去和未来向大气中排放的温室气体累积量各不相同，且各国也面临着不同的挑战及境遇，开展减缓与适应的能力也各不相同。减缓和适应涉及公平、公正和正义等问题。许多对气候变化最脆弱的国家曾经或目前鲜有温室气体排放。推迟减缓会将目前的负担转嫁到未来，对新出现的影响没有充分的适应响应正在削弱可持续发展的基础。与可持续发展相一致的全面气候变化响应战略考虑适应和减缓方案中可能产生的协同效益、不利副作用和风险。

个人和组织如何理解风险和不确定性，以及如何对其加以考虑都会影响气候政策的设计。通过经济、社会和道德分析进行评价可用于帮助决策。这些评价可说明各种可能的影响，包括后果严重的低概率结果。但这些评价不能在减缓、适应和残余气候影响之间确定单一的最佳平衡。

气候变化具有在全球尺度上集体行动问题的特点，因为大多数温室气体会随时间的推移而累积并在全球混合，任何因素（如个人、社区、公司、国家）的排放都会影响其他因素。如果个别因素只顾自身利益，则不可能实现有效的减缓。因此需要合作响应，包括国际合作来有效减缓温室气体排放并应对其他气候变化事宜。通过在各层面开展互补式行动，包括国际合作，可提高适应的有效性。有证据表明，被视为公平的成果能够形成更有效的合作。

6.2.1　减缓气候变化的紧迫性

全球气候变化的危害和影响不仅关系某个国家的生死存亡，还关系整个人类社会的可持续发展。2015 年，受全球气候变化和厄尔尼诺现象的影响，全球极端气象事件频发，使各国应对气候变化的意愿空前一致，巴黎气候变化大会一致通过了《巴黎协定》，成为 2020 年后取代《京都议定书》的全球气候协议，各国也相应提出了应对气候变化的行动目标。

1. 全球地表及海洋温度创新高问题

2015 年 11 月 25 日，世界气象组织（World Meteorological Organization，WMO）在日内瓦发布了《2015 年全球气候状况临时声明》，称 2015 年的全球平均地表温度有可能创造有气象记录以来的最高纪录。报告估计 2015 年的全球平均地表温度相比 1961～1990 年高出 0.73℃，比 1880～1899 年高出约 1℃，这意味着全球气温升高跨过了一个重要门槛。从 2015 年春末至夏季，欧洲、非洲北部、中东均受到高温冲击，许多地区的高温纪录不断刷新；五六月时，极端高温席卷印度，大部分地区最高平均气温超过 42℃，部分地区高于 45℃；巴基斯坦南部地区在 6 月时最高平均气温超过 40℃。与此同时，北极海冰面积总体下降，达到历史最低纪录；全球平均海平面则达到自 1993 年有卫星观测以来的最高值。人类排放的温室气体积聚在大气系统中，且超过 90%由海洋吸收，这导致了海洋温度升高，海平面上升。2015 年热带太平洋、太平洋东北部、印度洋大部、大西洋北部和南部区域等海表温度均高于往年平均值。

2. 暴雨及洪水频发问题

除全球地表和海洋温度创下新高的纪录外，受厄尔尼诺现象和气候变化的影响，2015 年发生了许多极端天气气候事件，包括暴雨、洪水、飓风、干旱等。美洲和非洲多地都遭遇了强降水；与此同时全球多地还出现干燥和干旱天气，阿拉斯加共发生 1100 多起山火，巴西全国共发生火灾超过 22 万起。另外，从 2015 年年初到 11 月，全球共形成了 84 个热带风暴，10 月 24 日登陆墨西哥的帕特里夏飓风是有记录以来的最强飓风。圣诞节前后，洪水、龙卷风、热浪等各种极端天气更是在全球各地集中出现。例如，美国东部出现了异常的暖冬状况；美国南部和中西部多个州接连遭遇龙卷风和暴风雨袭击；墨西哥出现异常降雪；南美国家出现过去 10 年以来最严重的密集洪灾，共造成巴拉圭、阿根廷、巴西和乌拉圭等国 17 万人撤离；英国北部多地遭遇暴雨侵袭，部分地区暴发洪水。

科学评估发现，由于人类活动引发的气候变化，许多极端天气气候事件，特别是与极端高温相关的事件发生的可能性大幅度增加，有些甚至高出 10 倍之多。极端天气气候事件将对全球经济、社会发展和人类生活造成严重的负面影响。世界经济论坛 2016 年 1 月 14 日发布《2016 年全球风险报告》显示，气候变化应对措施不力是 2016 年影响力最大的全球风险，其对全球的破坏力高于大规模杀伤性武器、水资源危机、大规模非自愿移民和能源价格显著波动。这是自 2006 年以来该报告首次将环境问题列为风险影响力之首。全球应对气候变化迫在眉睫。

3. 水资源短缺及干旱问题

水资源短缺和干旱给城市带来了严重的问题，因而需要采取严格的措施来解决这些问题。例如，2008 年，塞浦路斯在过去 4 年已经连续出现低降水量，并导致旱情，国家被迫用油轮从希腊引进水资源，同时削减 30%的国内生活用水。

欧洲一些较大规模的城市通常依赖于周边地区的水资源供应。清洁新鲜的水资源供应对城市至关重要，是能否实现可持续发展的基本要求。清洁新鲜的水资源不仅可用于饮用水，同时可用于工业用水（生产工艺和冷却）、能源生产、娱乐、交通运输及自然用水。因此，质量好且充足的水资源对于确保人类健康并推动经济发展是必不可少的。

4. 极端天气气候事件的影响

极端天气常常造成房屋倒塌、人员伤亡、农作物失收。英国经济学家斯特恩爵士指出："极端天气的成本达到世界每年 GDP 的 0.5%～1%。如果世界继续变暖，这个数字还会持续上升"。

（1）气温的升高对自然生态系统造成了严重的影响。高原冰川和积雪融化，北极震荡致冷空气持续南下，厄尔尼诺和拉尼娜现象活跃，春汛提前。两极的冰川融化，各种生物的生存状况令人担忧。生物种类的灭绝速度加快。森林面积的减小也影响深远，地质灾害频发。而且由于森林的消失，很多野生动物失去了栖息地，加速了物种的灭绝。另外，珊瑚礁、红树林、极地和高山生态系统、热带雨林、草原、湿地等自然生态系统受到严重的威胁。

（2）极端天气气候事件对中国农业的影响总的来说对粮食生产的影响是负面的，会使农业生产的不稳定性增加。经过对 1949～2007 年我国农业受灾面积、经济损失、粮食损失分析，气象灾害每年造成受灾面积呈波动上升趋势。20 世纪 50 年代平均为 $2258\times10^4\text{m}^2$，到 90 年代为 $49551.4\times10^4\text{m}^2$，农业受灾面积不断扩大；气象灾害造成的农业经济损失逐年升高，呈现"谷—峰—谷"特征，20 世纪 90 年代，农业经济损失波动幅度大，属于强波动，年平均损失 2000 亿元以上，2008 年损失达到 4100 亿元；粮食减产数量，从 20 世纪 80 年代到 21 世纪初达到高峰，2000 年粮食减产最高值为 $5996\times10^4\text{t}$。

（3）人们的衣食住行的模式正在主动或被动地进行着改变，以适应气候变化。海平面上升使海岸洪水造成的损失加大。每年我国的南方地区都要经历洪水的“洗礼”。海平面上升会加剧洪水、风暴潮、侵蚀及其他海岸带灾害，进而危及那些支撑小岛屿社区生计的至关重要的基础设施、人居环境。气候的变化加大了台风、暴雨、洪涝灾害、干旱等极端天气气候的发生概率，增加了预测的难度，给人类的生活秩序和心理带来了极大的冲击和极高的重建、迁徙代价。极端天气气候还影响了我国的水资源分布。缺水的地区更加缺水，水资源丰富的地区则出现严重的洪涝灾害。华北地区缺水，人们不得不努力寻找水源，但在华中、华南、华东地区却发生洪涝灾害，形成了一个矛盾的局面。

（4）极端天气气候事件影响着人类的健康，尤其是对抵抗能力较弱的人群，如小孩、老人。全球变暖使热浪事件发生得更加频繁，在欧洲的希腊、西班牙等影响比较严重的国家，每年都有森林大火，几乎每年都有市民热死。高温状况下，病毒和病菌更加活跃，人体的免疫力下降，导致呼吸系统和心血管疾病的发病率增加。发达城市的热岛效应也不可忽视，高楼大厦林立的地方温度往往比其他地方高。极端天气也为登革热、霍乱等传染病提供了滋生的环境。气候变热，大气中污染物质和导致过敏的物质含量增加，使一些传染性疾病的传播范围扩大，造成恶性循环。由于环境的变化，极端天气气候事件频发，对人的心理也会产生很大的冲击，容易出现心理问题。

6.2.2　温室气体排放情景

1. 排放情景与情景分析方法

能源是社会经济发展不可缺少的动力来源。在以矿物燃料为主的世界能源系统中，温室气体排放成为人类经济活动的“副产品”。温室气体排放具有长时间跨度和排放源复杂的特点。首先，气候变化是一个长时间跨度的过程，温室气体排放趋势的分析也需要在一个比较长的时间区间中进行。通常，这类研究的分析范围在50～300年，现有大量研究选择100年作为分析的时间区间，将2100年作为一个标志性的分析点。其次，温室气体的排放源涉及范围很广，人类活动所引起的温室气体排放常常包括许多复杂的过程，如与能源相关的排放、与工业生产相关的排放、与农业生产和土地利用相关的排放，以及与人类生活产生的废弃物相关的排放等。对于如此长的时间跨度和复杂的排放源要对人类活动相关的温室气体排放趋势做出高精度的预测几乎是不可能的。当前许多研究采用情景分析方法考察温室气体排放的长期趋势。

所谓情景（scenario），也称构想，它不是对未来的预测，而是未来可能的社会发展途径的一种定性或定量的描述。情景分标是利用模型方法，对一系列未来世界可能的发展状况及诸多因素之间的相互作用关系进行定量的描述和研究。

2. IPCC开发的排放情景

在进行科学评估中，需要对未来的气候变化趋势进行模拟分析。未来的温室气体排放是气候模拟的基础数据。由于这些数据涉及未来社会、经济和技术的方方面面，需要对各种可能的发展状况加以定性和定量描述。正是在这样一种背景下，IPCC组织各国专家先后开发并调整了温室气体的排放情景。当前具有代表性的排放情景概述如下。

1）IS92 情景

IPCC 在其 1990 年公布的第一次气候变化评估报告中，采用了排放情景的分析方法，但相对比较简单。1992 年，在对这些情景进行进一步开发的基础上，形成并公布了一组共 6 种排放情景，称为 IS92（a）～（f）排放情景。这些情景考虑了与能源和土地利用相关的 CO_2、CH_4、N_2O 和 S 的排放，但对其他温室气体排放没有进行详细分析。IS92（a）～（f）排放情景既包含了不采取针对气候变化政策的情景，也包含了采取减排温室气体政策的情景，如 IS92（a）假设不采取减排政策，且该情景的结果在这一组情景中相对居中，常作为政策分析参照的基准情景，而 IS92（e）假设不采取一定的减排措施，导致矿物燃料成本上升 30%，是一个减排情景。

2）SRES 排放情景

为了更好地认识未来温室气体排放趋势，并对气候变化可能产生的环境和社会经济影响进行进一步的评价，1996 年 IPCC 决定开发一组新的温室气体排放情景，为第三次评估报告（The Third Assessment Report，AR3）提供素材。为此，IPCC 成立了由发达国家和发展中国家学者共同参加的专家组，专门设计了研究开发进程，采用不同模型，经过数年的艰苦努力，在 2000 年以 IPCC 排放情景特别报告（SRES）的形式公布，称为“SRES 排放情景”。

IPCC 开发 SRES 排放情景的研究进程包括四个步骤。

（1）对现有的排放情景进行回顾与评价，收集了 400 多个研究小组对于全球和地区的排放情景研究的主要参数和结论，建立了排放情景数据库。

（2）利用排放情景数据库，对各种情景的主要驱动参数的均值和分布特征进行比较，分析主要排放情景的特点和相互关系，了解研究小组在情景开发时的设想。

（3）开发新的系列排放情景。首先提出一组描述未来社会发展的情景框架，并据此对主要情景驱动参数进行定性或定量描述，在此基础上，六个模型小组利用各自不同模型独立进行量化分析，得到量化的样本排放情景。

（4）公开未来发展的情景框架和样本排放情景，以广泛征询意见，并对不同研究小组的结果进行比较和规范，以期进一步改进研究方法和制定新的情景。

科学家历经四年的努力最终才形成 IPCC 新的排放情景。

参加情景量化分析研究的 6 个研究小组分别是：国际系统分析研究所的 MESSAGE 模型小组，日本国立环境研究所的 AIM 模型小组，美国 ICF 公司的 ASF 模型小组，美国西北太平洋实验室的 Mini-CAM 模型小组，荷兰国家公共卫生与环境研究院的 IMAGE 和中央计划局 WorldScan 联合模型小组，以及日本科技大学的 MARIA 模型小组。

IPCC 排放情景特别报告在对已有排放情景进行分析的基础上设计了四种世界发展模式，如图 6.6 所示。

①高经济发展情景（A1）

在该情景下，世界经济快速增长，人口到 21 世纪中叶达到顶峰，其后逐渐下降。世界各地区之间较好地实现能力建设，增进文化和社会融合，贫富差距大大缩小。2100 年，世界国民生产总值（gross national product，GNP）为 550 万亿美元，从 1990 年起年均增长速度为 3.1%，人口在 2050 年上升至 90 亿～100 亿人，之后下降到 2100 年的 70 亿～80 亿人。发展中国家的经济得到快速发展，在 2100 年人均 GNP 为 7 万美元左右，而同期 OECD 国家的人均 GNP 为 10 万美元左右。经济快速发展的主要驱动因素有高劳动力资本（高教育水平）、较快的技术进步和扩散，以及自由贸易等。从能源供应来说，可再生能源如太阳能、生物质能大范围得以利用，非常规能源如油页岩、深海碳氢化合物等能够以较低成本得到开采。高经济发展情景需要大量能源支持，不同的能源供应方式会产生不同的排放途径，因此在这种情景下，又设立了四个子情景。

煤炭利用情景（A1C），丰富的煤炭资源得到利用，假定未来的能源供应以煤炭为主。

石油、天然气利用情景（A1G），非常规石油、天然气得到大范围开发，能源供应以石油、天然气为主。

技术发展情景（A1T），可再生能源、核能利用技术快速发展，成本大为降低，使其成为能源供应的主导。

平衡发展情景（A1B），为上面三个子情景的平衡发展模式。

2000 年 3 月在尼泊尔首都加德满都召开的 IPCC 第三工作组第 5 次会议审议 SRES 决策者摘要时，决定将其中 AIC 和 AIG 情景合并为与 A1T 非矿物燃料型相对应的矿物燃料密集型的情景（A1FI）。

②区域资源情景（A2）

在该情景下，经济发展主要依赖于国内或区域资源，不同地区之间的联系较弱。相对其他情景，经济增长和技术进步较慢，全球人口继续增长。世界 GNP 在 250 万亿美元左右，年均增长速度约为 2.6%。到 2100 年，发达国家人均 GNP 约为 7 万美元，发展中国家约为 1.2 万美元；人口则持续增长，达到 160 亿人。区域化的资源利用导致能源供应依赖于能源资源的分布。由于人类智力资源无法得到充分利用，技术进步相对缓慢；可再生能源的利用无法大规模进行，存在区域之间的贸易壁垒。

③全球可持续发展情景（B1）

该情景仍然是一个高经济发展情景，经济增长和人口控制与 A1 类似，但经济结构向信息和服务业快速转变，物质消耗强度降低，大量应用清洁高效技术。到 2010 年，世界 GNP 约为 350 万亿美元。到 2100 年，发达国家人均 GNP 约为 7 万美元，发展中国家人均 GNP 约为发达国家的一半。该情景强调世界各国对环境保护形成共识，促进经济、社会和环境的可持续发展，包括促进公平，但不包括专门针对气候变化的政策措施。

④区域可持续发展情景（B2）

在该情景下，世界体现出区域化发展趋势，着力推进区域内的可持续发展。经济增长速度中等，低于 A1 和 B1 情景，但经济和技术发展更加多样化。到 2100 年，世界 GNP 为 250 万亿美元左右，发达国家和发展中国家人均收入差距较大。到 2100 年，发达国家人均 GNP 约为 6.5 万美元，发展中国家人均 GNP 约为 1.2 万美元。全球人口继续增长但比高经济发展情景的增长率低，2100 年世界人口为 110 亿～120 亿人。

IPCC 排放情景特别报告依据上述四种世界发展模式共给出了 40 种不同的排放情景。为了方便使用，开发者又在 A1B、A2、B1、B2 各组中分别指定了一种情景作为代表，称为标识情景（marker scenarios），并补充 A1 组中的 A1FI 和 A1T 作为示意情景（illustrative scenarios)。这六种重要情景的主要参数和结果是通过情景开发模型组的广泛讨论后决定的，反映了大家的共识，常常被用作其他政策分析的基准情景。

如图6.7所示，IPCC开发的SRES四组排放情景，到2100年，不同情景的累积CO_2排放量的分布范围很广，从低于8000×10^8t C到大于25000×10^8t C，中间值约15000×10^8t C。相比IS92排放情景，SRES排放情景扩展了累计排放量的高限，但低限比较类似。为了更好地说明SRES情景的分布范围，将其划分为4个区：低排放区间，少于11000×10^8t C；中低排放区间，11000×10^8～14500×10^8t C；中高排放区间，14500×10^8～18000×10^8t C；高排放区间，大于18000×10^8t C为高值。

每个区间都包含一个标识情景。4个标识情景和2个示意情景覆盖了整个区间的大部分，具有较强的代表性。其中，A1FI和A2靠近分布区域的上端，为高排放情景，而B1和A1T靠近分布区域的下端。

SRES排放情景还显示，不同的驱动因子组合（人口、经济、技术、能源、土地利用、农业等）遵循不同的发展路径，可以导致相近的能源消费结构和土地利用方式，以及温室气体的排放水平。同样，每个组的情景覆盖较大范围的不同区间，表明相近的驱动因子组合，存在不同的发展路径，使得未来排放情景出现巨大差别。这一点对于评价气候变化的影响和可能的减缓和适应对策是非常重要的。

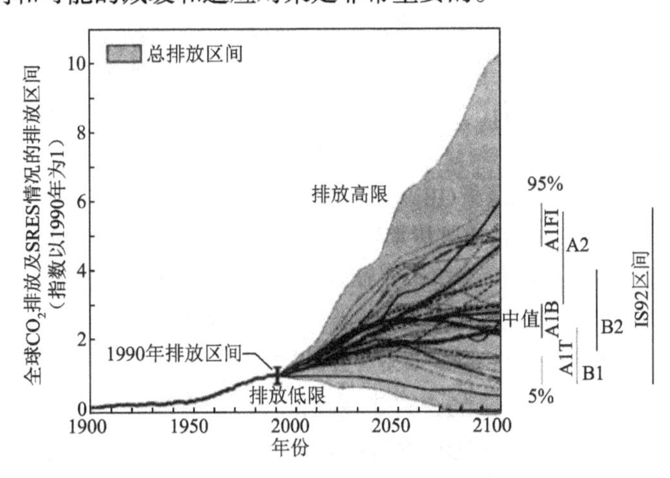

图6.7 SRES情景的分布范围

3. 减缓和稳定排放情景

减缓排放情景用来定量预测和分析采取减排对策与不采取减排对策的基准情景相比的减排量。稳定排放情景是减缓排放情景的一部分，这类情景均假定通过一定的减排措施和对策在某一目标年（如2100年或以后）实现预先设定的减排目标，如温室气体浓度稳定在650ppmv或550ppmv等（v是指体积，即一百万体积中含1体积）。

1）AR3对减缓情景的综述

IPCC的AR3在全球已开发的大量排放情景中，总结和回顾了126个50～100年的长期减缓排放情景，并将它们分为四类。

①稳定浓度情景

这类情景有 47 个长期减缓排放情景，所占比例最高。这些情景中大约 2/3 将 CO_2 浓度稳定目标设定在 550ppmv。这一浓度约是工业化前大气中 CO_2 浓度的两倍，常常作为政治谈判中一个标志性目标。能源建模论坛（energy modeling forum，EMF）组织开展的比较项目对许多稳定浓度情景进行了深入探讨。

②稳定排放情景

这类情景有 20 个长期减缓排放情景，多数情景将稳定目标设定在将附件 I 国家（包括经济发展良好的发达国家及正在向发达国家过度的发展中国家）或 OECD 国家的排放稳定在 1990 年水平。

③气候稳定情景

这类情景也称“安全排放走廊”“可容忍窗口”或“安全着陆”排放情景，这些情景是在一定的自然阈值约束下，如预先设定一定的全球平均升温速率目标，确定排放限。

④其他减缓排放情景

如美国和日本的一些学者利用不同模型研究净收益（即气候政策的收益减去执行气候政策的成本）最大化目标下的减排量。剩余约 50 个长期减缓排放情景采用其他不同的标准减排温室气体，如采用统一碳税等特定政策措施，或者在 2010 年前采用《京都议定书》为附件 I 国家设定的减排目标，假定 2010 年后稳定其排放水平。

由于与能源相关的 CO_2 排放对气候变化的贡献最大，大多数减缓情景将这部分温室气体作为研究重点，一些模型还包含了土地利用变化和工业过程排放的 CO_2，一些模型考虑了其他非 CO_2 温室气体的排放，如 CH_4 和 N_2O。

从政策措施角度看，多数减缓情景的研究集中在能源供应和终端能源利用方面，如发展天然气、可再生能源和商业化利用生物质能源，开发能源新技术，继续提高工业、交通、民用和商业能源利用的效率等。模型对政策工具的分析取决于模型的结构，多数的研究集中在简单的碳税或限制排放和浓度水平以实现设定的减排目标。一些模型考虑了不同地区的减排目标，以及地区之间的排放贸易。

上述减缓情景对于减排路径问题的处理有三种不同方法：一是由政策情景决定；二是由动态优化模型根据设定的优化目标自动确定；三是“安全排放走廊”的计算结果，根据自然气候系统特定约束状况来确定。

减缓和稳定排放情景的分析首先是建立一个不采取减排对策的基准情景，然后在此基础上，讨论采取一定减排对策的减排效果，或达到一定稳定浓度目标所需的政策措施。基准情景的选择对于减缓和稳定排放情景的分析是非常重要的。同样是 550ppmv 的稳定排放情景，不同开发者选择的基准排放分布范围很广，到 2100 年最高的基准排放为当前排放的 10 倍，最低的仅为 4 倍。这主要是由于不同模型假设不同的 GDP 增长趋势和能源供应方式所致。相对一个较高排放的基准情景的减缓情景有可能高于另一个较低排放的不采取对策的基准情景，这并不奇怪。同样，在较低排放的基准情景中，已经假设能源效率达到一个较高的水平，相对该基准情景的减缓情景提高能源效率的空间就会较小，相比高排放的基准情景下的减缓情景，其能源效率的改进幅度一般较小。不同基准情景下的减缓情景中，碳强度的变化也有类似的规律。

2）后 SRES 减缓情景

由于不同开发者独立开展工作，上述减缓和稳定排放情景所依据的基准情景差异很大，使这些情景之间缺乏可比性。IPCC 公布排放情景特别报告之后，又组织 SRES 的 6 个模型小组及另外 3 个研究小组，统一以 SRES 排放情景为基础，开展了减缓和稳定排放情景的系统比较和研究工作，称为“后 SRES 减缓情景”。

在“后 SRES 减缓情景”分析中，尽管四个组的基准情景都有所涉及，但 A1B 的应用最多，550ppmv 是最常用的稳定目标，且多数模型仅考虑与能源相关的 CO_2 排放。减排政策主要涉及排放和气候变化相关知识的获得和扩散，执行减排政策措施的制度和法律保障，企业和政府激励新技术创新和鼓励技术扩散的政策，以及消费者和企业对价格变化和新产品做出反应的反馈机制等方面。

研究结果表明：不同减缓排放情景的温室气体排放轨迹分布范围很广，大致分为“早行动”和“晚行动”两类。要达到同样的稳定浓度目标，高排放情景（如 A1FI 和 A2）下的减排情景相比其他较低排放情景（如 B1 和 B2）需要完成更大的减排量。如图 6.8 所示，设定稳定浓度目标为 550ppmv，到 2100 年相对 A2 需要减排 75%～80%，相对 A1B 需要减排 50%～75%，而相对 B2 需要减排 40%～70%，相对 B1 需要减排 5%～40%。减排量不同，技术选择和政策措施也不同，使得减排成本相差悬殊。A2 情景下减排成本最高，B1 情景下减排成本最低。同样实现 550ppmv 的稳定浓度目标，B1 情景下的 GDP 损失不足 A1B 情景的 10%，仅是 A2 情景的 1/12。稳定浓度目标越低，减排压力越大，要求减排行动越早，且减排成本越高，但并不直接导致能源消费的相应下降，减排更多的是通过提高能源效率、降低能源碳强度、开发可再生能源及碳清除和贮藏技术等途径实现。

与减缓排放情景相关的一个重要政策问题是制定中期的减排目标。例如，假设发展中国家在 2020 年温室气体排放开始偏离其基准排放情景，为满足 550ppmv 稳定浓度目标，不同情景的计算结果表明：附件 I 国家在 2010 年相对 1990 年需要减排 1%～5%，与《京都议定书》规定目标接近；2020 年为 8%～17%，2030 年为 8%～18%。

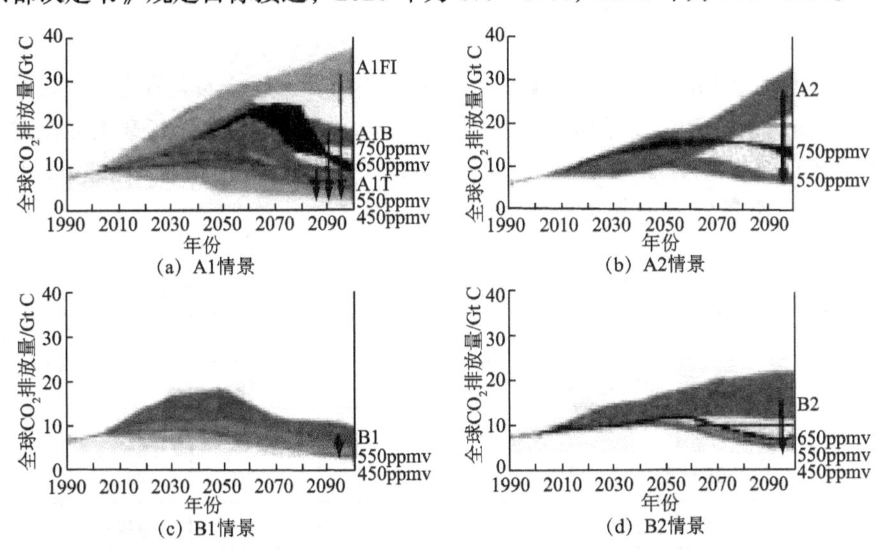

图 6.8 SRES 排放情景与后 SRES 减缓情景的比较

与减缓排放情景相关的另一个重要政策问题是发展中国家的参与问题。IPCC 的研究结果表明，如果所有减排任务都由附件 I 国家完成，而非附件I国家排放为基准情景不受限制，则稳定浓度目标越低，基准情景的排放越高，附件I国家与非附件I国家人均排放水平趋同时间越早。也就是说，在这种情况下，全球排放控制目标越严格，发展中国家排放增长越快，面临的国际压力也就越大。

此外，从减排政策和技术选择的角度看，任何单一的政策措施都不可能完成稳定浓度的减排目标，必须要将技术进步、经济激励和制度框架等各种类型的减排政策措施结合起来，才能达到较好的减排效果。在 21 世纪前半叶，提高经济系统的能源效率以降低能源强度具有较大的潜力。相比而言，到 21 世纪的后半叶，开发和应用低碳能源（如天然气和合理利用生物质能源等），以降低碳强度上升为主要减排手段。如果在技术上有较大突破的话，太阳能的利用将显示出强大的生命力，尤其对于较低的稳定浓度目标和较高排放的情景（如 A1B 和 A2），假设人类社会将来不会出现大幅度提高能源效率的重大社会变革，则无碳的核能利用及清除和贮藏碳技术将逐渐显示出其重要性。

4. 我国温室气体排放情景

截至目前，我国学者已开展了大量温室气体排放情景的研究工作。其中比较有代表性的是美国政府资助的于 1996 年完成的模型，以 1990 年为基准年，初步开展了 2030 年我国社会经济发展、能源消费与 CO_2 排放的情景分析。表 6.3 为基准情景下主要社会、经济参数及能源和 CO_2 排放的计算结果，为了满足经济发展对优质能源的需求，提高能源效率，减少温室气体的排放，相比 1990 年，一次能源消费结构将有较大改善。煤炭在一次能源中的比重不断下降，同时天然气、核能、水电和新能源在能源结构中的比例都将有所上升，一次能源供应将向多元化方向发展。但考虑未来一次能源的总需求量仍然相当可观，石油进口超过 1×10^8t，煤炭开采和运输存在一定困难，水电和核电的较快发展需要巨额的资金投入，未来能源供应将面临严峻挑战。在上述基准情景基础上开发的两个替代方案，政策强化方案和低经济增长下的政策强化减排方案，通过加大节能和能源替代的力度，降低未来的能源需求，从而降低温室气体的排放量。其中 2030 年政策强化方案情景能源消费的 CO_2 排放量为 1381.8 Mt C，低经济增长下的政策强化减排方案情景为 1210.6 Mt C，相比基准情景分别下降 30%和 39%。

表 6.3　我国社会经济发展、能源消费与 CO_2 排放的基准情景

参数		1990 年	2010 年	2030 年
人口/10 亿人		1.1433	1.386	1.560
城市化/%		25.4	42.4	58.4
GDP/亿元，1990 年价格		17681	99010	317486
人均 GDP/（美元/人，1990 年价格）		324	1495	4257
产业结构/%	农业	28.4	18.0	14.0

续表

参数		1990年	2010年	2030年
产业结构/%	工业	43.6	42.0	39.0
	服务业	28	40.0	47.0
一次能源总需求/Mt C当量		987	2235	3685
能源结构/%	煤炭	75.7	72.3	65.3
	石油	17.0	16.2	15.0
	天然气	2.1	3.8	5.2
	水能	5.1	5.6	6.5
	核能	0	1.9	6.6
	新能源	0.1	0.2	1.3
能源消费弹性系数		0.47	0.46	0.40
节能率/%		4.8	4.0	3.4
能源消费CO_2的排放量/Mt C		567.2	1319.7	1980.8

资料来源：中国气候变化国别研究组，2015

但是我们也要看到，表6.3中的分析有的趋于保守。例如，国民经济结构，2001年我国农业在GDP中的比例已降至16%以下，比分析中2010年的预测值还要低；煤炭在能源结构中的比例目前已降至2/3左右，石油消费比例已升至22%，显然中国气候变化国别研究组的结论与建议，需要加以重新核定。

近年来，随着科学认识的深入，国内学者不仅参与了IPCC排放情景的研究，而且利用IPCC的研究结果，就中国温室气体排放情景开展了一些研究工作。例如，国家发展和改革委员会能源研究所参照IPCC的SRES排放情景的研究方法和情景框架，应用荷兰国家公共卫生与环境研究院开发的能源模型，提出了中国温室气体排放的新情景，其中主要考虑以下两种基准情景。

1）A1B -C情景（一个处于开放世界中的中国）

遵循IPCC的A1B情景框架，实现中国及世界其他地区经济的快速和成功增长。假设中国人口增长到2050年达到16亿人的顶峰，其后开始下降。中国人均GDP在2050年接近OECD国家1990年的水平（约10500美元，1995年不变价），21世纪末中国的收入水平赶上OECD国家。在经济结构中，2050年第三产业比重达到60%。快速经济发展为技术进步创造了条件，全球化的世界大背景促进了先进技术的迅速传播，使可再生能源和清洁能源技术有可能在更大范围内得以应用。

2）B2 -C情景（致力于解决本地环境问题的中国）

遵循IPCC的B2情景框架，在保持地区之间和城乡之间平衡的同时，更多地利用本地资源以保持未来的公平和解决本地环境问题。假设中国的经济增长和技术进步要低于A1B -C情景。由于贸易和国际交流受到限制，能源系统将主要依赖国内资源，为了解决本地环境问题，煤炭利用中清洁煤技术将得到较好的应用。

研究结果表明，在 A1B-C 情景下，中国的人均一次能源消费将由 1995 年的 37GJ 增加到 2050 年的 150GJ，与目前许多 OECD 国家持平。2050 年，交通运输的能源需求在总能源消费中的比例将增长到 25%。传统燃料将基本上被商业化燃料所取代，为了满足巨大的能源需求，中国将更多依赖国际资源，2050 年石油和天然气消费的 80%和 50%将来自进口。同时，为了扩大电力生产，开发核电和可再生能源，对能源的投资增长十分迅速，从 2020 年的 2000 亿美元，增长到 2050 年的 5200 亿美元，2100 年的 16600 亿美元。在该情景下，与能源相关的 CO_2 排放量 2050 年将较 1995 增加 3.8 倍。

在 B2-C 情景下，21 世纪末，能源需求仅为 A1B-C 情景的一半左右。煤炭仍在中国能源结构中占有较大比例，2050 年将到 53%，2100 年将到 34%。在该情景下，与能源相关的 CO_2 排放量 2050 年将较 1995 增加 2.7 倍，其中约 50%来自燃煤电站。

要实现上述情景描述的能源供应方案，除需要大量资金投入外，能源使用和供应技术的发展对未来能源需求和温室气体排放趋势有着相当重要的影响。我国应将能源环境、技术发展政策的制定过程与气候变化对策结合起来，利用我国自然资源条件，在环境规划和决策中开始考虑气候变化因素，制定相关政策。同时着重开发和应用一些重大清洁能源技术，依靠先进技术和可持续的能源战略促进经济与环境目标的双赢。

减缓是气候变化研究的重要研究领域，科学研究成果丰富。IPCC 系列出版物是当前有关气候变化研究的重要之作，它不进行原创的研究，只负责对现有最新科学、全球技术和社会经济信息进行评估，其中减缓气候变化是最重要的内容之一中国在减缓气候变化的研究过程中需要更多地参考“第一次、第二次、第三次气候变化国家评估”的相关内容，并制定相应的政策、法规。

6.2.3　适应和减缓路径的特征①

1. 适应路径

适应可降低气候变化影响的风险，但其效果有限，特别是在气候变化幅度和速度较大的情况下。从长期角度而言，在可持续发展的背景下，更多直接适应行动的可能性增加也将会强化未来的方案和准备。

适应可在目前和未来促进民众的福祉、财产安全和维持生态系统产品、功能和服务。适应具有特定的地域和背景（高信度）。适应未来气候变化的第一步是降低对当前气候变率的脆弱性和暴露度（高信度）。将适应纳入规划，包括政策设计和决策，可促进发展和降低灾害风险的协同作用。建设适应能力对于有效选择和实施适应方案至关重要（证据确凿，一致性高）。

通过从个人到政府各层面开展互补性行动可加强适应的规划和实施（高信度）。国家政府可以协调地方政府和省州级政府的适应行动。例如，保护脆弱群体，支持经济多样化，提供信息、政策和法律框架，财政支持（证据确凿，一致性高）。鉴于地方政府和私营部门在促进社区、家庭及民间团体适应方面的作用，以及在管理风险信息和融资

① 请参见《气候变化 2013 综合报告决策者摘要》。

方面的作用，它们正日益被视为对促进适应至关重要（中等证据量，一致性高）。

各管理层面的适应规划和实施取决于社会价值观、目标和风险认知（高信度）。识别不同利益、境况、社会文化背景和预期有助于决策过程。本土、当地和传统知识体系及惯例（包括原住民对社区和环境的总体观点）是适应气候变化的主要资源，但在现行的适应工作中并没有始终加以利用。此类知识形式与目前的做法相结合可提高适应的效力。

各种限制条件会相互作用，妨碍适应规划和实施（高信度）。实施方面常见的限制条件源自以下方面：有限的财力和人力资源；有限的管理整合或协调；有关预估影响的不确定性；对风险的不同认知；对立的价值观；缺乏关键的适应领导者和倡导者；监测适应效果的工具有限。另一种限制条件包括对研究、监测和观测做得不够充分，维持这些工作的资金不足。

更大的气候变化速率和幅度更有可能超过适应极限（高信度）。适应极限源于气候变化、生物物理和社会经济制约因素的相互影响。此外，规划或实施不利、过度强调短期结果或未能充分地预见后果，均会导致适应不良，增加目标群体在未来的脆弱性或暴露度，或增加其他人群、地方或部门的脆弱性（中等证据量，一致性高）。低估适应作为社会过程的复杂性会造成对实现预期适应成果不切实际的期望。

减缓与适应之间及不同适应响应之间存在显著的协同效益、协同作用和权衡取舍；区域内和区域间存在相互影响（很高信度）。为减缓和适应气候变化付出更多努力意味着相互影响日益复杂，尤其是在水、能源、土地利用和生物多样性之间的交叉点，但是用于了解和管理这些相互影响的工具仍有限。具有协同效益的行动范例包括：①提高能效和提高清洁能源水平，从而减少有损健康和影响气候的空气污染物排放；②通过城市绿化和水的循环利用减少城市地区的能源和水资源消耗；③可持续的农业和林业；④保护储存碳的生态系统及其他生态系统服务。

经济、社会、技术和政治决策及行动等方面的转型可加强适应并促进可持续发展（高信度）。在国家层面，如果转型能够反映一个国家自身根据其国情和重点制定实现可持续发展的愿景和方法，则这样的转型是最有效的。在不考虑转型变化的情况下，限制对目前系统和结构增量变化的适应响应会加大成本和损失并丧失机会。转型适应的规划和实施能够反映强化的、改变的或一致的范式，并可对管理结构提出新的和进一步需求，以协调未来的不同目标和愿景，并实现可能的公平和应对道德影响。适应路径的加强是通过反复学习、协商和创新来实现的。

2. 减缓路径

目前有多种减缓路径可能将升温幅度限制在相对于工业化前水平 1.5℃以内。这些路径需要在未来几十年内显著减排，以及到 21 世纪末，需要使 CO_2 及其他长寿命温室气体接近零排放。实施此类减排将带来显著的技术、经济、社会和制度挑战，随着额外减缓的延迟及如果无法提供关键技术，难度就越大。将升温限制在或低或高的水平涉及类似的挑战，只是时间尺度不同。

如果不做出比今天更大的温室气体减排努力，受全球人口增长和经济活动的影响，预计全球排放量增长将持续。在基线情景中（没有额外减缓），中值气候响应的 2100

年全球平均表面温度比 1850～1900 年平均值高 3.7～4.8℃。如果包括气候不确定性，上升范围在 2.6～7.8℃（高信度）。

将 2100 年 CO_2 当量浓度保持在 450ppm 或以下的排放情景可能将 21 世纪的升温相对于工业化前的水平保持在 2℃以下。这些情景的特点在于，到 2050 年时全球人为温室气体排放比 2010 年减少 40%～70%，到 2100 年，其排放水平接近零或以下。到 2100 年 CO_2 当量浓度水平约在 500ppm 的减缓情景，多半可能将温度变化限制在不超过 2℃，除非在 2100 年前暂时出现比大约 530ppm CO_2 当量更高的浓度水平，在这种情况下，这些情景或许可能实现这一目标。在这些 500ppm CO_2 当量情景下，全球 2050 年排放水平比 2010 年低 25%～55%。2050 年更高排放的情景特点在于，更为依赖 21 世纪中期以后的 CO_2 清除（carbon dioxide removal，CDR）技术（反之亦然）。那些可能将温度限制在相对于工业化前水平上升 3℃的轨迹，其减排速度不及那些将升温限制在 2℃以内的轨迹。有限的研究提供的情景表明，到 2100 年多半可能将升温限制在 1.5℃；这些情景的特点在于，到 2100 年 CO_2 当量浓度低于 430 ppm，且 2050 年减排比 2010 年低 70%～95%。图 6.9 和表 6.4 全面概述了排放情景的特点、CO_2 当量浓度及其将升温保持在低于温度水平范围的可能性。

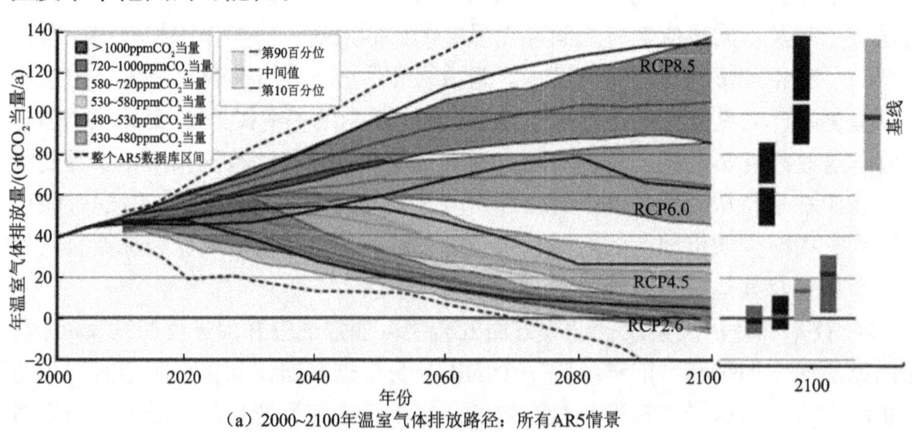

（a）2000~2100年温室气体排放路径：所有AR5情景

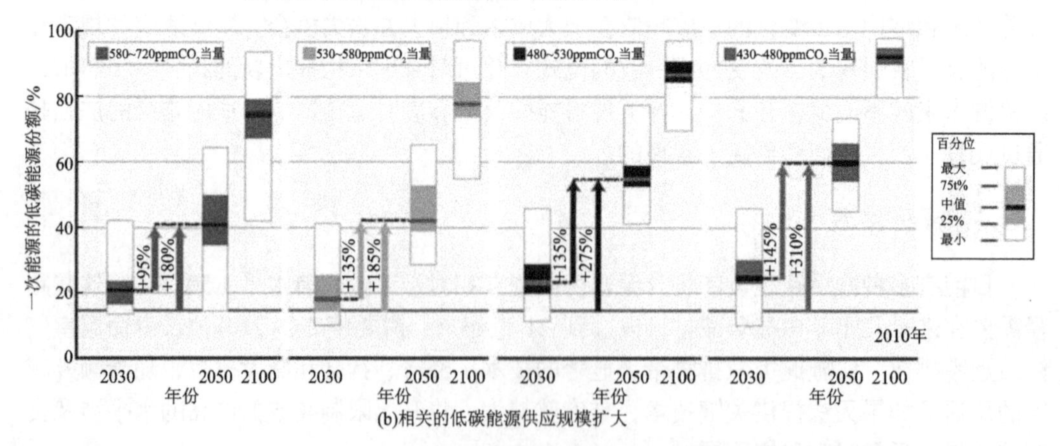

(b)相关的低碳能源供应规模扩大

图 6.9 不同长期浓度水平的基线和减缓情景

2100 年达到约 450 ppmCO_2当量的减缓情景（与可能将温度控制在相对于工业化前水平上升 2℃以内概率相一致），通常会暂时超出大气浓度值，许多在 2100 年达到 500～550ppm CO_2当量的情景也是如此。根据超出的程度，浓度过高的情景一般可依赖于 21 世纪下半叶采用生物质能结合碳捕集与封存（biomass energy carbon capture and storage，BECCS）技术的可用性及广泛使用，以及植树造林。此类能源技术及其他 CDR 技术和方法的具备与否及 CDR 技术规模大小是不确定的，而 CDR 技术面临着不同程度的挑战和风险。CDR 技术还普遍存在于许多浓度未超出的情景中，可用于抵消一些减缓成本更高的部门的残留排放（高信度）。

表 6.4　第三工作组 AR5 中收集和评估的各类情景的关键特征

<table>
<tr><th rowspan="2">2100 年 CO_2 当量浓度（ppmCO_2 当量）类别标识（浓度范围）</th><th rowspan="2">子类别情景</th><th rowspan="2">RCP 的相对位置</th><th colspan="2">相对于 2010 年的 CO_2 当量排放变化/%</th><th colspan="4">21 世纪保持低于具体温度水平的可能性（1850～1900 年）</th></tr>
<tr><th>2050</th><th>2100</th><th>1.5℃</th><th>2℃</th><th>3℃</th><th>4℃</th></tr>
<tr><td><430</td><td colspan="8">仅有少数个别模式研究探索了低于 430ppmCO_2 当量的水平</td></tr>
<tr><td>450（430～480）</td><td>总范围</td><td>RCP2.6</td><td>−72～−41</td><td>−118～−78</td><td>多半不可能</td><td>可能</td><td rowspan="6">可能</td><td rowspan="8">可能</td></tr>
<tr><td rowspan="2">500（480～530）</td><td>未出现超过 530ppmCO_2 当量</td><td></td><td>−57～−42</td><td>−107～−73</td><td rowspan="6">不可能</td><td>多半可能</td></tr>
<tr><td>出现超过 530ppmCO_2 当量</td><td></td><td>−55～−25</td><td>−114～−90</td><td>或许可能</td></tr>
<tr><td rowspan="2">550（530～580）</td><td>未出现超过 580ppmCO_2 当量</td><td></td><td>−47～−19</td><td>−81～−59</td><td rowspan="3">多半不可能</td></tr>
<tr><td>出现超过 580ppmCO_2 当量</td><td></td><td>−16～7</td><td>−183～−86</td></tr>
<tr><td>580～650</td><td>总范围</td><td rowspan="2">RCP4.5</td><td>−38～24</td><td>−134～−50</td></tr>
<tr><td>（650～720）</td><td>总范围</td><td>−11～17</td><td>−54～−21</td><td rowspan="2">不可能</td><td>多半可能</td></tr>
<tr><td>（720～1000）</td><td>总范围</td><td>RCP6.0</td><td>18～54</td><td>−7～72</td><td rowspan="2">不可能</td><td>多半不可能</td></tr>
<tr><td>>1000</td><td>总范围</td><td>RCP8.5</td><td>52～95</td><td>74～178</td><td>不可能</td><td>不可能</td><td>多半不可能</td></tr>
</table>

降低非 CO_2 气体的排放是减缓战略的重要因素。目前所有的温室气体排放和其他强迫因子都会影响未来几十年内气候变化的速率和程度，尽管长期变暖主要是由 CO_2 排放驱动的。非 CO_2 强迫因子的排放通常表示为“CO_2 当量排放”，但选择计算这些排放的计量单位及对削减各类气候强迫因子的重点和时机影响，都取决于应用、政策环境，并都含有价值判断。

更多减缓行动推迟到 2030 年会对 21 世纪升温限制在相对于工业化前 2℃以内带来显著加

大的挑战。这将要求 2030～2050 年大幅提高减排速率；在这一时期加速扩大低碳能源规模；长期更多依赖 CDR；转型影响和长期经济影响会加大。根据《坎昆协议》估算的 2020 年全球排放水平与低成本、高成效的减缓轨迹不具有一致性，而这类减缓轨迹可能将升温限制在比工业化前水平高 2℃以内，但却并不排除可满足该目标的方案（高信度）（图 6.10，表 6.5）。

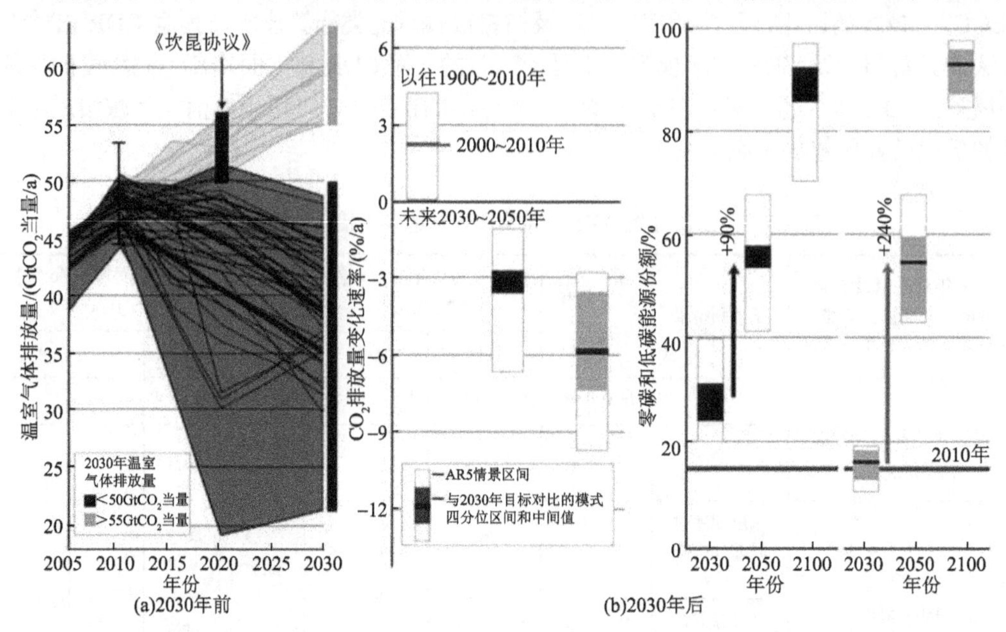

图 6.10　2030 年前后温室气体排放量和 CO_2 排放量变化速率及零碳和低碳能源份额

表 6.5　各情景下的全球减缓成本增幅

可用技术有限的情景中减缓成本增幅［相对于默认技术假设的总贴现减缓成本增幅/%(2015~2100年)］					由于额外减缓行动推迟到2030年造成的减缓成本增幅［相对于即刻减缓的减缓成本增幅 /%］	
2100年浓度/ppmCO_2当量	无CCS	核能逐步淘汰	有限的太阳能/风能	有限的生物能	中期成本（2030~2050 年）	长期成本（2050~2100 年）
450（430~480）	138%（29%~297%） 4	7%（4%~18%） 8	6%（2%~29%） 8	64%（44%~78%） 8	44%（2%~78%） 29	37%（16%~82%） 29
500（480~530）	无	无	无	无		
550（530~580）	39%（18%~78%） 11	13%（2%~23%） 10	8%（5%~15%） 10	18%（4%~66%） 12	15%（3%~32%）	16%（5%~24%）
（580~650）	无	无	无	无		

注：450与500两行的中期成本、长期成本为合并数值；550与580~650两行的中期成本、长期成本为合并数值。

符号图例 -成功生成情景的模式比例（数字表示成功模式的数量）

所有模式成功	50%~80% 的模式成功
80%~100% 的模式成功	不到 50% 的模式成功

在至少或许可能将 21 世纪的升温保持在比工业化前水平高 2°C 以内的减缓情景（2100 年 CO_2 当量浓度为 430～530ppm）下，2030 年不同温室气体排放水平对 CO_2 减排速率及低碳能源扩展速度的影响。按照到 2030 年不同排放水平对这些情景进行了分组（以不同深浅的绿色表示）。图 6.10（a）表示导致 2030 年这些排放水平的温室气体排放路径（每年 10^9t CO_2 当量，$GtCO_2$ 当量/a）。带虚线的黑点表示历史温室气体排放水平和 2010 年的相关不确定性，如图 6.10 所示。黑条表示《坎昆协议》中温室气体排放量不确定性的估算范围。图 6.10（b）表示 2030～2050 年年均 CO_2 减排率。图 6.10（b）根据近期与明确的 2030 年中期目标进行的模式间对比，将各情景的中间值和四分位区间与第三工作组 AR5 情景数据库的各情景区间进行对比。图 6.10（b）中还列出了历史排放的年度变化速度（持续了 20 多年）和 2000～2010 年年均 CO_2 的排放变化。图 6.10（b）中的箭头表示 2030 年不同温室气体排放水平下，2030～2050 年的零碳和低碳能源供应规模扩大的幅度。零碳和低碳能源供应包括可再生能源、核能和采用碳捕集与封存（carbon capture and storage，CCS）技术的化石能源，以及采用 BECCS 技术。

根据方法和假设的不同，减缓的总经济成本的估值会出现巨大差异，但会随着减缓的力度而增加。世界各国开始立即采取减缓的相关技术，所述这类情景已被用作估算宏观经济减缓成本的成本效益基准（图 6.11）。在这些假设中，可能在 21 世纪将升温限制在比工业化前水平高 2℃以内的减缓情景会造成全球消费的损失，不包括减少气候变化带来的效益，以及减缓所带来的协同效益和负面效应，相对于基线情景下的消费量（21 世纪各地从 300%增长到 900%以上），2030 年消费量损失 1%～4%（中间值为 1.7%）、2050 年为 2%～6%（中间值为 3.4%）、2100 年为 3%～11%（中间值为 4.8%）（图 6.11）。这些数字相当于与每年 1.6%～3%的基线年消费增长相比，21 世纪年消费增长下降了 0.04%～0.14%（中间值为 0.06%）（高信度）。

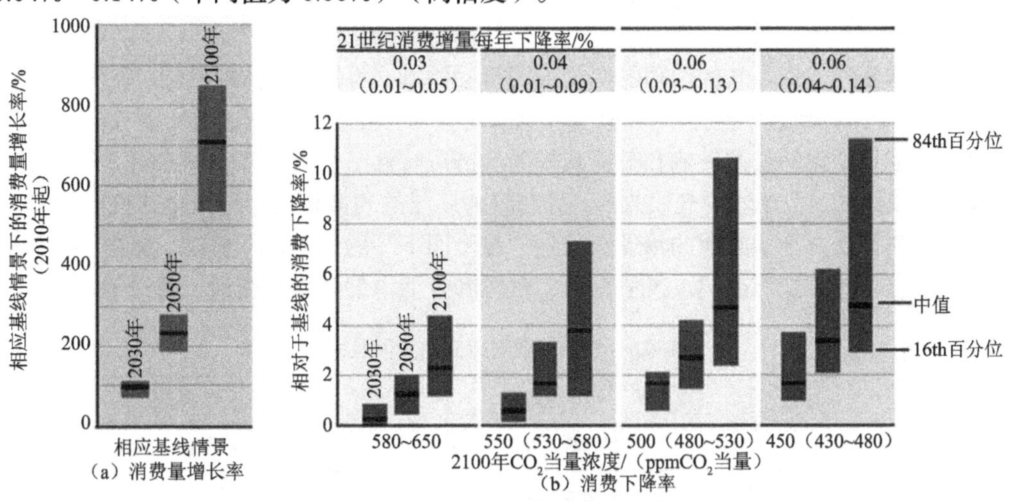

图 6.11　相应基线情景下的全球消费量增长率和消费下降率

2100 年在不同大气浓度水平下各成本效益情景中的全球减缓成本。成本效益情景假设所有国家都即刻减缓，且全球采取单一碳价，并且不会对相关的技术增加更多限制。图 6.11 中所示的消费损失是相对于没有采取气候政策的基线发展[图 6.11（a）]。图 6.11（b）顶部的表格是相对于基线中每年 1.6%～3%消费增长下降的百分点（例如，如果由于减缓使消费增量每年下降 0.06%，而基线增长为每年 2.0%，则采取减缓政策的增长率为每年 1.94%）。表中所示的成本估算并未考虑减轻气候变化带来的效益或减缓所带来的协同效益及不良作用。这些成本范围上端的估算来自灵活度较低的模式，这些模式不易实现达到这些目标所需的长期深度减排，也不易包括关于会引起成本上升的市场不完善的假设。

在减缓技术（如生物能源、CCS、BECCS、核能、风能、太阳能）缺乏或有限的情况下，根据所考虑的技术，减缓成本会大幅增加。在中长期，推迟额外的减缓行动会增加减缓成本。如果显著推迟额外的减缓行动，许多模式都不能将 21 世纪的可能升温控制在相对于工业化前水平 2℃以内。如果生物能源、CCS 及 BECCS 受到限制，则许多模式都不能将可能的升温控制在相对于工业化前水平 2℃以内（高信度）（表 6.5）。

到 2100 年达到 450～500 ppm CO_2 当量的减缓情景表明实现空气质量和能源安全目标的成本会降低，并对人类健康、生态系统影响及资源充裕性和能源系统抗御力均具有显著的协同效益。

减缓政策可降低化石燃料资产的价值并减少化石燃料出口方的收入，但不同地区和不同燃料之间存在差异（高信度）。在大多数情景下主要出口国的煤炭和石油贸易收入会下降（高信度）。CCS 的可用率会降低减缓对化石燃料资产价值的负面影响（中等信度）。

太阳辐射管理（solar radiation management，SRM）包括力求降低气候系统对太阳能吸收量的大尺度方法。SRM 未经测试，因此并没有纳入任何减缓情景中。如果使用 SRM，则会带来大量不确定性、负面效应、风险和缺陷，并产生特殊的管理和道德影响。SRM 不会降低海洋酸化。如果停止使用 SRM，具有高信度的是，表面温度会极快速地上升，从而影响对快速变化极为敏感的生态系统。

3. 适应和减缓路径的对比

气候减缓和适应是气候治理的两个不同行动领域，两者在具体的目标、空间、时间、治理模式、行动领域、气候公平和利益相关者等多方面都存在显著差异（表 6.6）。气候减缓关注气候变化的长期影响和节能减排的经济可行性。从时间和空间来看，气候减缓实现的是长期的、全球性的气候收益，具有较为广泛的利益相关者包括全球机构、政府、私人企业和公众。气候减缓的治理路径是“自上而下”的压力传导机制。减缓温室气体排放的重点领域有能源部门、工业部门、农林和生活消费领域（交通、建筑等）。

表 6.6 气候减缓与适应的异同关系

	气候减缓	气候适应
长期目标	降低气候影响，可持续发展	降低气候影响，可持续发展
行动目的	减少温室气体排放 增加碳汇	减少脆弱性 增强适应能力 开发潜在发展机会
行动特点	主动预防、计划性	主动预防性、计划性 被动应对性
时间维度	减少长期气候影响	应对当前气候风险 减少长期气候风险

续表

	气候减缓	气候适应
空间维度	全球性收益	国家性、地方性受益
政策类型	以政策规制型为主导的“自上而下”	受气候影响的利益相关者主导的“自下而上”
行动相关领域	能源、工业、农林和生活领域（如交通、建筑等）、城市规划和设计中的能源利用等	农业、旅游、健康医疗、水资源管理、海岸线管理、城市基础设施规划、生态保护等
利益相关者	以国际合作组织、中央政府、地方政府的政策制定者为主，包括产生碳足迹的企业和个人、非政府组织等	受到气候灾害影响的组织和个人，以及潜在气候脆弱群体，包括中央或地方政府的政策制定者、非政府组织等
气候公平	减排过程中的“搭便车” 发达国家通过 C D M 机制对发展中国家给予资金与技术的支持	气候脆弱地区或气候脆弱人群往往不是气候变化（碳排放）的主要推动者

气候适应是自然或人类系统在实际或预期的气候演变刺激下做出的一种调整反应。这种调整能够减轻损害或开发有利的机会。其行动目标更关注减小气候风险和脆弱性，增强气候恢复能力，以及开发潜在的发展机会。气候适应行动的受益人往往是受到气候风险影响的群体和组织，因此，气候风险预防、响应和灾后重建等适应行动具有“自下而上”的驱动力。适应气候变化的重点领域涉及农业、林业、水资源管理、海岸带、基础设施建设、人体健康和旅游等。

此外，气候适应和减缓都存在不同程度的气候公平问题。但是气候减缓政策执行中最主要的气候公平问题是减排效用的“搭便车”，即碳排放者的环境成本外部化。而适应行动的气候公平问题是高碳排放的发达国家和富裕群体，往往具有更好的适应能力；而低排放的发展中国家、欠发达国家或者贫困人群，由于缺乏资金提升气候风险的适应能力，脆弱程度更高。气候不公平在气候适应行动中表现得更为尖锐。

6.2.4　减缓和适应所降低的气候变化风险

如果不做出比目前更大的减缓努力，即使有适应措施，到 21 世纪末，变暖仍将导致高风险至很高风险的严重、广泛和不可逆的全球影响（高信度）（图 6.12）。减缓包括某种程度的协同效益及不利副作用带来的风险，但这些风险不会带来与气候变化风险同样概率的严重、广泛和不可逆的影响，相反会增加近期减缓努力带来的效益。

减缓和适应是减少不同时间尺度气候变化影响所带来风险的补充方法（高信度）。在近期及 21 世纪，减缓能够显著降低 21 世纪最后几十年及之后的气候变化影响。适应产生的效益已可以在应对现有风险中实现，也可以在未来应对新出现的风险中实现。

“五个关切理由”综合了气候变化风险并阐述了变暖和适应极限对各行业和地区的人们、经济和生态系统的影响。“五个关切理由”涉及独特且受威胁的系统、极端天气气候事件、影响的分布、全球综合影响、大尺度独特事件。

在大多数没有更多减缓努力的情景中，到 2100 年，升温多半可能超过工业化前水平 4℃（表 6.4）。升温超过工业化前水平 4℃或更高的相关风险包括大量物种灭绝、全球和区域粮食不安全、对人类日常活动的相应限制及在某些情况下有限的适应潜力（高信度）。在升温超过工业化前水平 1～2℃时，有些气候变化风险极高。例如，对独特且受威胁的系统带来的风险以及与极端天气气候事件有关的风险为中等风险至高风险。

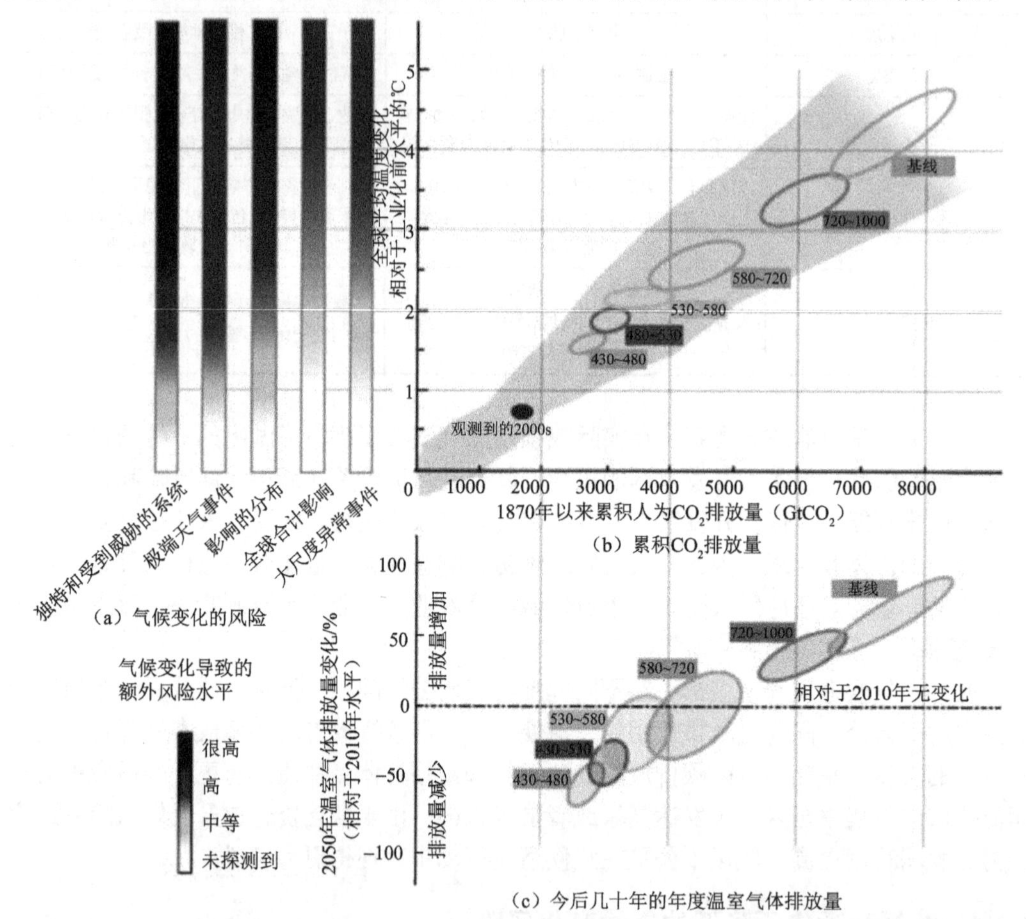

图 6.12　2050 年气候变化、温度变化、累积的 CO_2 排放量及温室气体排放变化等风险之间的关系

图 6.12 为气候变化、温度变化、累积的 CO_2 排放量及温室气体排放变化等风险之间的关系，其中图（a）重建了“五个关切理由”。图（b）将温度变化与从 1870 年以来的累积人为 CO_2 排放量（Gt CO_2）挂钩。它们都是在基线和五个情景类别（六个椭圆形）下，基于耦合模式互比项目第 5 阶段（CMIP5）模拟和基于一个简易气候模式（2100 年中值气候响应）。图（c）表示各情景类别累积 CO_2 排放量（Gt CO_2）与其到 2050 年温室气体排放量的相关关系，以相对于 2010 年的百分比变化（每年 Gt CO_2 当量百分比）表示。这些椭圆形对应图（b）中所列的相同情景类别，且以类似方法建立。

在未来几十年显著减少温室气体排放可限制 21 世纪下半叶及之后的变暖，从而显著减轻气候变化的风险。21 世纪末期及之后的全球平均表面变暖主要取决于累积的 CO_2 排放。限制“五个关切理由”的风险意味着限制 CO_2 的累积排放。此类限制需要将全球净 CO_2 排放量最终降至零，并在未来几十年限制年排放量 （高信度）。但有些气候损害导致的风险则不可避免，即使采取减缓和适应措施。

减缓包括一定程度的协同效益和风险，但这些风险并不包括与气候变化风险一样的严重、广泛和不可逆的影响。经济和气候系统的惯性及气候变化不可逆影响的可能性可提高近期减缓工作的效益（高信度）。推迟采取更多减缓措施或对技术方案的限制都会增加旨在将气候变化风险控制在给定水平的长期减缓成本。

6.3　减缓气候变化的经济技术潜力

6.3.1　减缓气候变化的社会经济影响

1997 年在日本京都签署的《京都议定书》，对工业化国家温室气体的排放规定了减排和（或）限排目标。这一目标并非是为了将大气 CO_2 浓度稳定在某一特定水平，但却是人类社会减缓气候变化所迈出的第一步。围绕这一目标的实现，各国开展了大量的经济学分析，尤其是对各国的经济影响。

1. 对工业化国家的影响

工业化国家实施《京都议定书》的成本，主要取决于《京都议定书》灵活机制的使用，以及它们与国内外措施相互作用的假设。多数研究采用自上而下，即宏观层面的国际能源经济模型，分析并比较了在世界各个主要地区采取减排措施对 GDP 的影响。

1）发达国家

发达国家（主要指 OECD 成员国）的减排或限排总量是一定的。原则上讲，一个国家可以在其疆域内实施减排，也可以在国外减排或从其他国家购买温室气体排放许可份额来实现其减排目标。但是，在实践中，有的国家（如欧盟的一些主要国家）倡导国内减排，而不鼓励在国外减排，以防止碳泄漏，即减排数额并没有真正实现，而是将排放转移到了其他没有限制排放的国家。因此，分析中需要做大量的假定，例如是否允许发达国家之间的完全开放式的碳排放贸易。在不同的假设条件下，分析估算所得到的经济成本差别较大。如果不允许工业化国家内部的排放贸易，这些国家在 2010 年 GDP 的损失为 0.2%～2%。如果实行工业化国家内部的完全排放贸易，预测 2010 年 GDP 损失为 0.1%～1.1%。这些估算可能偏高，因为分析中没有包括采用清洁发展机制（clean development mechanism，CDM），即发达国家以较低成本在发展中国家实施减排而获得减排份额；也没有包括无悔措施所实施的减排。因为即使在发达国家，也还有许多通过提高能源效率减排而在实际上获得收益的机会。例如，英国石油公司所实施的减排，就是在没有额外成本的条件下实现的。此外，在现有的宏观经济分析中，多没有考虑温室气体减排所带来的共生效益。例如，卫生健康和生物多样性保护。所以，实际上，发达国家实施《京都议定书》目标对其国民经济的影响不是特别大。

OECD 国家中，美国的损失相对于欧洲和日本来说，略为高些。按美国的估算，其损失成本可高达 GDP 的 4%，而且还会造成 400 万个就业机会的损失。这主要是因为美国的人均能源消费量高，碳排放量超出欧盟和日本的 1 倍，大规模减排，势必对经济和人们的生活产生不利影响。另外，欧盟和日本的经济发展已经趋于饱和，因土地面积的约束和人口增长趋于停止，物理扩张的余地十分有限。而美国则不然，经济外延扩张的物理空间还非常大，而且人口还在不断增长，因此对碳排放的需求必然高于欧盟和日本。这也是为什么美国退出《京都议定书》的一个内在原因。但从各个国家温室气体减排的边际成本看，由于日本的能源效率已经处于较高水平，日本减排温室气体的单位成本较高；欧盟由于奉行高能源税政策，能源效率也比较高；由于美国的能源消耗量大，能源税率比较低，温室气体减排的边际成本低一些。

分析表明，《京都议定书》所规定的弹性履约机制，可减少一些发达国家实现减排目标可能产生的高额成本风险。由于各个国家的边际减排成本存在较大差异，减排成本高的国家可以从减排成本低的国家获得减排份额，补充国内机制，降低成本。在没有排放贸易的情况下，执行《京都议定书》目标的成本为每吨碳 20～600 美元。排放贸易可以使减排成本降至每吨碳 15～150 美元。这些机制能够降低多少成本取决于实施的细节、国内机制与国外机制的互补、约束条件及交易成本。

2）经济转型国家

在 1990 年前后，前苏联和部分东欧国家实现了工业化，能源消费和人均碳排放均处于较高水平。由于这些国家在工业化进程中没有重视技术进步和能源效率的提高，工业规模的扩张主要靠传统技术的应用。在这些国家开始放弃计划经济体制，逐步转向市场经济。在经济体制转型的过程中，原有的经济系统被破坏，新的体制的建立需要时间，因而经济长期处于下滑状态，这就使这些国家的能源消费和碳排放处于一种下降状态，现实排放比计划体制终结时的排放低出许多。而《京都议定书》所选用的碳排放基准年份，又是以这些国家终结计划体制时的 1990 年或靠近年份的排放水平为参照的。

在这样一种有利情况下，绝大多数经济转型国家实现《京都议定书》的目标，对 GDP 的影响从忽略不计到增加几个百分点不等。这是因为，即使这些国家终止自 1990 年以来的经济下滑状态，而且恢复到 1990 年的经济水平，由于能源效率的提高和经济结构的调整，也不可能排放 1990 年水平的碳量。这就意味着，它们有余额可以参与市场交易。假设能源效率大幅度提高和（或）一些国家经济继续衰退，《京都议定书》对这些国家的规定目标，实际上是给这些国家以大量的碳排放资源。这样，这些国家不仅不用减排，还可以大量出卖其多余的排放额度。结果显示，这些国家通过对分配数量进行排放贸易获得收入，因而其 GDP 不仅没有降低，反而还会有所增长。

2. 对发展中国家的影响

根据共同但有区别的责任的原则，《京都议定书》不仅没有规定发展中国家减少和（或）限制排放温室气体，而且还要求发达国家通过资金与技术援助，帮助发展中国家在实现可持续发展的前提下，提高能源效率，减少温室气体的排放。但这并不意味着对发展中国家没有经济影响。在经济全球化的时代，发达国家的经济影响可以通过国际贸易直接传递到发展中国家。而且，CDM 还会对发展中国家的可持续发展和能源效率的提高产生积极影响。然而，由于发展中国家的经济结构差异巨大，对不同的发展中国家，经济影响也有所不同。

1）石油输出国组织

石油输出国组织（Organization of Petroleum Exporting Countries，OPEC）的国家以

石油出口为主要收入来源，而石油是含碳量高的矿物能源，因而发达国家减排或限排温室气体，必然要影响石油的进出口。在世界原油市场，发达国家是石油的主要需求方。2001年全世界石油进口总量约 16×10^8t，其中美国为 4.6×10^8t，欧盟为 4.5×10^8t，日本为 2.1×10^8t，约占世界进口总量的3/4。发达国家减排的一个结果就是石油消费的减少，需求降低必然导致国际市场上石油价格的下降和石油出口的减少。

对于以石油输出为国民经济主导产业的国家，预期石油收入的减少必然影响这些国家的财政收入。一般来说，发达国家的减排压力越大，减排量越高，对石油的需求就越低，对石油输出国的不利影响就越大。有一个研究结果表明，2010年，在没有排放贸易的情况下，OPEC国家GDP的损失为0.2%。在允许发达国家实施碳排放贸易时，发达国家的石油需求下降幅度要低一些，因而OPEC国家GDP的损失相应说来就会低一些，为0.05%。对于OPEC国家的石油收入来说，未实施碳排放贸易的国家对其影响更大、更为直接。2010年，在没有排放贸易的情况下，石油收入损失最高可达25%，在允许发达国家实施碳排放贸易时，石油收入损失最高为13%。

由于发展中国家并没有限制温室气体的排放，其经济增长必然需要大量的石油消费。因此，OPEC国家可以开拓新的市场，增加对其他发展中国家的出口，从而抵消部分不利影响。因此，估算结果可能夸大了对这些国家的影响和总成本。此外，OPEC国家可以通过取消矿物燃料补贴，根据碳含量调整能源税收，增加天然气的使用及经济多元化，进一步减少可能受到的不利影响。

2）其他发展中国家

由于发达国家履行《京都议定书》目标对包括石油和天然气在内的高碳产品进口的减少，发达国家对高碳产品的出口价格将有所提高，对发展中国家的进口造成不利影响。但是，由于石油市场价格的下降，发展中国家将从燃料价格降低、增加高碳产品的出口和转让环境友善技术中受益。按照《京都议定书》的规定，通过参与实施CDM项目而获得资金和技术转让，发展中国家是受益者。但需要指出的是，发展中国家所受的影响多是间接的，处于从属地位。如果发达国家的减排成本高，便有可能促使发达国家的资金和技术向发展中国家流动；如果发达国家通过技术改进和增加国内碳汇，CDM对发展中国家经济的促进作用将十分有限。

3. 对部门经济的影响

由于温室气体的排放主要来自矿物能源的燃烧和森林碳库的减少，因此，实施温室气体减排，矿物能源生产、消费及森林采伐部门受到的不利影响较为直接。一旦采取减排政策，石油和天然气行业，尤其是煤炭行业，以及产品能源强度高的原材料部门如钢铁、水泥、其他建材，将更可能遭受经济损失。由于限制森林采伐以减少植物碳素释放到大气，森林采伐和木材行业的发展将受到限制。

在能源生产部门，能源结构将发生变化。高碳含量的煤炭将受到限制，被碳含量较低的而且更为清洁的石油和天然气所替代。天然气的生产和消费将具有更大的市场竞争力，因为它在矿物能源中碳含量最低，清洁特性最优。碳税和碳排放许可贸易会使低碳和无碳能源凸现一定的竞争力。如果不考虑温室气体减排，风能和太阳能等可再生能源难以与常规矿物能源竞争。由于需要减缓气候变化，这些新能源很可能得到政府财力支持，或成为补贴对象，从而有能力参与市场竞争。

由于造林和森林保护可以吸收和固定大气 CO_2，林业和土地利用的碳汇功能已经受到社会关注，从而吸引大量的公共和私营部门的投资。实际上，许多发达国家试图通过增加森林面积来实施减排目标，降低减排成本。在一些 CDM 项目中，林业部门也占有较大的比例。而其他产业，包括可再生能源产业和服务业将可能得到政策鼓励，在价格和税收上得到优惠待遇，因而竞争性增强，可以获得本来会投向碳强度大的部门的更多资金和资源，而得到长足发展。

6.3.2　经济发展对减缓的约束力

1. CO_2 排放增长量

《BP 世界能源统计年鉴》（2017 版）列出了评估全球处于不同经济发展阶段的地区 CO_2 排放增长量（表 6.7），2016 年全球 CO_2 排放增长量为 33432.0×10^6t，其中非经合组织 CO_2 排放增长量为 20857.7×10^6t，占 2016 年全球 CO_2 排放增长量的 62%；OECD 国家 CO_2 排放增长量为 12574.4×10^6t，占 2016 年全球 CO_2 排放增长量的 36%。这表明帮助发展中国家使用低碳或无碳技术，减少发展中国家 CO_2 排放量的增长，将是决定未来全球控制 CO_2 排放量增长行动能否成功的关键。

表 6.7　全球不同经济发展阶段的地区 CO_2 排放增长量　　单位：10^6t

年份	全球	OECD	非经合组织	欧盟	独联体
2012	32759.6	12920.3	19839.3	3738.5	2379.3
2013	33226.1	12979.8	20246.3	3654.7	2309.1
2014	33342.5	12804.1	20538.4	3442.7	2312.2
2015	33303.9	12665.9	20638.0	3477.0	2230.6
2016	33432.1	12574.4	20857.7	3485.1	2220.4

资料来源：2017 版《BP 世界能源统计年鉴》

总之，从历史责任来看，自工业革命以来的 200 年间全球温室气体排放的绝大部分源自于发达国家，至今大部分温室气体仍在其存留期内，并持续不断地通过累积效应对今天的气候产生影响。从现实责任来看，发达国家温室气体年排放量仍占全球排放总量的 70% 以上，远远大于发展中国家。发达国家人均碳排放量更远远高于发展中国家。从未来排放趋势看，发达国家人口增长率低甚至出现负增长，与高人均收入相对应的人均碳排放量也逐渐进入稳定阶段，而发展中国家的人口增长率较高，为满足摆脱贫困和社会经济发展的需要，人均碳排放量呈现增长趋势，在全球温室气体总排放中所占份额也将大幅增加。

毫无疑问，石油制品在燃烧时要排放 CO_2，而电力的一半以上也是通过煤炭、石油、天然气等矿物燃料燃烧发热转换来的，因此，消费电力也就间接地排放 CO_2。从这个意义上可以说，20 世纪是石油和电力的世纪，同时，也是 CO_2 大量排放的世纪。直到 20 世纪末期，人类才认识到这个事实，正是由于 CO_2 的大量排放，才造成了 21 世纪全球变暖的危机，对减缓气候变化产生了约束力。

2. 能源消耗增长量

能源是世界经济运转的动力，经济发展需要一定量的能源保障，而且从历史看，需要以能源消耗的增长为前提条件。以大规模生产和大量消费为特征的工业社会带来了经济的繁荣和社会的进步，但同时也不可避免地带来了资源的大量消耗和废弃物的大量排放，引发了严重的资源危机和环境危机。

18 世纪中叶的工业革命以来，矿物燃料的消费急剧增大。初期以煤炭为主，进入 20 世纪以后，特别是第二次世界大战以来，石油及天然气的开采与消费开始大幅度地增加，并以每年 2×10^8t 的速度持续增长。1900 年全世界能源的总消费量相当于 7.75×10^8t 标准煤，到 2017 年就达到了大约 140×10^8t 标准煤。在过去的 117 年时间里，世界能源消耗量增加了约 20 倍，按照国际能源机构的预测，在未来 25 年内，世界能源需求还要增加近 1 倍。其间，发达国家能源消费增长速度将放慢，但其在世界总量中仍占相当比重；以亚太地区为主的发展中国家能源消费依然处于增长状态。同时，由于石油、煤炭等矿物能源的可耗竭性，其储量最终将无法满足世界不断增长的需求，供需矛盾将更为激烈。从当前世界能源消费结构看，石油、煤炭等矿物能源占能源消费总量的 80%以上。按当前的能源生产和技术状况，在未来 20 年内，这种能源消费格局不可能从根本上加以改变，届时 CO_2 的排放量与 1990 年相比增加 72%，温室效应将更加严重。

总之，虽然能源的消耗客观上刺激了经济的发展，推动了社会的进步，但它所带来的资源和环境负效应没有得到全球社会的广泛重视，同时对减缓气候变化产生了约束力。

6.3.3　减缓气候变化进展

减缓气候变化离不开技术的发展，减缓气候变化技术是指有益于减缓全球气候变化的技术，包括减少温室气体排放技术、增加碳汇技术及 CCS 技术。在全球范围内减少温室气体的排放量，从而降低全球的温室效应，是目前减缓气候变化最重要的工作之一。因此，致力于降低全球大气温室气体浓度的相关技术是气候变化减缓行动的关键技术。

通过相关组织或研究计划全面地归纳了主要的气候变化减缓技术。

1. 提高能源利用效率技术

能源效率的提高不仅是温室气体减排的主要途径，而且是国家经济发展自身的需求。从世界范围看，各国都将提高能源利用效率作为能源战略的重点，并投入大量资金，加强能源新技术的研究开发，力图抢占未来国际竞争的制高点。例如，美国制定的“安全可靠清洁利用”的可持续发展能源战略，将提高能源效率和利用替代能源作为主要组成部分。美国自 1987 年开始实施的“清洁煤技术计划”，至 1993 年投资 69 亿美元，是美国政府最大的创新计划，其目标是到 2010 年使燃煤发电的热效率达到 55%。欧洲国家的能源战略或能源政策虽与美国有所不同，但其重点是相近的，即在保障能源可靠供应的前提下提高能源效率，发展替代和可再生能源，实现能源多元化和减少碳排放。

高效和清洁地利用能源是我国能源可持续发展战略的重要内容。1994 年制订的《中国 21 世纪议程》对我国的能源发展战略进行了高度的概括："贯彻开发与节约并重，改善能源结构与布局；能源工业的发展以煤炭为基础，以电力为中心；大力发展水电，积极开发石油、天然气，适当发展核电，因地制宜地开发新能源和可再生能源；依靠科技进步，提高能源效率，合理利用能源资源，减少环境污染"。中国作为发展中国家，根据《公约》和《京都议定书》的规定，没有承担温室气体减排义务。但自 20 世纪 80 年代，中国通过不懈的努力，实施有利节能的政策，使能源效率得到大幅度的提高。

2. 低碳排放技术

开发利用新能源和可再生能源，替代高碳密度的矿物能源，也是实施温室气体减排的重要手段。从技术上讲，许多新的再生能源如水能、风能等属于无碳能源，不仅不会枯竭，而且清洁、无粉尘。

根据估算，从长远看，这些低碳或无碳的清洁能源的技术潜力十分巨大，每年可提供的能源可达 1000×10^8t 标准煤。相对说来，地热和潮汐能的总供给技术潜力较为有限，地域特征明显，不可能在没有海滩潮汐和地热资源的地方利用这些可再生资源，而且在规模上也不可能与常规的矿物能源生产相比。风能和水能均有较大的资源潜力，而且分布范围也较为广阔，在条件许可的地方，规模也可以较大。仅就水电来看，远景发电能力每年可达相当于 44.35×10^8t 标准煤，目前中国的商品能源消费总量约为 13×10^8t 标准煤，加上非商品能源，全年的能耗总量也只有 16×10^8t 标准煤。1998 年全世界商品能源消费总量折合标准煤约为 137×10^8t。如果水电的远景技术潜力能够得到充分实现，则全世界商品能源消费总量的 30%可以由水电来提供。但大中型水电利用工程也受到经济、环境等方面的制约，一般来说，大中型水电站投资大，建设周期长，淹没损失大，而且对当地的生态环境也有不利影响。由于季节和年度降水量的不均衡，水能的供给也可能出现较大的波动性。风能发电在远景技术潜力上，与水电大略相当，但风力不仅有季节和年际变化，而且日变幅也十分巨大。如果在电力贮存上没有技术上的突破，风能的保证出电额度必将大打折扣。

3. 增加碳汇技术

碳汇，一般是指从空气中清除 CO_2 的过程、活动和机制。碳汇是大自然自我清除 CO_2 的过程，相对于用工业的方式来减缓气候变化来说，碳汇成本较低，特别是森林碳汇。

森林碳库的保护和增容，可以将大量的碳固定于森林生物量中；木材对能源和原材料的替代，可以有效地避免大量矿物能源的消费和温室气体的排放。当然，生物质能的燃烧也会释放温室气体，但这种释放是中性的，因为生物质能所释放的温室气体又可以为森林吸收固定。正是由于森林对气候变化的这一遏制效应，其碳汇功能在《公约》和《京都议定书》中都有明确肯定，在《公约》第六次缔约方波恩会议上，允许作为一种积极的、可以计入减排量的减排手段。

6.4　减缓气候变化的国际合作

6.4.1　《联合国气候变化框架公约》谈判

气候变化不仅涉及全球环境领域，更涉及人类社会的生产、消费和生活方式，以及发展空间、生存空间等社会和经济发展的各个领域。应对全球气候变化，缓解其对人类社会的不利影响，需要世界各国的共同努力和一致行动。减缓气候变化一直是国际合作的焦点。

《公约》于 1992 年达成以来，世界各国围绕《公约》的有效实施开展了长达 20 年的谈判，然而围绕这一“强多边主义”机制的谈判举步维艰。与此同时，《公约》外出现了多种与减缓气候变化主题相关的多边治理机制，多元化的治理主体在市场、资金、技术、贸易等议题中的权力各有消长。《公约》和《公约》外的这些机制共同构成了应对气候变化的国际制度安排。《公约》作为联合国框架下唯一的、全球广泛参与的应对气候变化基本制度，其谈判和确立的全球合作格局逐渐受到来自《公约》外各种机制的影响。

1. 《联合国气候变化框架公约》框架内减缓气候变化合作

《公约》是世界上第一个为全面控制 CO_2 等温室气体排放，以应对全球气候变化给人类经济和社会带来不利影响的国际公约，也是国际社会在应对全球气候变化问题上进行国际合作的主渠道和基本框架。《公约》于 1994 年 3 月 21 日正式生效。截至 2012 年，公约已拥有 194 个缔约方。

《公约》提出以“共同但有区别的责任和各自的能力”作为应对气候变化国际合作的基本原则。在第四条“承诺义务”条款的相关规定中，将缔约方划分为两组，即附件 I 国家和非附件 I 国家，并为其规定了“有区别的”承诺义务。其中附件 I 国家除了承担非附件 I 国家承诺的一般性义务之外，还必须率先采取行动改变其人为排放的长期趋势，它们的第一步行动是必须在 2000 年底之前将各自的温室气体排放量恢复到 1990 年的水平。为了进一步区别附件 I 名单中的工业化国家和经济转型国家，《公约》将其中的工业化发达国家单列出来形成附件 II 国家，并为附件 II 国家规定了额外的承诺义务，即对发展中国家减缓和适应气候变化提供资金和技术援助。对非附件 I 国家，《公约》提出“发展中国家缔约方能在多大程度上有效履行其在本《公约》下的承诺，将取决于发达国家缔约方对其在本《公约》下所承担的有关资金和技术转让的承诺的有效履行，并将充分考虑经济和社会发展及消除贫困是发展中国家缔约方的首要和压倒一切的优先事项”。随后的《京都议定书》正式形成了附件 I 国家承诺“自上而下”、具有法律约束力的减限排目标，非附件 I 国家采用自愿承诺（即“自下而上”）的、无法律约束力的形式开展减缓行动的机制，同时南北双方[①]在适应、资金和技术方面开

① “南”指发展中国家，“北”指发达国家。

展合作和支持工作。

国际气候谈判正式进行二十多年以来，应对气候变化国际合作的背景发生了某些变化。一是发达国家履行《京都议定书》义务不力，美国退出《京都议定书》，日本、澳大利亚、加拿大等伞形国家的排放不降反升，发达国家开始抛弃《公约》的原则，努力转移目标；二是从 2008 年起非附件 I 国家的能源活动、温室气体排放量开始超越附件 I 国家，而且“剪刀差”持续扩大。发达国家要求建立全球统一减排机制的要求越来越明显，国际气候谈判相关进程中（图 6.13），2007 年《巴厘路线图》以来的国际谈判也慢慢向这个方向靠拢。2011 年底通过的“德班增强行动平台”要求从 2012 年起，就包括所有缔约方的“议定书”、“其他法律文书”或“经同意的具有法律约束力的成果”进行谈判，2015 年结束谈判，2020 年生效。届时排放大国很可能与发达国家一起在同一框架下履行具有法律约束力的减限排义务，发展中国家将受到很大约束。

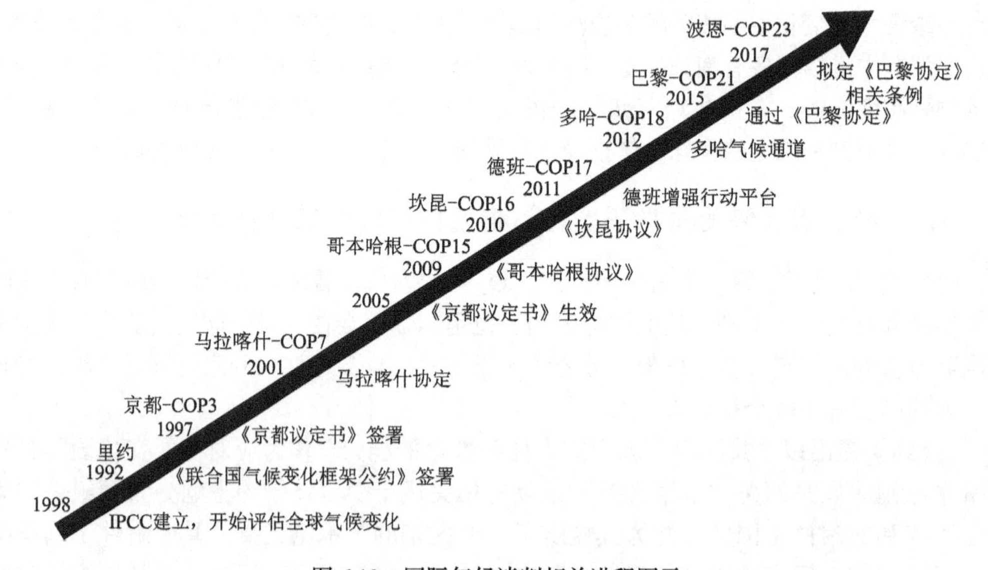

图 6.13　国际气候谈判相关进程图示

2. 《联合国气候变化框架公约》外其他双边及多边减缓气候变化合作机制

减缓气候变化还是《公约》之外诸多多边、双边协商机制的关注热点问题。2007 年，时任美国总统小布什邀请温室气体排放量居前的 15 个经济体参加关于全球气候变化问题的国际会议，启动了主要温室气体排放国在《公约》外的谈判。2009 年，这一机制在时任美国总统奥巴马的倡议下，形成了“主要经济体论坛”（Major Economies Forum，MEF）。国际社会陆续建立了针对《公约》下各谈判议题的多边协商机制，包括联合国高级别气候变化筹资问题咨询小组（Hight-Level Advisory Group on Climate Change Financing，AGF）等。这些多边协商机制在《公约》外开辟了新的国际合作渠道，对《公约》作为全球应对气候变化合作主渠道的地位产生了潜在影响。此外，八国集团（Group8，G8）、二十国集团（Group20，G20）、亚洲太平洋经济合作组织（Asia-Pacific Economic Cooperation，APEC）、国际海事组织

（International Maritime Organization，IMO）、国际民用航空组织（International Civil Aviation Organization，ICAO）等国际集团和组织也纷纷涉猎气候变化议题，通过集团共同立场或国际组织决议对联合国框架下的气候变化机制形成影响。

《公约》外与应对气候变化问题相关的多边协商机制可以分为两大类：一类是根据《公约》下谈判议题衍生出来的，如联合国秘书长气候变化融资高级咨询组，这类通常是新建的机制；另一类是既有的国家集团和国际组织，因自身发展的需求而关注气候变化问题，这类通常是在已有平台上扩展到气候变化领域的。根据多边机制涉及的国家范围，又可以区别为全球性或者区域性两类，这在一定程度上反映了多边机制的影响力。其中，在全球性多主题机制中，根据其组织性质，又可以分为政治性多边机制和专业性多边机制两类，前者通常会就气候变化的各方面问题进行讨论，如 G20；后者只会对气候变化与其本身专业职能相关的领域进行讨论，如 IMO 与国际航海的排放问题。多主题区域性多边机制对气候变化问题的关注与政治性的全球性机制类似，通常只是在气候变化问题引起本区域强烈反应时才特别关注，但与全球性机制不同的是，区域性的机制通常会就气候变化问题中某些特定主题表达集团立场，而不仅仅是原则性立场。例如，美洲玻利瓦尔联盟（Bolivarian Alliance for the People of Our America，ALBA）在 2009 年哥本哈根气候变化大会前举行的第七次首脑峰会上，就明确提出发达国家要在本国国内实现温室气体的大幅减排，落实对发展中国家的技术转让和资金支持；在哥本哈根气候变化大会后召开的第八次首脑峰会上强烈谴责了发达国家破坏谈判进展，要求发达国家做出具有法律约束力的减排承诺，减少本国的温室气体排放，要求其落实技术转让的义务并消除知识产权的困扰，遵守并保证有效地提供充足、可预测、可持续的、与其 GDP6%相当的公共资金来支持发展中国家应对气候变化的行动，反对建立基于市场机制的减排模式等非常鲜明、具有针对性的集团意见。

6.4.2　谈判焦点

由于气候变化问题毫无疑问延伸到社会、经济、政治等各个领域，同时受到各个国家不同利益的取舍和相互交叉的国际关系制约，每取得一定的共识和阶段性成果并非易事，需要通过多方面的协调和一定程度的妥协。即便是今后的谈判取得新的进展，达成更多的妥协和共识，或是签署更多的协议，但发展中国家与发达国家在气候变化问题上固有的矛盾和分歧难以消除或弥合，同时新的矛盾与分歧也会随着谈判的进一步深入产生出来。因此，发展中国家与发达国家在气候变化问题上的政治较量和利益博弈将趋于常态化和长期化，气候变化问题的国际政治较量将会更加激烈，成为各国外交活动和对外政策不可或缺的重要内容，是多边或双边国际会议广泛涉及的议题。

1.《京都议定书》的原则问题

1）“共同但有区别的责任”原则

“共同但有区别的责任”原则是以全球气候变化为背景，强调每个国家，不论发展水平高低，共同对全球气候变化承担责任，初衷是推动世界各国共同采取切实行动应对气候变化，拯救人类赖以生存的气候环境。但是，气候变化谈判进程走到今天，存留的难点有的是由来已久老问题的延续，如在减排问题上依然围绕在“共同但有区别的责任”原则上的争论不休，使减排谈判停滞不前；有的是老问题近期演绎出的新问题，如发达国家对“巴厘岛路线图”的“叛离”，以及个别国家在《京都议定书》第二承诺期立场上的倒退，导致谈判政治环境发生了一定的变化，气候谈判机制有蜕变的风险，因而联合国气候大会能否“善终”在很大程度上取决于《京都议定书》的存废和个别国家能否回归到“巴厘岛路线图”上。由于《京都议定书》为发达国家设定了强制的减排责任和援助发展中国家的义务，发达国家尤其是美国便开始为谈判设置障碍，导致谈判机制效率不高和决策艰难。

2）公平原则

温室气体排放及其气候变化后果改变了全球福利水平，导致气候成本与收益在不同群体和个体之间的重新分配，因此与气候相关的国际谈判和交涉必定会涉及公平问题。近年来，公平问题在国际气候谈判中也越来越受到各界的关注。讨论的两大前提是：全球碳排放空间的有限性；未来气候风险的不确定性。与此相对应，国际气候治理需要解决两大公平议题：确定全球减排目标，分配碳排放权或分担减排责任；明确气候变化的成本和收益，分摊适应成本。2009 年 12 月，《公约》第十五次缔约方会议（也称哥本哈根气候变化大会）在丹麦首都哥本哈根召开，各方就 2012 年后如何应对气候变化问题达成了《哥本哈根协议》，原则上接受全球升温不能超过 2℃的目标。这一政治共识在 2010 年底召开的《公约》第十六次缔约方会议上由《坎昆协议》得到进一步的确认和推进。然而，由于各主要缔约方的利益分歧没有从根本上得到解决，目前还无法真正达成一个各方共同接受的、有法律效力的气候协议。

2.《京都议定书》第二承诺期

《京都议定书》通过的“共同但有区别的责任”原则曾被一些非政府组织人士认为是发展中国家争取自身排放权的“胜利”，在 2012 年《京都议定书》到期的后京都时代，能否延续《京都议定书》的框架，是国际气候谈判最受关注的谈判焦点之一。在德班联合国气候大会上，发达国家与发展中国家在是否延续《京都议定书》等问题上分歧严重，再次上演了激烈争论的一幕。

《京都议定书》第二承诺期的谈判过程进展缓慢并充满波折，总的形势可以概括为一个主旋律，两段小插曲。谈判集中体现了发展中国家和发达国家间的南北矛盾这一主旋律，但其中也夹杂着部分发达国家坚定支持《京都议定书》“自上而下”设定量化减排目标的减排模式和部分发展中国家要求扩大承担减排义务的国家范围这两段插曲。自《京都议定书》特设工作组（AD Hoc Working Group on the Kyoto Protocol， AWG-KP）设立以来，发达国家总体上缺乏进一步承担减排义务的政治意愿，企图摆脱《京都议定书》强制减排模式为自身松绑，竭力阻挠、迟滞该工作组进程，并借口《公约》诞生 20 年来世界经济和国际温室气体排放格局发生重大变化，意图向发展中国家转嫁减排义务。而发展中国家总体上坚持谈判应按照缔约方第一次大会（Conference of the Parties 1，COP1）的一号决议授权进行，要求发达国家按照“共同但有区别的责任”原则和历史责任，继续率先量化减排，要求发达国家到 2020 年至少在 1990 年基础上减排 40%，但发展中国家集团内部利益取向逐渐多元化，在减排问题上立场分化，难以对发达国家形成一致和有力的反制。谈判多年来几乎没有实质进展，甚至连《京都议定书》本身是否要继续存在都成为争论焦点。

6.4.3　减缓气候变化与可持续发展

虽然没有特别精确、被广泛接受的关于可持续发展的定义，这个理念意味着经济发展应该与其他目标诸如脱贫、环境保护、就业、安全和公平相协调和融合。一段时间以来，新的概念不断翻新，包括“绿色增长”“绿色经济”，这些概念都反映了将多重目标最大化的理念。发展中国家的国情千差万别，发展重点各不相同，因此一直以来赋予可持续发展不同的内涵，但不容否认的是，随着气候变化问题及其影响不断凸显，发展中国家也认识到高能耗、高污染、高排放的经济发展模式是不可持续的，应对气候变化逐渐成为可持续发展的重要（但不是唯一）的内容。

在可持续发展框架下，包括中国在内的许多发展中国家都付出了巨大努力支持气候变化减缓工作，这些政策和行动在本质上有多重含义：一方面，在很多情况下这些政策的初始或中心目标并不是减缓本身，而是可持续发展框架下的其他目标；另一方面，这些“非气候变化政策”实际上几乎覆盖了所有减缓措施，如节能和能效提高、发展低碳能源、植树造林增加碳汇等。发达国家应对气候变化政策也并不将气候变化作为唯一目标来说服民众，而是更渲染这些政策在能源安全、产业竞争力、就业及健康方面的效益。这种广泛的实践使得国际社会包括学术界接受了气候政策的多目标性及相关气候政策的概念。

1. 清洁发展机制

《京都议定书》的清洁发展机制（clean development mechanism，CDM）为发展中国家提供了减缓排放同时促进发展的机会。中国和印度是最大的经核证的减排量供应国。中国注册的 CDM 项目主要分布在水电、风电、工业废气和余热的回收利用、垃圾填埋气和煤层气回收利用等领域，促进了政府鼓励这些行业的发展。但是对 CDM 项目的额外性、可持续性及其他社会效益的评价也存在一定负面声音。

1）概念

CDM 是《京都议定书》中引入的灵活履约机制之一。它允许《京都议定书》附件Ⅰ国家（38 个工业发达国家）与非附件Ⅰ国家（大多为发展中国家）开展 CO_2 等温室气体减排项目合作。发达国家通过提供资金和先进技术设备在温室气体减排成本较小的发展中国家实施 CDM 项目，获得一定数量的额外减排额，帮助其实现《京都议定书》规定下的部分减排义务，同时帮助项目东道国实现可持续发展。因此，CDM 是一种“双赢”的国际合作机制。

2）实现 CDM 途径

①从投资角度分析

CDM 的目的是使减缓气候变化的潜力和可持续发展收益两者同时达到最大化，

CDM 是基于市场的行为，很大程度上要遵循外商直接投资的模式，然而又不同于普通的外商直接投资项目，因为它可以产生外在的促进可持续发展的投资，从而实现 CDM 项目实施国家环境的改善，支持本国的优先发展战略，实现保护生物多样性、保护植被、可持续地利用土地、保护水资源、减轻大气和水体污染程度、减少消费矿物燃料、增加城市中可再生能源利用比例及改进能效等目标，进而增加项目国家居民收入，提高偏远地区居民的生活质量，实现技术转让和能力建设，并使 CDM 项目带来的负面影响最小化。

②从项目角度分析

每一个潜在的 CDM 项目都需要用一套衡量可持续发展的指标体系来对其评估，这包括在东道国本国法律中所规定的对项目进行环境影响评价和社会影响评价，同时项目涉及不同的利益相关者时，还需要建立一套公正、透明的决策体制，如印度、中国等在做案例研究时，都针对具体的 CDM 项目建立一套可持续发展指标体系，评估 CDM 项目所带来的可持续发展收益。这些研究表明，如果把可持续发展目标纳入 CDM 项目的评价标准里面，那么实施 CDM 项目确实可以促进地方和国家的可持续发展。

③从国际开发机构角度分析

CDM 不仅为发展中国家带来新的投资，也带来先进的符合可持续发展要求的技术，为了确保 CDM 项目能够带来可持续发展收益，东道国要建立一套监测 CDM 项目是否满足本国可持续发展标准的方案，一些能力建设项目，如世界银行的国家战略研究，已经使一些发展中国家掌握了推动和监测 CDM 项目的制度。可持续发展与 CDM 的相互促进表现在以下几方面：一是 CDM 项目制度机制。潜在的 CDM 项目东道国要建立起一套用于监测和评估 CDM 项目所必需的制度机制。因为 CDM 相关的投资是针对一种全新的、不为人所熟悉的商品："核证的减排量"，这就要求发展中国家大力加强对 CDM 项目主要参与方的培训与指导。世界银行原型碳基金项目的经验表明，通常发展中国家被培训的对象要涉及环境、财政和法律部门，以及其他的利益相关者。二是 CDM 项目与国家可持续发展战略的一致性。在 1992 年联合国环境与发展大会召开以后，很多国家已经制定了本国的 21 世纪议程及其他可持续发展战略，这些战略可以用来建立一套标准，评估 CDM 项目是否与本国可持续发展战略相一致。三是 CDM 项目与国家法规政策的一致性。大多数国家都要求投资项目进行环境影响评价，一些国家还要求进行社会影响评价。CDM 项目必须遵守国家法律条文的规定,同时还要进行国家法规和政策要求的环境影响评价和社会影响评价。四是 CDM 项目监测和报告机制。发展中国家需要针对具体 CDM 项目进行监测和报告，在报告中要涉及评估项目可持续发展收益的指标及确保项目能够带来实际的收益。

2. 低碳经济

减缓气候变化要求我们转变经济发展方式，走以低碳为重要特征的新型工业化和城市化道路，这既是中国应对全球气候变化的需要，也是贯彻落实科学发展观、建设资源节约型和环境友好型社会、实现可持续发展的必然选择。中国在能源供应、终端利用、生产过程和土地利用方面，通过整合可持续发展的政策措施，可以积极有效地向低碳发展方式转型。尽管中国当前发展阶段不可能在短期内实现绝对低碳化，但从长远看，减缓温室气体排放、发展低碳经济与中国的可持续发展是协同一致的。

1）概念

“低碳”指较低（更低）的温室气体排放。“碳”有广义和狭义之分，狭义上的碳是指造成当前全球气候问题的CO_2气体，特别是化石能源燃烧所产生的CO_2；广义上的碳包括《京都议定书》二期承诺上提出的七种温室气体。所谓“低”则是针对当前高度依赖化石燃料的能源生产消费体系所导致的“高”的碳强度及其相应“低”的碳生产率，最终要使碳强度降低到自然资源和环境容量能够有效配置和利用的目标。低碳经济中的经济涵盖了整个国民经济和社会发展的各个方面。

低碳经济是指兼顾经济稳定增长的同时实现温室气体排放的低增长或负增长的经济模式。其内涵包括建立低碳能源体系、低碳技术体系和低碳产业结构，建立与低碳发展相适应的生产、生活方式和消费模式，实施刺激低碳发展的国际国内政策、法律体系和市场机制，其实质是高能源效率和清洁能源结构问题，核心基础是能源技术和减排技术创新，产业结构和制度创新，以及人类生存发展观念的根本性转变。

2）实现低碳经济途径

①发展循环经济

循环经济指在生产、流通和消费等过程中进行的减量化、再利用、资源化活动的总称。减量化为在生产、流通和消费等过程中尽可能减少资源的消耗和废物的产生；再利用为将再生资源直接作为产品或经修复、翻新、再制造后继续作为产品使用，或作为其他产品的组件或部件予以使用；资源化为资源的综合利用，如共生、伴生矿的综合开发利用，生产中的废物的回收利用，流通、消费后废弃物的回收和利用等。

发展循环经济，工业必须先行。工业发展对资源的依赖程度较高，特别是工业发展的长期需求与不可再生资源的有效供给之间的矛盾更加突出；资源开采与生态环境保护之间的矛盾日趋尖锐；现有产业发展所面临的资源、环境及政策性约束日益凸显，已经难以适应工业经济可持续发展的客观要求。实现工业经济可持续发展，必须坚持“减量化、再利用、资源化”原则，必须坚持经济增长方式的根本性变革，必须坚持走新型工业化道路。发展工业循环经济园区是缓解环境压力的有效途径。对于各种类型的工业园区，应进行循环经济改造规划，在园区中形成能源、物料的循环利用网络，建立不同生产环节间物料的闭路循环生态链条，通过废物资源化利用，实现工业废物的低排放甚至零排放。

农业作为国民经济的基础产业，是一个重要的温室气体来源，同时又受到温室效应的严重影响。响应“低碳经济”的号召，确定农业温室气体的排放量并探寻减排办法已成为世界各国的当务之急。循环农业是按照循环经济理念，通过农业生态经济系统的设计和管理，实现农业系统的光热自然资源利用效率最大化、购买性资源投入最低化、可再生资源高效循环化、有害污染物最少化目标的农业产业模式。通过科技创新，发展循环农业是应对农业节能减排，促进低碳农业发展的重要途径。目前，发展低碳农业循环经济的措施有：农作物秸秆还田和综合利用，推广秸、秆果腹还田、秸秆堆沤腐熟还田、结合食用菌生产等；发展低碳农业，减少农药化肥的使用量，推广绿色病虫害防治；促进绿色食品、有机农产品的生产；大力推广生态农业生产模式。

②推广清洁生产

自1989年联合国环境规划署（United Nations Environment Programme，UNEP）首

次规范提出清洁生产的概念以来，它已被世界越来越多的国家所接受。据 UNEP1996 年对清洁生产的定义：清洁生产是关于产品生产过程中的一种新的、创造性的思维方式，它意味着对生产过程、产品和服务持续运用整体预防的环境战略，以增加生态效率并降低人类和环境的风险。清洁生产包括清洁的产品、清洁的生产过程和清洁的服务三个方面，即通过产品的设计、能源的选择、工艺改进、生产过程管理和物料内部循环利用等环节，实现源头控制，使企业生产最终产生的污染物最少的一种工业生产方法，既包括生产过程的无污染、少污染，也包括产品本身的绿色，还包括产品报废后的可回收和处理过程的无污染。清洁生产和循环经济的基本思想是一致的，只不过是在不同层面上探讨实现环境与经济协调发展的问题，并且推行清洁生产是实现循环经济的基本形式。实施清洁生产、发展循环经济是实现可持续发展的重要途径。

③大力发展和使用可替代能源

提高水电、太阳能、风能、核能、地热能的使用比例，同时开展新能源的研发，也是发展低碳经济，实现可持续发展的一条有利途径。生物质能（biomass energy），就是太阳能以化学能形式贮存在生物质中的能量形式，即以生物质为载体的能量。它直接或间接地来源于绿色植物的光合作用，可转化为常规的固态、液态和气态燃料。它取之不尽、用之不竭，是一种可再生能源，同时也是唯一一种可再生的碳源。凡是有阳光和水的地方均可通过人工集约培植获得生物质，并以多种形式将其转化成清洁、便于贮藏、运输的可再生能源。由于其比较优势较多，生产成本又低，所以近数十年来备受世界各国重视。生物质能研究和应用的案例有生物柴油、乙醇（C_2H_5OH）汽油、微生物燃料电池、沼气发电、微藻固碳等。

生物柴油（biodiesel）是指以油料作物、野生油料植物和工程微藻等水生植物油脂，以及动物油脂、餐饮垃圾油等为原料油，通过酯交换工艺制成的可替代石化柴油的再生性柴油燃料。生物柴油是生物质能的一种，它是含氧量极高的复杂有机成分的混合物。这些混合物主要是一些分子量大的有机物，几乎包括所有种类的含氧有机物，如醚、酯、醛、酮、酚、有机酸、醇等。生物柴油具有优良的环保特性，SO_2 和硫化物的排放低，燃烧时排烟少，CO_2 的排放少，生物降解性高。

乙醇汽油是一种由粮食及各种植物纤维加工成的燃料乙醇和普通汽油按一定比例形成的新型替代能源。按照我国的国家标准，乙醇汽油是用 90%的普通汽油与 10%的燃料乙醇调和而成。生物乙醇同其他可供选择的替代能源相比，具有巨大的竞争力。生物乙醇的使用不仅可节省能源、减少环境污染，而且对发展农业、带动其他相关产业也具有重大意义。尤其是目前乙醇汽油的生产原料逐渐由粮食类作物（小麦、玉米等）向非粮食作物（秸秆等农业废弃物）过渡，使得乙醇汽油更具发展潜力。

微生物燃料电池（microbial fuel cell，MFC）是依靠微生物的催化作用将废弃物或污染物中化学能转化为清洁电能的技术，具有处理废弃物和联产电能的双重功效，代表着废弃物资源化的重要发展方向。过去 10 年时间里，有关微生物燃料电池的研究引起了世界各国的广泛关注，相关论文数量经历了指数级增长，研究内容在广度和深度上均有显著提升。在微生物、系统构型与材料等方面接连取得了重大发现和技术突破，特别是在微生物电子传递机制、系统输出功率、低成本高性能电极及其催化材料方面取得了长足进步。

第 7 章　减缓气候变化的政策体制及行动

正确的政策体制是减缓气候变化的有效保证。按 IPCC 减缓气候变化工作组的定义，减缓气候变化是指人类通过削减温室气体的排放源或增加温室气体的吸收汇而对气候系统实施的干预。目前减缓气候变化的政策体制可分为以市场为基础的手段、规章制度和自愿协议。大多数国家为了有效减少温室气体排放，都尝试采取各种不同的政策体制和行动。

7.1　减缓气候变化的政策体制

7.1.1　调整机构设置，加强政策协调

国家应对气候变化战略研究和国际合作中心（以下简称国家气候战略中心）是直属于生态环境部的正司级事业单位，也是我国应对气候变化的国家级战略研究机构和国际合作交流窗口。

国家气候战略中心的主要职责包括组织开展有关中国应对气候变化的战略规划、政策法规、国际政策、统计考核、信息培训和碳市场等方面的研究工作，为我国应对气候变化领域的政策制定、国际气候变化谈判和合作提供决策支撑；同时受国家发展改革委委托，开展 CDM 项目、碳排放交易、国家应对气候变化相关数据和信息管理，以及应对气候变化的宣传、培训等工作。

7.1.2　制定法律法规，实施相关标准

面对温室气体排放过多的情况，国际社会给予高度重视和持续关注，多次进行国际对话合作，积极探讨减排措施，目标是减缓气候变化和促进人类的可持续发展。越来越多的国家和地区也开始担负国际责任，如欧盟、英国、美国、日本等，纷纷采取了强有力的政策法规和标准，并取得了一定的社会经济成效。中国作为世界上人口大国，也是能源消耗大国，以煤炭为主的能源结构决定了我国温室气体排放量规模庞大。因此，总结和借鉴国际上应对气候变化的经验，结合中国的国情，通过法规引导和标准推动来应对气候变化。

1. 国际公约

目前，针对 2012 年《京都议定书》到期后如何有效控制全球气候变暖及温室气体减排的谈判已经开始。2009 年 12 月召开的哥本哈根气候变化大会，虽未能就此问题达

成具有法律约束力的协定，但截至 2010 年 1 月 31 日，已有 55 个国家递交了到 2020 年温室气体减排和控制的承诺。这些国家的行动为艰难而漫长的气候变化谈判注入了强劲动力。

2. 国际标准

国际标准作为减缓全球气候变化的一种有效的技术途径，随着相关技术的不断发展和成熟，将在减缓气候变化的影响中发挥越来越重要的作用。

目前，国际标准化组织（International Standardization Organization，ISO）、国际电工委员会（International Electrotechnical Commission，IEC）和国际电信联盟（International Telecommunication Union，ITU）三大国际标准化组织已就应对气候变化制定发布了一系列的标准化解决方案，标准覆盖减排技术、政策法规、控制措施、存在的机遇等所有方面，也涉及了能源供给、运输、建筑、工业、农业、林业及废弃物处理等诸多领域。其中，早在 2002 年，国际标准化组织环境管理标准化技术委员会（ISO/TC207）就成立了第五工作组，专门开发温室气体的相关标准。并于 2006 年发布了首批关于组织、项目层面温室气体排放量化、监测、报告及审定与核查方面的系列标准（ISO 14064-1、ISO 14064-2、ISO 14064-3）。随后，有关审定与核查机构要求的标准（ISO 14065）也于 2007 年初发布。目前，有关温室气体审定团队与核查团队的能力要求的标准（ISO 14066）于 2012 年正式发布。而关于产品碳足迹的评价的国际标准（ISO 14067）已于 2013 年正式发布。

除三大权威国际标准化组织外，世界资源研究所（World Resources Institute，WRI）与世界可持续发展工商理事会（World Business Council for Sustainable Development，WBCSD）也积极参与应对气候变化的标准制定工作中，建立了温室气体议定书倡议组织。2002 年，正式公布了关于企业温室气体核算与报告准则的《温室气体议定书》，并得到了广泛应用。在此基础上，于 2007 年 11 月开始制定两项温室气体相关标准：一项是其他间接排放的核算和报告标准，即针对企业供应链的排放；另一项是针对单个产品在生命周期内的温室气体排放核算和报告标准。

3. 主要国家应对气候变化的政策法规和标准

为了实现减缓气候变化的目标，履行《京都议定书》等应对气候变化的国际条款，作为温室气体主要排放国家和地区的英国、美国、日本和欧盟等纷纷将应对气候变化纳入决策之中，制定并实施了直接针对温室气体减排的政策法规和标准，并取得了一定的效果。

1）英国应对气候变化的政策法规和标准

英国是世界上控制气候变化的积极倡导者和先行者。英国充分意识到了能源安全和气候变化的威胁，早在 2003 年 3 月，就出台了能源白皮书《我们能源的未来：创建低碳经济》，提出其温室气体排放的目标为计划到 2010 年 CO_2 排放量在 1990 年的水平上减少 20%，到 2050 年减少 60%。

为了实现其温室气体排放的目标，英国已经制定了一系列提高能源利用效率、降低温室气体排放量的气候政策法规，形成了相对完整的应对体系。例如，2000 年和 2006 年先后两次推出的《英国气候变化国家方案》；从 2002 年开始，先后采取了 15%气候变化税和 10%可再生能源指标等政策，并颁布了相关的建筑法规。

更为重要的是，2008 年 11 月，英国正式发布了《气候变化法》法案，这是全球第一部关于气候变化的法律，也使英国成为世界上第一个为减少温室气体排放、适应气候变化而建立具有法律约束性长期框架的国家。该法案于 2009 年 3 月正式生效，其为英国实施减排措施制定了以法制为保障的义务框架：采取周期性的碳预算方案；针对减排义务的履行制定公共报告和审查制度；进行必要的制度改革。

此外，设立英国碳信托有限公司和实行温室气体排放贸易制度是两项较为重要的政策工具和行动计划。英国碳信托有限公司是由英国政府投资、按企业模式运作的独立公司，它的主要资金来源是气候变化税，主要用来支持能立即产生减排效果的活动、低碳技术开发，以及帮助企业和公共部门提高应对气候变化的能力。英国也是最早实施温室气体排放贸易机制的国家，政府按照自愿参与原则，通过排放贸易机制鼓励企业实施减排行动，并按照减排效果对其征收的气候变化税进行一定比例的减免。

同时，为了确保温室气体减排目标的实现，英国出台了一系列切实可行的标准，为相应的减排政策提供“技术性基础”。2007 年，英国政府颁布《可持续住宅标准》，对住宅建设和设计提出了可持续性新规范，分为 6 个等级限定能源效率和水效率的最小消费标准，对所有租赁和出售的建筑物实行能源绩效证书管理制度，并自 2008 年起，要求所有家用照明灯都必须是低能耗种类。

2008 年 10 月，英国标准协会（British Standards Institution，BSI）、英国碳信托有限公司（Carbon Trust）和英国环境、食品与农村事务部（Department for Environment, Food and Rural Affairs，Defra）联合发布了一项公众可获取的量化温室气体排放的规范《商品和服务在生命周期内温室气体排放评价规范》（PAS2050：2008）。PAS2050：2008 是第一部通过统一的方法评价产品生命周期内温室气体排放的规范性文件。目前，许多国家和地区开展碳足迹评价的工作大多均基于 PAS2050：2008 阐述的计算原则和方法。依据该规范对其产品和服务在整个生命周期内（从原材料的获取，到生产、销售、使用和废弃后的处理）的碳足迹进行评估，从而帮助企业在管理自身生产过程中所形成的温室气体排放量的同时，寻找在产品设计生产和供应等过程中降低温室气体排放的机会。

继 PAS2050：2008 之后，英国标准协会于 2010 年 5 月 19 日正式发布了公共可用规范《碳中和承诺新标准》（PAS2060：2010）。PAS2060：2010 是以 ISO14000 系列及 PAS2050：2008 等环境标准为基础而建立，是证实碳中和的规范。它提出了清晰、一致的碳中和操作规范要求，任何希望达到并证明碳中和的组织或个人，必须经由特定界定的温室气体排放的定量、减量和抵消来达成这些要求。

2）美国应对气候变化的政策法规和标准

美国作为世界最大的经济体、最大的能源消费国和最大的温室气体排放国，在应对气候变化威胁方面承担着重要责任。

美国政府近 20 年来一直在寻求一个综合、平衡和对环保有利的长期战略。例如，美国 1992 年制定的“全球气候变化国家行动方案”，评估了美国温室气体排放情况，并归纳了温室气体排放相关的政府行动。2005 年通过的《国家能源政策法》明确规定，将鼓励提高能源效率和能源节约，促进发展替代能源和可再生能源，减少对国外能源的依赖等，为节能减排提供了法律保障。

虽然美国退出了《京都议定书》，但奥巴马政府对美国国内的气候变化政策提出了许多新的政策。众议院于 2009 年 6 月通过了《美国清洁能源和安全法案》（也称气候法案），规定美国 2020 年时的温室气体排放量要在 2005 年的基础上减少 17%，到 2050 年减少 83%。这是美国第一个应对气候变化的一揽子方案，不仅设定了美国温室气体减排的时间表，还设计了排放权交易，试图通过市场化手段，以最小成本来实现减排目标。此外，美国 2009 年 12 月出台了全国首个温室气体报告制度，从 2010 年 1 月 1 日起，拥有或制造温室气体年排放量较大的设备的厂商每年必须向美国环境保护署报备该设施的排放数据。

在州的层面上，美国国内也有越来越多的州采取了减排温室气体的政策法规。缅因州议会于 2003 年通过了《为应对气候变化威胁发挥领导作用的法令》，要求到 2010 年把温室气体排放控制在 1990 年的水平，到 2020 年在 1990 年的水平上再减少 10%。加利福尼亚州则在美国率先实施了与气候变化有关的机动车法案，以及减少温室气体排放的法律构架，通过了《全球温室效应治理法案》。

美国政府关于气候变化方面的标准主要侧重限制汽车排放、控制电厂的排放或设立减排目标上。其中包括首次设定国家汽车节能减排标准，目标是到 2016 年，美国境内新生产的小型汽车和轻型卡车每百公里耗油不超过 6.62L，CO_2 排放量也比现有车辆平均减少 1/3。这项计划在 2012 年开始实施，此后汽车节能标准平均每年提高 5%以上，2016 年实现预定目标。此外，加利福尼亚州推行了《低碳燃料标准》，旨在通过规定汽车燃烧的“碳含量”限制运输业的温室气体排放。并且共有 11 个州（包括肯塔基、特拉华、缅因、马里兰、马萨诸塞、新罕布什尔、新泽西、纽约、宾夕法尼亚、罗得岛和佛蒙特）签署谅解备忘录，同意采取加利福尼亚州的《低碳燃料标准》。这是美国地方政府在应对气候变化方面迈出的重要一步，将促使美国政府更快地制定全国性的燃料标准。

美国的碳足迹评价与标识主要依托 PAS2050：2008、温室气体议定书及自主制定的标准，推行无碳（Carbon Free）标识；非政府组织碳计数（Carbon Counted）的碳标识体系（Carbon Label System）；Timberland 公司的绿色指数标签（Green Index Tag）等。另外，美国许多自愿性减排机制都以 ISO14064-1、ISO14064-2、ISO14064-3 及 ISO14065 作为技术依据。

3）日本应对气候变化的政策法规和标准

日本是一个典型的岛国，受其地理环境的制约，资源稀缺，面对日益严重的气候变化问题和日益加大的减排压力，日本制定了一系列气候变暖的应对策略。

1979 年，日本政府就颁布实施了《节约能源法》，并对其进行了多次修订，最近一次修改于 2006 年。该法规对能源消耗标准作了严格的规定，并惩罚分明。日本政府于 1998 年成立了全球变暖减缓对策促进中心，并通过《地球温暖化对策促进法》，对能源对策、控制温室气体排放源对策等制定了具体的目标，并规定政府定期公布计划和措施的实施情况，依法监督落实。2003 年，日本发布《可再生能源标准法》，其规定能源公司必须提供一定比例的可再生能源。这意味着电力公司必须生产或者购买更多的可再生能源，使得 2010 年可再生能源在总能源中的比例达到 3.1%。2006 年，经济产业省编制了《新国家能源战略》，提出从发展节能技术、降低石油依存度、实施能源消费多样化等 6 个方面推行新能源战略；发展太阳能、风能、燃料电池及植物燃料等可再生能源，降低对石油的依赖；推进可再生能源发电等能源项目的国际合作。

2008 年 6 月，日本提出新的防止全球气候变暖的对策，即著名的“福田蓝图”，这是日本低碳战略正式形成的标志。它包括应对低碳发展的技术创新、制度变革及生活方式的转变，其中提出日本温室气体减排的长期目标是：到 2050 年日本的温室气体排放量比 2008 年减少 60%～80%。2009 年 4 月，日本又公布了名为《绿色经济与社会变革》的政策草案。这份政策草案除要求采取环境、能源措施刺激经济外，还提出了实现低碳社会、实现与自然和谐共生的社会等中长期方针，其主要内容涉及社会资本、消费、投资、技术革新等方面。此外，政策草案还提议实施温室气体排放权交易制和征收环境税等。

为了削减汽车温室气体排放，日本政府按照汽车重量进行分类，分别对汽油客车和柴油轻型客货车制定了燃油经济性标准。根据标准，2010 年，汽油客车的燃油经济性需要达到 15.1km/L，比 1995 年提高 228%。日本的尾气排放标准则将汽车、摩托车、特种汽车分为 22 类，对各种车型的碳氢化合物（CH）、非甲烷烃（NMCH）、CO、NO_x 和颗粒物（particulate matter，PM）排放进行了限定。

此外，日本积极引进温室气体排放的监测、申报、核查等国际标准规范，于 2008 年 7 月出台的“建设低碳社会行动计划”明确提出了产品的碳足迹系统项目，即了解产品和服务在整个生命周期中的温室气体排放。该项目的主要任务是采用生命周期评价（life cycle assessment，LCA）方法进行温室气体排放的量化、标识、评估工作。30 多家公司参与了该项目，试点的产品种类众多，包括食品饮料、生活用品、家具、办公用品、电池、荧光灯等。并且，对评估产品进行标识，不仅标出总的碳足迹，还标出每个阶段的碳足迹所占的比例，从中可以了解到产品生命周期的哪一个阶段对碳足迹的影响较大。

4）欧盟应对气候变化的政策法规和标准

欧盟在应对全球气候变化的战斗中一直处于领先地位，其单方面承诺的应对气候变化目标是：到 2020 年减少 20%的温室气体排放量，若其他主要经济体也能承担此挑战性责任，则愿意在 1990 年的基础上削减到 30%；到 2050 年则希望将温室气体排放量减少 60%～80%。欧盟希望通过这种具有前置性的自我提高减排目标来向国际社会传递政策的压力。

早在 2000 年欧盟就启动了欧洲气候变化计划（European Climate Change Programme，ECCP），并于 2005 年又启动了第 2 个欧洲气候变化方案，以识别具有成本效益型的减排政策，开发适应气候变化的战略。此后，欧盟的气候变化政策更加积极，于 2008 年达成了欧盟能源气候一揽子计划。批准的一揽子计划包括完善并扩大 EU-ETS、发展 CCS 技术、扩大可再生能源的使用量和《关于为实现欧盟 2020 年减排目标，各成员国减排任务分解的决议》等。计划中制定的具体措施可使欧盟实现其承诺的“3 个 20%”：到 2020

年将温室气体排放量在 1990 年基础上减少至少 20%；将可再生清洁能源占总能源消耗的比例提高到 20%；将煤、石油、天然气等化石能源消费量减少 20%。

为降低温室气体减排成本，确立排放权交易的合法性，2003 年 6 月，欧盟委员会通过 EU-ETS，规定从 2005 年 1 月起，包括电力、炼油、冶金、水泥、陶瓷、玻璃与造纸等行业的 12000 个设施，须获得许可才能排放 CO_2 等温室气体（其 CO_2 排放占欧洲排放总量的 46%）。

为促进利用可再生能源，2001 年 9 月，欧盟理事会通过了关于促进可再生能源的法令。该法令形成了一个欧盟的政策框架，以促进生产更多的绿色电力。这一法令鼓励成员国采取必要措施，保证可再生能源的开发与国家和欧盟的目标相一致。该法令反映了欧盟对减少能源依赖性、保护未来可用能源、限制温室气体和有害大气污染物排放等方面的关注。

在汽车油耗和排放方面，于 2008 年批准实施了《关于实施新的汽车 CO_2 排放标准的规定》等法规。并于同年，欧洲议会通过了以轿车为代表的 CO_2 排放法规总体规划：2012 年要达到 130g/km，尽管汽车企业提出种种困难，但仍认为要坚持实施，到 2020 达到 95g/km。

为提高能源使用效率，2006 年 10 月，欧盟委员会公布了“能源效率行动计划”，这一计划包括降低机器、建筑物和交通运输造成的能耗，提高能源生产领域的效率等 70 多项节能措施。计划还建议出台新的强制性标准，推广节能产品。2007 年 1 月，欧盟委员会通过一项新的立法动议，要求修订现行的《燃料质量指令》，为用于生产和运输的燃料制定更严格的环保标准。从 2009 年 1 月 1 日起，欧盟市场上出售的所有柴油中的硫含量必须降到每百万单位 10 以下，碳氢化合物含量必须减少 1/3 以上；同时，内陆水运船舶和可移动工程机械所使用的轻柴油的含硫量也将大幅降低。从 2011 年起，燃料供应商必须每年将燃料在炼制、运输和使用过程中排放的温室气体在 2010 年的水平上减少 1%，到 2020 年整体减少排废 10%，即减少 CO_2 排放 5×10^8t。

5）我国应对气候变化的政策法规和标准

我国一直积极致力于改善中国的能源结构，并着力改善生态环境，已经出台了《中华人民共和国节约能源法》《中华人民共和国可再生能源法》《中华人民共和国循环经济促进法》《中华人民共和国清洁生产促进法》《中华人民共和国森林法》《中华人民共和国草原法》等有利于减缓气候变化的能源立法与环境立法。但是缺乏成体系的、直接针对控制温室气体排放的法律法规。此外，政府相关部门职责权限不够清晰、公众意识落后等也是我国应对气候变化能力的瓶颈。

因此，随着我国在应对气候变化问题上国家战略的逐步明确，应在整合现有立法的基础上，充分考虑应对气候变化国际条约的原则和内容，结合我国的实际国情，制定专门针对温室气体排放的法律体系，对我国诸多行业领域的温室气体排放加以纲领性规定，从而加大对高耗能、高排放行业的限制，充分挖掘其节能减排潜力，推动我国经济发展方式转变和经济结构转型。此外，应加快建立与温室气体排放相配套的法规和政策体系，明确政府相关部门的职权，强化公民节能减排的主体意识，协助应对气候变化的法律框架的全面推动。

7.1.3　采取经济政策，推行激励措施

财政补贴和税收是发达国家通常采用的经济激励措施。为支持开发可再生能源，英国给投资成本高的海上风电项目提供 30%～50%的投资补助。2009 年，欧盟投资 10 亿欧元用于支持 6 个 CCS 项目，以促进该技术的商业化。除财政补贴外，多数国家对可再生能源技术的研发和应用实行减免增值税和所得税等税收优惠政策。例如，葡萄牙、比利时、爱尔兰对个人投资可再生能源项目免征个人所得税；部分欧盟国家还增设了碳税或气候变化税；芬兰、丹麦早在 1990 年就设置碳税，瑞典、挪威、英国也随后开征碳税或气候变化税，税率从丹麦的每吨 CO_2 约 15 美元到瑞典的每吨 CO_2 40 美元不等。

此外，通过政府与企业签订自愿协议，对完成目标的企业给予减免税或其他激励，促进企业实现节能减排。与法规相比，自愿协议针对性强，具有灵活简便和行政成本低等特点，在欧美国家得到广泛实施。加拿大通过“工业节能计划”鼓励企业自愿制定能效和减排目标，2007 年相比 1990 年实现工业综合能耗强度下降 12%。英国规定，同政府签订减排协议并达标的企业可以享受高达 80%的气候变化税减免。

7.1.4　利用市场机制，降低减排成本

发挥排放权交易、可再生能源配额交易和合同能源管理等市场机制的作用，可以降低减排成本，筹集资金。目前占主导地位的排放权交易市场是在有强制性排放减排目标条件下建立起来的，政府设定温室气体排放总量，并将排放配额发放到企业，创建排放配额交易机制。2005 年欧盟率先建立排放交易体系，覆盖发电、钢铁、建材、石油和造纸 5 大高耗能行业的 12000 多家企业，其 CO_2 排放约占当年欧盟排放总量的 45%。2005～2007 年政府免费发放配额，2008～2012 年逐步减少配额总量并拍卖部分配额，对超过排放配额的企业处以罚款。2017 年之后，全部配额通过拍卖形式发放。美国也正在通过立法程序，建立国内的碳排放总量控制与交易体系。

据世界银行统计，2008 年全球碳市场交易规模已达到 1260 亿美元，比 2005 年增加近 11 倍。欧盟发达国家，已将排放交易作为实现国内减排的重要手段和筹集应对气候变化资金的主要渠道。自愿性减排交易市场也在发展，2008 年美国市场交易额为 8.6 亿美元，总体规模有限。

美国、澳大利亚和部分欧盟国家，采用可再生能源配额和交易制度，规定发电企业总供电量中可再生能源的配额，建立可再生能源配额交易市场，推动可再生能源的发展。欧美等国采用合同能源管理（energy performance contracting，EPC）控制温室气体排放。能源服务公司与用户签订节能服务合同，提供能源审计和投资，以及节能项目的设计、施工、管理等一系列服务，并与用户分享项目实施后的节能收益。

7.1.5　加大研发投入，鼓励技术创新

全球气候变化给人类带来相当大的挑战。IPCC 清晰地指出，为避免气候变化所带来的负面影响，技术必须发展到能帮助减缓温室气体排放的程度。截至 2015 年，国际社会对于通过减排以保持 2℃的控温范围已经达到了短期的目标。但是，2015 年巴黎举行的《公

约》第 21 次缔约方大会的一大成果是确立了迅速采取行动的明确的政治信号。在技术应对气候变化方面，旨在减排技术和生产过程技术发展有所进步，但国际科学界对于全球排放持续上升导致大气中的温室气体浓度增加的事实仍表示担忧。为此，需要重新审视技术机制在促进减缓技术开发及获取方面的作用，以保证具有共识的 2℃控温目标的实现。

对温室气体减排技术的研究，目前主要分为源头控制和后续处理，包括减少温室气体排放技术、增加碳汇技术（陆地生态系统碳汇、海洋碳汇等）及 CCS 技术。国外研究人员提出了“稳定楔”理论，即 15 种温室气体减排技术。15 种温室气体减排技术综合归纳为 5 类：第一类，提高能源效率和加强管理，表现在提高燃料的使用效能、减少车辆的使用、降低建筑耗能、提高发电厂效能等方面。第二类，燃料使用的转换及 CCS 技术，以天然气取代煤作燃料，捕获并储存发电厂 CO_2。第三类，用核能发电替代燃煤发电的技术。第四类，使用可再生能源及燃料，如风能、太阳能、可再生燃料（生物质能）。第五类，森林和耕地对 CO_2 的吸收作用。其中，CCS 技术是当前该领域研究的热点，被认为是最具应用前景的温室气体减排技术之一。

很多关键减排技术研发的周期长、投入大、风险高，需要政府制定长远的技术发展战略，并给予相应的政策和资金支持，鼓励创新。当前，受到广泛重视的关键技术主要包括核聚变技术、洁净煤利用技术、智能电网、电动汽车、生物燃料及 CCS 技术等。通常情况下，政府对处于不同发展阶段的技术采取不同的鼓励措施。在研发阶段，侧重政策和财政直接投入性支持；在示范阶段，通过资助、税收减免、低息贷款进行激励；在商业推广阶段，通过赋予特许经营权、政府采购、监管、发放排放配额等方式促进新技术的应用和扩散。

7.1.6 推动国际交流与合作

中国继续本着“互利共赢、务实有效”的原则，加强与发达国家合作，积极参与并推动与国际组织合作，深化与发展中国家合作，筹建南南合作基金，与各方携手应对气候变化。

1. 与发达国家的交流与合作

中国政府利用领导高层互访契机，加强与发达国家和地区在气候变化领域的交流与合作，分别与美国、欧盟、英国等发表气候变化联合声明，赢得国际社会积极反响，在应对气候变化方面与各国增进理解，进一步扩大共识，为推动气候变化谈判多边进程做出重要贡献。

加强气候变化双边交流与对话。国家发展改革委组织召开了中美、中德等气候变化工作组双边会议，推动有关框架协议签署。与美国、澳大利亚、新西兰、英国、德国等开展部长级和工作层的气候变化对话磋商，推动专家层面的对话交流。就碳捕集、利用与封存（carbon capture utilization and storage，CCUS）和 HFC_S 等问题与美国加强研讨交流。推动与英国、法国就巴黎气候大会等议题进行广泛交流，扩大共识。

深化气候变化双边合作。2014 年以来，中国政府与澳大利亚、新西兰、瑞典、瑞士等国家签署双边气候变化谅解备忘录,启动与瑞士合作的“中国适应气候变化二期项目”,与韩国就气候变化协定达成一致，推动双边合作迈上新台阶。中美确定了 7 个 CCUS 合作示范项目。科技部实施“中欧燃煤发电近零排放”二期合作项目。推动科技部-联合国环境规划署-非洲水行动项目。住房城乡建设部与美国、德国、加拿大等国开展低碳生态城市国际合作试点。

2. 与国际组织的交流与合作

广泛开展与国际组织的务实合作。与亚洲开发银行签署双边气候变化合作谅解备忘录，共同组织召开“城市适应气候变化国际研讨会”。与 UNEP 签署在应对气候变化南南合作方面加强合作的谅解备忘录。与世界银行共同启动全球环境基金“通过国际合作促进中国清洁绿色低碳城市发展”项目。

积极参与相关国际会议与行动倡议。参与《公约》下的绿色气候基金、适应基金、技术执行委员会等相关会议，参与全球甲烷行动倡议、R20 国际区域气候行动组织等多边组织的活动等，充分借鉴国际经验。积极落实与全球碳捕集与封存研究院相关合作，举办研讨会并积极开展国际合作。

3. 与发展中国家的交流与合作

中国政府积极推动应对气候变化南南合作，向发展中国家赠送低碳节能产品，组织气候变化培训班，加强对发展中国家的援助。国家发展改革委同外交部、商务部等部门，积极推动与马尔代夫、玻利维亚、汤加、萨摩亚、斐济、安提瓜和巴布达、加纳、巴巴多斯、缅甸、巴基斯坦等国家签署谅解备忘录。根据发展中国家需求扩大赠送产品种类，向玻利维亚提供其急需的气象监测预报预警设备。继续加强“基础四国”“立场相近发展中国家”等磋商机制，与发展中国家加强对话沟通，开展务实合作。中国政府为亚洲、非洲、拉丁美洲等地区，在紧急救灾、卫星气象监测、清洁能源开发等领域开展务实合作，实施技术合作、紧急救灾等应对气候变化类项目；在华举办应对气候变化与绿色发展培训班，为发展中国家培训应对气候变化领域的官员、专家学者和技术人员。

7.2　主要国家温室气体减排行动

7.2.1　欧盟

1. 欧盟温室气体减排行动

欧盟是国际气候谈判的最初发动者，是推动全球减排最主要的力量，并在全球气候变化事务中扮演重要角色。欧盟减少温室气体排放的政策类型多样，重点以 EU-ETS 为代表的市场手段，以及以可再生能源指令为代表的行政指令为主，并关注减排的成本有效性及能源安全的双重目标。欧盟下一步仍将继续扩大和改进 EU-ETS、发展可再生能源、提高能源效率及加强技术和产品标准等措施来实现温室气体减排目标。

1）提出 ECCP，为构建可持续的气候变化政策提供框架

ECCP 产生于 2000 年，在其指导下，欧盟委员会和欧盟成员国确定了 40 多条减排政策及措施，其中 12 条属于优先执行措施，如推进可再生能源发电指令、促进热电联产指令、建筑能效指令、提高生物燃料在交通运输燃令等。目前最重要的减排措施是 EU-ETS。ECCP 第一阶段集中于制定可以确保欧盟及其成员国按时完成《京都议定书》目标的措施；第二阶段始于 2005 年，旨在寻找更加有效的减排措施。据测算，EU-ETS 可以使欧盟实现《京都议定书》目标的成本减少 35%，到 2012 年每年增加了 13 亿欧元的效益。

2）出台欧盟新能源政策，致力于实现能源安全和保护气候双赢目标

欧盟的新能源政策提出温室气体减排承诺、可再生能源长期发展目标及提高能源效率计划等。欧盟决定单方面执行温室气体减排目标：到 2020 年，使温室气体排放总量比 1990 年至少减少 20%；若其他发达国家也能承担这一挑战性责任，则欧盟承诺在 1990 年的基础上减少 30%。为了实现这一目标，欧盟成员国达成了一系列约束性能源指标：到 2020 年，可再生能源占欧盟能源供应量的 20%，能源消费总量减少 20%，第二代生物燃料在汽柴油中的比例增加到 10%。

3）公布气候变化和能源一揽子方案，旨在加强和扩大 EU-ETS

为实现欧盟新能源政策提出的一系列承诺，并公平分配各成员国的减排责任，欧盟委员会于 2008 年 1 月 23 日公布了一揽子具体方案。完善并扩大 EU-ETS，主要包括：扩大到所有温室气体及其主要排放行业；现有的国家免费配额制度将逐渐过渡为配额拍卖方式；改进配额分配方法将配额拍卖在欧盟成员国范围内完全公开；规定 CDM 的利用上限。扩大可再生能源的使用量，重点推进电力、供热制冷和交通三个行业，主要包括：确定成员国可再生能源目标，并要求成员国制定各自的国家行动计划；为可再生能源制作带有产地、生产设施型号等信息的“来源保证书”；新建可再生能源发电厂的装机容量要大于等于 5MW；提高可再生能源供热制冷系统的效率要求，太阳能的转化效率至少应达到 35%，生物质能在民用和商业部门至少应达到 85%，在工业部门至少应达到 70%；交通部门的可再生能源发展重点应是生物燃料和沼液；规定计算各国可再生能源份额将不再按一次能源消费量计，而以最终能源消费量计。提高能源效率，主要措施有：完善立法加大财政金融刺激普及节能信息，总结推广节能最佳实践等。发展 CCS 技术，建立 12 个 CCS 示范工厂，并规定私人企业投资兴建 CCS 后可不再需要购买 EU-ETS 配额。

4）EU-ETS 作为降低成本的有效工具，将在未来发挥核心作用

从 2013 年起，欧盟将加强和扩大 EU-ETS。除了覆盖到更多的工业生产过程，如化工和铝业外，也将包括非 CO_2 温室气体。同时制定统一的 EU-ETS 规则，普遍适用于各个成员国，主要包括：配额的国家分配制度将被单一欧盟限额所取代；配额的免费分配制度也从 2013 年起逐渐被拍卖所取代，到 2020 年时实现全部拍卖，其中电厂分配指标必须全部通过拍卖获得，其他包括航空等部门也要逐步建立拍卖制度。对于某些高碳泄

漏风险企业可作特例处理。尽管 2008 年欧盟峰会对 EU-ETS 做出了重大妥协，主要包括：对高碳泄漏风险企业，排放配额将在最佳可获得技术的基础上 100%免费发放；电力部门制定若干免费发放部分排放许可的过渡性规则，电力部门的排放许可拍卖率至少应达到 30%；对于必须拍卖的排放配额，2013～2020 年，其中 88%的配额将在所有成员国内进行拍卖，10%可在特定成员国内进行拍卖以增加这些国家的排放额度，另有 2%的配额可在那些 2005 年整体排放比 1990 年至少降低 20%的国家中拍卖，包括保加利亚、捷克、爱沙尼亚、匈牙利、拉脱维亚、立陶宛、波兰、罗马尼亚和斯洛伐克。但从总体看，EU-ETS 仍将是欧盟减排政策的核心。

5）加速发展可再生能源是实现欧盟能源安全和保护气候的首选路径

欧盟强调可再生能源的重要性，将其发展目标与总体减排目标并列，更多的意义在于可再生能源能够减轻欧盟能源对外依存度，在一定程度上保障能源安全。为了整体推进欧盟的可再生能源发展水平，欧盟将 2020 年可再生能源发展目标落实到各国。由于各成员国国情不同，承担发展可再生能源的责任也将不同，责任分担公平考虑了各国不同的起点和潜力，包括现有的可再生能源发展水平、能源结构和低碳技术。欧盟的做法是将达到 20%目标所需要努力的一半平均分摊到各成员国，其余一半将根据人均 GDP 原则来分配，对于那些近几年在可再生能源领域做出巨大努力并取得较大成效的国家，还可以根据特定灵活机制对可再生能源发展目标进行修正。欧盟各国对可再生能源技术的选择也因国而异。有些国家风能潜力大，有些国家则偏好太阳能或生物质能；各成员国可自行选择，但要求制定国家行动计划，告知外界如何实现目标、如何监控进展。考虑交通部门利用可再生能源减少温室气体排放，欧洲理事会特别为各国交通部门替代能源的发展设定了统一的最低目标，要求生物燃料的渗透率达到 10%。

在激励可再生能源尤其是可再生电力发展方面，德国的可再生电力固定电价政策最有代表性。德国从 1990 年就开始对可再生电力实施固定电价政策，并从 2000 年开始，通过法律的形式，对不同可再生能源技术类型和资源条件的项目，分门别类地制定了可再生能源电力价格标准，确定了不同的可再生能源发电技术。其不同的购电价格按照可再生能源的成本差异和市场拓展程度，每隔两年可修改一次购电价格的原则，使德国成为世界上可再生能源发展最快的国家之一。

6）发布《能源效率绿皮书》及其行动计划，旨在进一步提高能源效率

欧盟在改进能源效率方面也提出了许多政策，以 2005 年公布的《能源效率绿皮书》及其行动计划为代表。该行动计划主要内容包括：长期的、有目标的提高能效；努力提高运输部门能效，特别是迅速提高欧洲大城市市内运输的能效；利用金融手段，推动商业银行对节能项目和能效服务公司的投资；在欧洲启动白色证书系统，可买卖的权证使能源效率高于最低标准的公司，将其盈余的信用额出售给没有达标的公司；更多地评估和标示最主要耗能产品的能耗，以引导消费者和制造商，包括对装置、车辆和工业设备等制定最低能效标准。行动计划将 2020 年的节能目标进行了部门分解：家庭能源使用效率提高 27%，工商企业提高 30%，交通行业提高 26%，制造业提高 25%。欧盟《能源效率绿皮书》及其行动计划的目标是到 2020 年相比基准情景约 20%的能源消费。

2. 欧盟温室气体减排成效

欧盟一直是应对气候变化的主要倡导者，在积极推动温室气体减排的同时，也试图成为全球应对气候变化的领导者。在经济结构调整、产业升级与高碳工业海外转移、节能低碳技术的推广应用及实行更严格的减排法规等因素的共同作用下，欧盟温室气体减排取得积极进展。2012 年起，在欧盟区域内的国际航班都必须遵守《总量控制与交易制度》，这是欧洲航空业应对 EU-ETS 的重要表现。

欧盟是全球最大经济体，其能源消费量居世界第二。基于保障能源安全、增强竞争力等方面的考虑，欧盟采取各种措施，推动温室气体减排，并取得积极进展。其减排成效大致可分为两方面。

一方面，欧盟温室气体排放总量呈下降趋势。来自欧洲环境保护局（European Environment Protection Agency，EEA）的数据显示，2010 年，欧盟前 15 个成员国温室气体排放总量分别比 1990 年下降 10.6%，欧盟 27 个成员国温室气体排放总量比 1990 年下降 15.5%。国际金融危机使欧盟经济遭受重创。受经济衰退的影响，2009 年，欧盟 27 个成员国温室气体排放比 2008 年大幅下降 7.1%，欧盟前 15 个成员国则下降 6.9%。相比 1990 年，欧盟 27 个成员国和前 15 个成员国分别下降 17.4%和 12.7%。2010 年经济恢复使得欧盟排放总量出现反弹，终止了此前连续 5 年同比下降的势头。根据 EEA 发布的 2010 年预估数据，2010 年欧盟 27 个成员国和前 15 个成员国温室气体排放总量分别比 2009 年上升 2.3%±0.7%和 2.4%±0.3%。

尽管欧盟温室气体排放总体呈下降态势，但欧盟内部各成员之间的减排效果却存在较大差别。1990～2010 年，排放量下降幅度较大的主要是经历了经济和政治体制剧变的中东欧和苏联国家，虽然德国、英国等国家对欧盟温室气体减排的贡献较大，但西班牙、意大利等欧盟工业国的温室气体减排的表现并不突出，欧盟主要成员国总量减排仍有一定的压力。

另一方面，结构减排效果明显。从主要排放源的构成来看，能源一直是欧盟温室气体排放的最大来源。2010 年，欧盟（前 15 个成员国）能源部门排放的温室气体为 3050.3Tg CO_2 当量，占排放总量的 80.0%，其次为农业和工业生产过程，分别占比 9.8%和 7.0%。比较各排放源的减排效果可以看出，工业生产过程和废弃物部门排放下降的幅度较大。1990～2010 年，这两个部门排放降幅分别达到 24.2%和 40.5%，其排放量占排放总量的比重分别下降了 1.3 个百分点和 1.4 个百分点。这两个部门的减排效果既得益于清洁生产和循环经济等技术减排手段的实施，同时也在相当程度上是产业转移的结果。欧盟通过对外直接投资，将高污染、高排放产业大规模向中国、东南亚等国家和地区转移。在产业升级的过程中，也实现了温室气体排放的转移。然而，在 2010 年的排放反弹中，工业生产过程排放的回升幅度达到了 7.0%，明显超出欧盟（前 15 个成员国）排放总量的反弹，这在一定程度上反映出欧盟实体经济从金融危机中恢复得较快。

随着产业结构、消费方式和减排政策的调整，欧盟温室气体的排放路径发生了变化。电力和热力生产、钢铁制造业、非钢制造业、固体废弃物处置及居民与服务等领域的排放量有明显下降，表明这些领域取得了积极的减排效果。其中，制造业成为欧盟减排的主力军。与制造业减排进展形成鲜明对比的是，交通部门的排放量却有较大幅度上升，因此交通成为欧盟减排形势最为严峻的部门和未来温室气体减排的重点领域。

7.2.2　日本、加拿大、澳大利亚、俄罗斯等伞型国家

尽管日本、加拿大、澳大利亚和俄罗斯在气候变化谈判中采取同盟策略，但在国内采取的政策措施中，则都充分考虑了各自的国情。日本在进一步挖掘节能潜力的同时，加快核电发展，动员全社会力量来减少排放。加拿大则将温室气体纳入污染物范畴一并加以管理。澳大利亚强调采用排放贸易等市场经济手段。俄罗斯则借助经济结构调整和能源政策寻求实现温室气体排放控制目标。

1. 日本温室气体减排行动

日本通过提出“清凉地球50”等计划，运用多种政策手段努力减排。

1）推出了“清凉地球能源创新技术计划”，确立了两项低碳技术

2007年5月，日本首相安倍晋三提出了“清凉地球50”倡议，提出到2050年，全球温室气体排放量在当前水平上减半的目标，以及实现技术创新和建立低碳社会的长期战略计划。前首相福田康夫继而在2008年达沃斯论坛上推出了“清凉地球的推进构想”。日本经济产业省于2008年3月发布了“清凉地球能源创新技术计划”。能源创新技术计划确定了有助于减少温室气体排放的重点技术：2050年前能够大幅减少CO_2排放的技术；有望能大幅提高性能、降低成本、扩大普及范围的创新技术；世界上处于领先地位的技术。并在此基础上确定了能够大幅降低CO_2的21项技术，分别为：高效天然气火力发电；高效煤炭发电技术；CCS技术；新型太阳能发电；先进原子能发电；超导高效输送电技术；先进道路交通系统；燃料电池汽车；插电式混合动力电动汽车；生物质替代燃料生产；新型材料制造和加工技术；新型制铁工艺；节能住宅和高层建筑；新一代高效照明；固定式燃料电池；超高效热力泵；节能型信息设备和系统；家庭、楼房和一定地域范围的能源管理系统；高性能的电力存储；电力电子技术；氢的生成、运输和存储。据测算，利用以上创新技术，可以实现CO_2总量减半目标中的60%减排量。

2）运用多种政策手段，努力实现减排目标

在节能方面，日本政府对于使用节能设备的单位给予税收、贷款等方面的优惠，对耗能过多的单位，限期进行整改，整改后仍不达标者进行曝光、罚款等处理；提倡节能建筑，申报新建或改建工程必须附有节能措施；普及节能汽车，普及家庭住宅节能系统，减少家庭电器办公室自动化设备待机耗电；通过制定城市规划、改善城市交通拥挤状况、加强绿化、集中供暖等途径，提高城市能源利用率等。在发展可再生能源和清洁能源方面，日本政府低息融资铺设天然气管道，鼓励使用天然气，提倡使用太阳能、地热、风能、核能发电。在利用灵活机制方面，已与哈萨克斯坦、斯洛伐克等国家签订了减排额度买卖协议，并开始试行CO_2交易制度等。在自愿协议方面，鼓动千余家企业签署自愿减排协议。

3）提出了面向2050年日本低碳社会情景的12大行动

面向2050年的日本低碳社会情景是由日本环境省发起的一项研究计划，旨在为2050年实现低碳社会目标提出具体的对策，包括制度上的变革、技术的发展及生活方式的转变等方面。为了实现在2050年将温室气体排放量在1990年的水平上减少70%的目标，2008年5月，发布了《面向低碳社会的12大行动》报告，指出：日本政府必须开展强有力的计划来达到这一低碳社会目标，并需要采取综合性的措施与长远的计划，改革工业结构、资助基础设施来鼓励节能技术与低碳能源技术研发上的私人投资（表7.1）。

表7.1 2050年日本低碳社会情景提出的12大行动

序号	行动名称	预期减排
1	“舒适与绿色的建筑环境”	住宅行业：56×10^6～48×10^6t CO_2
2	“无论何时何地，使用合适的器具”	
3	“提高地方的季节性食品供应”	工业部门：30×10^6～35×10^6t CO_2
4	“可持续建筑材料”	
5	“商业与工业中的环境教育”	
6	“迅捷通畅的物流保障”	交通部门：44×10^6～45×10^6t CO_2
7	“友好的城市步行设计”	
8	“低碳电力”	能源转换部门：95×10^6～81×10^6t CO_2
9	“满足当地需求的本地可再生资源”	
10	“下一代燃料”	
11	“鼓励消费者做出快速而又合理选择的商标”	交叉部门
12	“低碳社会的领导能力”	

4）主张使用官方发展援助（official development assistance，ODA）投资CDM项目

日本政府主张使用ODA投资CDM项目，并主张把核电技术作为CDM项目。2008年，福田康夫首相提出了日本应对气候变化的“美丽星球促进计划”，推出了发展中国家气候变化资金援助政策，其主要内容是：按温室气体削减、替代能源的普及等资金用途分门别类，通过无偿资金援助、日元贷款等方式，5年内将向发展中国家提供总计100亿美元的资金援助。

2. 加拿大温室气体减排行动

1）提出了一系列应对气候变化的国家行动计划

自2000年起，加拿大政府已经出台了若干个版本的应对气候变化行动计划。这些行动计划旨在努力完成《京都议定书》下所承诺的减排目标。具体措施包括：通过政策或资金支持，以契约的方式使温室气体主要排放工业企业达到各自的减排目标；与省及地区政府、原住民社区、非政府组织及私营企业合作，设立合作基金，以分担减排费用的方式，促进能源利用效率的提高和温室气体的减排；对一些创新的气候变化项目，加强战略性的基础建设投资；鼓励加拿大各创新机构对气候变化相关技术进行

联合攻关与创新；对于有望达到减排目标的单位和地区，在信息、机制、法规和税收等方面给予政策优惠；在全国范围内建立碳交易体系，政府将确立加拿大国内的碳交易价格，以调动企业减排温室气体的积极性。2008 年 3 月，加拿大政府发布了《采取行动应对气候变化》的政策文件，认为加拿大必须走出困境，到 2020 年实现温室气体绝对量比 2006 年减少 20%的目标。

2）提出了“可再生能源发展计划”

2007 年 1 月加拿大政府宣布了“可再生能源发展计划”，提出在未来 4 年，政府计划投资 14.8 亿加元，发展为期 10 年的促进风能、太阳能和水电生物质能等激励计划，并且提出了到 2012 年在全国禁止销售白炽灯泡，以减少能源消耗和 CO_2 排放量，到 2020 年力争使可再生能源发电增加 20 倍。

3）加大政府对 CO_2 排放控制技术的直接投资力度

加拿大将从 2012 年起，要求所有新建的油砂采矿场和煤炭发电站捕获并封存所释放的 CO_2，作为控制温室气体排放的重要举措。

3. 澳大利亚温室气体减排行动

澳大利亚气候变化政策始终贯彻国家利益至上的原则。澳大利亚在 20 世纪 80 年代后期曾是国际气候变化事务的引领者之一，但 90 年代中后期蜕变为落后者，到 21 世纪初甚至成为麻烦制造者，拒绝签署《京都议定书》，招致国际社会和国内民众的广泛批评。而 2007 年 12 月陆克文政府上台后，随即批准了《京都议定书》，显示了政府的积极态度。澳大利亚积极推动各项全国性温室气体减排的政策与措施，包括 1998 年发布的“国家温室气体战略”、2004 年制定的能源白皮书《澳大利亚未来能源安全》、2006 年发起成立的“亚太清洁发展和气候伙伴计划”、2007 年制定的《澳大利亚气候变化政策》和《2007 国家温室气体和能源报告法案》等，2011 年实施了清洁能源法案（表 7.2）。这一系列政策构成了澳大利亚温室气体减排的政策基础。

表 7.2　澳大利亚主要温室气体减排政策与行动

项目名称（中文）	项目名称（原文）	缩写
“温室气体减排计划”	Greenhouse Gas Abatement Program	GGAP
“低排放技术与减排”	Low Emissions Technology and Abatement	LETA
“地方温室气体行动”	Local Greenhouse Action	LGA
“能源效率最佳实践计划”	Energy Efficiency Best Practice Program	EEBPP
“强制性可再生能源目标”	Mandatory Renewable Energy target	MRET
“可再生能源商业化计划”	Renewable Energy Commercialization Program	RECP
“绿色电力计划”	Green Power	GP
“国家温室气体研究计划”	National Greenhouse Research Program	NGRP
“替代燃料转化计划”	Alternative Fuels Conversion Programme	AFCP
“国家排放交易任务”	National Emissions Trading Taskforce	NETT

澳大利亚力推基于市场基础的排放交易。2008 年 12 月 15 日，澳大利亚政府发布了《碳污染减排方案：澳大利亚的低污染未来》白皮书。根据该白皮书，澳大利亚的减排方案将确保涵盖澳大利亚 70%的温室气体排放，通过要求高排放企业购买排放许可证以限制其排放，并计划允许企业拿出可能高达 50%的排放许可权进行自由拍卖，也允许企业可以向国外购买碳排放权。白皮书同时降低了获得免费排放许可证的条件，将早先绿皮书中所确定的包括铝业、水泥加工业、石灰加工业和有机树脂业的 20%的排放量放宽到 25%，这意味着更多的企业将会获得政府的补贴。白皮书称，碳排放权交易计划在实施时将可能一次性提高通胀 1.1%，到 2050 年，经济增长将每年减缓 0.1%。预计每年将给澳大利亚政府带来 120 亿澳元的拍卖收入，其中 100 亿澳元用于补偿和提供免费排放许可证，7 亿澳元用于研发提高能效的措施，并考虑对居民家庭和发电等行业企业进行补贴，以帮助其适应低碳经济的发展。另外，汽油在计划实施前 3 年中不包括在内，农业将获 5 年豁免，而伐木的温室气体排放则不包含在内。

4. 俄罗斯温室气体减排行动

俄罗斯并没有直接控制 CO_2 排放的法规和政策。《俄罗斯联邦环保法》和《俄罗斯联邦节能法》虽然涉及温室气体的排放限制和吸收汇的增加，但是仅仅具有宣言性质。俄罗斯并不打算拟定减排的中长期法律，因为俄罗斯认为它将阻碍其经济增长。俄罗斯采取的主要措施有：行政立法鼓励节能减排；实施高能效经济计划。通过实施《2002～2010 年高能效经济联邦专项计划》，2002～2005 年采取节能措施所节约的化石燃料约折合 1.2×10^8t 标准煤，其中 46%为热电行业，28%为工业企业；企业技术设备升级换代；车辆排放标准提高；积极寻找可替代能源；恢复植被，提高森林碳汇等。

7.2.3　美国

1. 美国温室气体减排行动

作为《公约》发达国家缔约方和温室气体排放大国，美国对解决全球气候变化问题负有不可推卸的责任。过去 10 年来，美国在国际合作应对气候变化方面颇为消极，拒绝接受《京都议定书》强制性量化减排目标，提出自愿性的温室气体强度目标。

1）实施能源多元化战略，注重提高能源利用效率

美国布什政府为了实现在 10 年内将温室气体的排放强度减低 18%的目标，提出了一系列能源战略和政策，希望通过促进可再生能源利用，提高能源利用效率，从而能够保障能源安全，减少温室气体排放。美国力图通过不同能源品种之间的替代，实现能源品种的多元化。美国打破 20 多年未新建核电厂的历史重新重视先进核反应堆的建设，这一行动，可以说是在应对气候变化问题上的重大举措。美国政府还在 2007 年的国际可再生能源大会上承诺，表示要大力发展可再生能源，到 2013 年，使美国电力消耗的 7.5%来自可再生能源。

2001 年 5 月，由美国副总统切尼牵头的“美国国家能源政策发展小组”，建议布什总统进一步加大公共财政对节能工作的支持力度，并强调要通过高技术，尤其是热电联

产、混合动力汽车等技术，提高能源利用效率。2003 年出台的“能源部能源战略计划”进一步把“提高能源利用率”上升到“能源安全战略”的高度，通过实施减免税、鼓励使用节能设备和购买节能建筑，进一步提高美国的能源利用效率。对新建节能住宅，凡在规定标准基础上节能 30%以上的，可以减免税 1000 美元；节能 50%以上的，可以减免税 2000 美元。此外，美国各州政府还根据当地的实际情况，分别制定了地方节能产品税收减免政策。例如，加利福尼亚州节能型洗碗机、洗衣机、热水设备，减税额度在 50～200 美元，安装地热采暖系统和太阳能水加热系统，减税最高可达 1500 美元。

2）积极开发新能源技术，加强 CCS 技术研发

美国近年来重点投资研发的能源技术主要包括：氢能经济的研究计划，力图通过开发氢能经济体系降低对国外石油的依赖；“未来发电”（Future Gen）计划，可提高煤炭的利用效率；第四代核裂变反应堆，为进一步发展核能做技术准备；重返国际热核聚变堆的合作研究，重视核聚变能的开发。此外，美国还关注天然气水合物的研究，力图早日使天然气水合物成为可用的能源资源。

美国早在 2000 年就开始由能源部主持正式开展 CCS 研发项目，其中将地质封存和海洋封存列为主要研究领域，同时研究陆地生态系统（森林、土壤、植被等）对 CO_2 的隔离作用。目前，CCS 技术已经成为美国气候变化技术项目战略计划框架下的优先领域。近期的研发重点包括：最优化碳隔离和管理技术，提高石油开采的 CCS 技术及地质储存技术。长期的研发选择则包括：未来其他类型的地质储藏和陆面隔离技术的发展，海洋在 CO_2 储藏中的地位及应用海洋进行碳隔离技术等。到 2005 年，美国已开展了 25 个 CO_2 地下构造注入、储存与监测的外场实验，并进入验证阶段。

3）地方政府提出限制温室气体排放目标，企业自愿减排意识逐渐提高

加利福尼亚州一直是美国能源与气候变化政策的先锋。施瓦辛格州长制定的加利福尼亚州政府长远目标是要减少 30%的温室气体排放，到 2012 年整个温室气体的排放下降 15%～16%。2006 年 8 月，加利福尼亚州通过了《全球温室效应治理方案》，这份地方法案规定到 2020 年，加利福尼亚州 CO_2 的排放量要控制在 1990 年的排放水平，并要求重点排放部门在 2008 年前报告温室气体排放量，在 2011 年前制定温室气体排放量限制标准和具体减排措施，并计划于 2012 年开始实施。加州还根据每户家庭的用电量，采取相应的激励机制。

美国国内一些石油、发电行业的大企业通过调整企业策略，自愿减少温室气体排放量。这种行为并非出于单纯的环保目的，而是考虑商业成本和利润因素，即避免在未来因过度排放温室气体而产生巨额罚金。2003 年，美国成立了全球第一个由企业发起的自愿参与温室气体排放权交易的组织——芝加哥气候交易所，其目标分为两个阶段：第一阶段为在 2003～2006 年将温室气体排放相对于 1998～2001 年水平平均每年削减 1%；第二阶段为在 2007～2010 年，将温室气体排放相对于 1998～2001 年水平削减 6%。目前该交易所有会员约 20 个，其中包括杜邦、福特、摩托罗拉等大企业。

4）不断加强研究，推进多边技术合作计划

美国拒绝批准《京都议定书》的主要理由之一就是认为对于全球变暖的科学认识目前尚不充分，有必要从各个方面重新审议气候变化政策。为此，美国气候变化的新

战略侧重于客观的科学探索，为决策提供依据包括探索各种可能结果的能力。2004年11月，美国政府成立了气候变化科技综合委员会，负责协调并理顺联邦机构对全球变化科学问题和先进能源技术的研究工作，向总统提出政策建议，并监管交叉性问题的科学和技术项目。与此同时，美国政府还设立了气候变化问题科学研究项目，研究自然因素和人为因素给全球环境系统造成的变化，对全球气候变化进行观测、研究和预测。

为了促进技术开发，美国还组织并参与了一些国际多边活动，主要包括：促进 CH_4 回收利用伙伴计划、氢能经济伙伴计划、碳收集领导人论坛、可再生能源与节约伙伴计划、主要经济体能源与气候论坛等，并与澳大利亚、巴西、加拿大、中国、欧盟、印度、日本等在上述领域进行区域性与双边合作。

2. 美国温室气体减排成效

在温室气体减排问题上，美国作为唯一没有批准《京都议定书》的发达国家，似乎一直是拖后腿的形象，但事实上，美国遵循2009年在哥本哈根气候变化大会上的减排承诺，即到2020年温室气体排放总量比2005年下降17%。2014年4月，美国国家环境保护局公布了向《公约》提交的第19份国家排放清单，2005～2012年的7年间，美国的温室气体排放量下降了近10%，即美国承诺的2020年减排目标已实现过半。而自美国1990年第一次公布国家排放清单至今，全美 CO_2 排放量仅增长了5.4%。

2014年6月，美国继续推出大规模碳减排计划，要将发电厂的碳污染在2005年的基础上减少30%，等同于消除美国机动车碳污染的2/3。

奥巴马政府2009年力推《美国清洁能源和安全法案》，2013年发布了“总统气候行动计划”，继续重申碳排放目标。2014年6月，美国国家环境保护局推出“清洁发电计划”提案，制定发电厂新的排放标准，力争到2030年电力部门 CO_2 排放比2005年降低30%。这一规定针对的是美国碳污染的首要来源，即美国600多家火力发电厂。媒体报道称该规定可能会导致数百家火电厂被关闭。美国国家环境保护局预计将发电厂的碳污染减少30%将等同于消除美国所有汽车和卡车碳污染的2/3。

美国对外援助投入规模长期排名世界第一，目前援助额占比维持在20%以上。其中环保援助逐年递增，2013年达5.3亿美元。美国在1961年就制定了《对外援助法》，之后不断对其扩充，援助范围几乎全面覆盖农业、卫生、教育、环境等各种领域，其后又设立多个专项援助法律。根据OECD的统计数据，在援助国队伍中，美国自20世纪60年代起就一直是世界上最大的官方发展援助国，援助额占比一度高达50%，目前仍然维持在20%左右，且近年投入额从2001年的150亿美元增长到2013年的315亿美元，翻了一倍。而其中对外环保项目援助也在逐年递增，从2009年的1.9亿美元增至2013年的5.3亿美元。

在气候援助上，美国的援助从未停止，还一直在增加，2009年发达国家筹资300亿美元快速启动资金的承诺中，美国也兑现了75亿美元。

根据OECD的数据，发达国家在过去十年里对于双边气候变化上的援助总额一直在稳步增长，2010～2012年平均达到每年215亿美元的规模，占所有官方援助额度的16%。

其中中国作为第三大接收国，接收了其中 6%的援助份额。

7.2.4 发展中国家

发展中国家在面临消除贫困和经济发展的巨大压力下，坚持在可持续发展框架下应对气候变化，为减缓全球气候变化做出了重要贡献。巴西、印度、南非等主要发展中国家实施了一系列旨在控制温室气体排放、增强森林碳汇的政策措施，这些政策和措施主要包括：出台国家层面的应对气候变化行动方案，强化节能和提高能效工作，努力提高可再生能源利用比例，加强森林管理等（表 7.3）。

表 7.3　主要发展中国家应对气候变化的规划

国家	规划名称	发布时间
巴西	《应对气候变化国家计划（征求意见稿）》	2008 年 9 月
	"国家能源计划–2030"	2007 年 11 月
	"亚马孙可持续发展计划"	2008 年 5 月
印度	"应对气候变化国家计划"	2008 年 6 月
	《第十一次可再生能源规划》	2006 年 12 月
	"能效行动计划"	2008 年
墨西哥	"应对气候变化国家战略"	2007 年 5 月
南非	"南非应对气候变化国家战略"	2004 年 9 月
	"南非能效战略"	2005 年 3 月

1. 巴西温室气体减排行动

巴西应对气候变化的代表性政策是发展可再生能源和加强森林保育。主要包括大力促进乙醇燃料、生物柴油和甘蔗渣的生产和使用，促进水电及其他可再生能源电力开发，努力控制森林砍伐的森林保育等政策。

巴西的《国家应对气候变化方案》提出了一系列减缓气候变化目标，包括：鼓励生产部门提高能效，降低单位 GDP 能耗；保持巴西可再生能源发电在国际上的领先地位；鼓励更多的国家使用生物质燃料，并构建国际生物质燃料市场；防止毁林，将非法砍伐森林降低到零；促进气候变化及其影响研究，以减少社会经济为应对气候变化付出的代价。为实现上述目标，巴西制定了有效的政策和机制：促进科学研究、技术研发与生产部门的合作；增强公众关于环境和社会问题的意识；加强森林养护，确保其对投资者有足够的回报和吸引力；鼓励和推动碳减排增汇方面的国际合作。此外，巴西在 2007 年发布的《气候变化白皮书》中，详细阐述了巴西为减缓气候变化正在实施的各种长期政策和措施，重点涉及能源活动、毁林排放和 CDM 三个方面。在可再生能源发展和节能领域，巴西将继续推进实施国家乙醇燃料计划，国家生物柴油生产和使用计划，替代能源发电计划，国家节约用电计划，油气及其衍生品合理使用计划，以及促进资源回收和循环利用计划；在控制毁林排放方面，巴西将进一步加强实施“亚马孙地区行动计划”和“森林火灾预防和控制计划”；巴西还将继续充分利用 CDM 参与国际合作。

2. 印度温室气体减排行动

加快可持续发展，适应气候变化是印度应对气候变化政策的基石。主要包括控制人口增长，发展电力行业，在经济系统各部门提高能源利用效率，发展道路交通和交通燃料的低碳化，强化森林保护和管理，推进能源和气候变化标准制定与教育。

印度于 2008 年 6 月发布了“国家应对气候变化行动计划”，指出印度遵循共同但有区别的责任和各自的能力原则，愿尽其所能参与全球应对气候变化合作，共同解决气候变化带来的不利问题，但印度的发展目标重点在于快速发展经济，以消除贫困和提高生活水平，同时也能减轻应对气候变化的脆弱性，并提出了将执行至 2017 年以后的八大计划：太阳能利用计划；提高能源利用效率计划；可持续住区计划；水资源管理计划；喜马拉雅生态系统保护计划；“绿色印度”森林保育计划；可持续农业计划和提高对气候变化战略认识计划。印度气候政策的基本出发点是通过快速的、可持续的经济发展，丰富其财政、科技和人力资源，在实现国家发展目标的同时，产生有利于应对气候变化的共生效益。此外，印度政府在 2007 年发表的《印度：解决能源安全和气候变化问题》中，提出了兼顾能源安全、减缓和适应气候变化等多重目标。与此同时，印度计划每年用于增强适应气候变化能力建设的投资将达到 GDP 的 2%以上，涉及领域包括农业、水资源利用、健康和卫生、森林海岸带基础设施等。印度在 2007 年还成立了国家气候变化影响评估委员会及总理气候变化咨询委员会。

3. 墨西哥温室气体减排行动

墨西哥应对气候变化的代表性政策是控制能源与农林部门的温室气体排放，并希望通过实施碳排放权交易，来引导国内的温室气体减排行动。

墨西哥 2007 年发布了“气候变化国家战略”，提出了从 2007～2012 年的减缓、适应及相应的科技研究计划。在剖析各部门减缓潜力的基础上，墨西哥将减缓重点放在“能源生产和使用活动”及“森林、土地利用变化和农业活动”两个主要领域。与能源活动相关的减缓措施主要是提高能源效率，在水泥、钢铁、制糖等行业发展热电联产，用天然气替代燃油发电和发展可再生能源等；与森林和土地利用变化相关的减缓措施，则主要包括强化森林资源管理和保护，再造林和商业化种植，转变农业土地种植模式，牧场和草地恢复等。此外，墨西哥还考虑首先在石油和电力部门分阶段试行碳排放交易制度，以期通过市场手段形成碳排放权的价格信号，以刺激和保证减缓行动的持续性。此外，墨西哥还提出在全球建立应对气候变化的“绿色基金”，要求全世界各个国家按照各自相应的能力进行注资，面向世界各国针对“能源生产和使用活动”和“森林、地利用变化和农业活动”两个主要领域的应对气候变化项目进行资助。

4. 南非温室气体减排行动

南非应对气候变化的代表性政策是促进能源多样性和提高能效。主要包括：改革和重组能源生产行业，加大水电和天然气进口，发展可再生能源和核能，促进能源供应多样化发展，提高能源生产和高能耗行业的能源效率。

南非政府早在 2004 年就 CDM 发布了“南非应对气候变化国家战略”，明确了各部门拟采取的政策与行动。CDM 项目的指定管理机构要迅速发挥其职能，以促进南非 CDM 项目的开发、申请和批准；国家矿业和能源部要积极协调各利益方，努力实现《南非可再生能源白皮书（2003）》提出的到 2013 年，在 2000 年基础上新增可再生能源 100×10^8kW · h，以及“能源效率战略（2005）”提出的到 2014 年，实现节能至少 12%的目标；南非科技部要开展响应气候变化技术需求分析及气候变化相关研发和项目示范；中央政府要结合可持续发展战略，制定国家温室气体减缓计划，并充分利用国际合作机制，促进南非的可持续发展进程；贸易和工业部及相关工业部门要制定协调一致的政策和激励措施，并吸引发达国家合作方投资南非的气候变化相关项目；南非开发银行和工业开发集团等公共部门和投融资机构要积极投资气候变化项目，尤其是适应性项目；农业、水利、森林及卫生健康等政府部门要制定相应的气候变化适应行动计划；立法机构要利用正在进行的法律改革，把温室气体排放问题纳入空气质量法等相关环境法规等。2008 年南非政府提出了减缓气候变化的总目标，主要内容包括：温室气体排放在 2020～2025 年达到峰值，再经过十几年的稳定期后，实现排放量的绝对下降，采取更合适的碳税机制或其他市场机制来提高碳价，以促进控制温室气体排放目标的实现。

发展中国家的行动增加了对减缓气候变化技术发展的需求，综合运用各种节能增效、发展可再生能源和低碳技术等措施是主要发展中国家减缓气候变化的重要手段。无论是印度的可持续发展目标，还是巴西和南非的发展可再生能源、调整能源结构目标，或是墨西哥的控制温室气体排放目标，还有各个国家都强调的提高能效目标，都必须依赖于可负担的先进技术的开发和综合利用，尤其是发达国家向发展中国家进行可测量、可报告和可核查的技术转让，这是这些发展中国家开展有效国内减缓行动的重要条件，也是从《公约》到《巴厘行动计划》所强调的重要内容。

当技术解决方案处于早期的研究阶段时，发达国家应该积极与发展中国家合作，通过共同研发促进发展中国家的应对气候变化能力建设，同时，可以使所研发的技术从一开始就考虑发展中国家的国情，以促使后续的推广应用更加迅速和有效。对于在发达国家已经成熟和采用的技术，适当的融资模式和知识产权环境是实现其向发展中国家转让的重要问题。前者可以通过多边合作机构、国际碳市场、国际应对气候变化基金及 CDM 等方式进行融资，使技术转让成为可操作的业务；后者有赖于发展中国家国内知识产权环境的建设，以及发达国家对于应对气候变化技术的知识产权管制的特别放松处理。

7.2.5 中国

1. 中国温室气体减排行动

实现2020年我国单位GDP CO_2排放比2005年降40%～45%目标有赖于进一步提高能源效率，大力发展可再生能源，积极推进核电建设。如果可再生能源与核电的发展目标不能如期完成，或者是节能降耗的进展达不到预期效果，都将对目标的实现产生实质性的影响，因此，相关配套政策措施的制定及有效执行将是至关重要的。近年来，我国先后出台了《节能中长期专项规划》《可再生能源中长期发展规划》《核电中长期发展规划》及《中国应对气候变化国家方案》等相关政策和行动规划，对于指导我国应对气候变化，特别是有效控制温室气体排放具有重要的意义。

1）发布应对气候变化国家方案

2007年6月，国务院正式印发了《中国应对气候变化国家方案》，该方案明确了到2010年我国应对气候变化的具体目标、基本原则、重点领域及政策措施，是我国第一部应对气候变化的全面的政策性文件，也是发展中国家颁布的第一部应对气候变化的国家方案。

2018年，生态环境部发布了《中国应对气候变化的政策与行动2018年度报告》对我国在调整产业结构、优化能源结构、控制非能源活动温室气体排放、增加碳汇等方面采取的行动进行了概述。

2）出台一系列节能政策与行动

我国高度重视能源节约问题，把节约资源作为基本国策，坚持开发与节约并举，节约优先的方针。采取的主要政策和行动包括：一是加强法制建设，修订了《中华人民共和国节约能源法》，国务院办公厅发布了《国务院办公厅关于严格执行公共建筑空调温度控制标准的通知》；二是实施有利于节能的经济政策，调整部分矿产品资源税，适时调整成品油、天然气价格，实行节能发电调度的政策，下调小火电上网电价，加大差别电价实施的力度，出台支持企业节能技术改造、高效照明产品推广、建筑供热计量及节能改造等资金管理办法，出台鼓励节能环保小排量汽车、限制塑料购物袋等政策，建立政府强制采购节能产品制度；三是把节能减排放在更加突出的位置，国务院成立了节能减排工作领导小组，印发了《节能减排综合性工作方案》，全面部署节能减排工作；四是建立节能减排目标责任制，国务院印发了节能减排统计监测及考核实施方案和办法，明确对各省份和重点企业能耗目标完成情况进行考核，实行严格的问责制；五是加快实施重点节能工程，通过实施十大重点节能工程可形成约2.4×10^8t标准煤的节能能力；六是推动重点领域节能降耗，开展千家企业节能行动，推动企业开展能源审计、编制节能规划，公告企业能源利用状况，启动重点耗能企业能效水平对标活动，积极推广节能省地环保型建筑和绿色建筑，新建建筑严格执行强制性节能标准，加快既有节能改造，继续完善和严格执行机动车染料消耗量限制标准；七是提高能源开发转换效率，电力、煤炭领域推广使用高效节能设备，加快淘汰小火电、小煤矿等。

3）实施发展可再生能源的法规与政策

2006年正式实施的《中华人民共和国可再生能源法》，明确了可再生能源优先上电网、全额收购、价格优惠及社会分摊的政策，建立可再生能源发展专项资金，支持资源评价与调查、技术研发、试点示范工程建设和农村可再生能源开发利用。在《可再生能源中长期发展规划》等相关规划中，明确要求将继续积极推进水电流域梯级综合开发，在做好环境保护和移民安置工作的前提下，加快大型水电建设，因地制宜开发中小型水电。加快风电发展速度，以规模化带动产业化，提高风电设备研发和制造能力，努力建设若干百万千瓦级的风电场和千万千瓦级的风电基地。以生物质发电、沼气、生物质固体成型燃料和液体燃料为重点，大力推进生物质能源的开发和利用。积极发展太阳能发电和太阳能热利用，加强新能源和替代能源的研发与应用。不断加强对煤层气和矿井瓦斯的利用，发展以煤层气为燃料的小型分散电源。在《核电中长期发展规划》中，提出积极发展核电，推进核电体制改革和机制创新，努力建立以市场为导向的核电发展机制；加强核电设备研发和制造能力，提高引进消化吸收及再创新能力；加强核电运行与技术服务体系建设，加快人才培训实施促进核电发展的税收优惠和投资优惠政策；完善核电安全保障体系，加快相关法律法规建设。我国还将进一步推进煤炭清洁利用，加大天然气开发利用力度，发展大型联合循环机组和多联产等高效、洁净发电技术，研究 CCS 技术。

4）建立和完善相关法规及产业政策，发展循环经济

积极推进资源利用减量化、再利用、资源化，大力发展循环经济，从源头和生产过程减少温室气体排放。近年来，循环经济从理念变为行动，在全国范围内得到迅速发展。中华人民共和国全国人民代表大会通过了《中华人民共和国清洁生产促进法》、《中华人民共和国循环经济促进法》等法律法规，国务院发布《国务院关于加快发展循环经济的若干意见》，提出了发展循环经济的总体思路、近期目标、基本途径和政策措施。有关部门发布了循环经济评价指标体系，制定了促进填埋气体回收利用的激励政策，发布了《城市生活垃圾处理及污染防治技术政策》及《生活垃圾卫生填埋处理技术规范》（GB 50869—2013）等行业标准，推动垃圾填埋气体的收集利用，减少 CH_4 等温室气体的排放。有关部门通过研究推广先进的垃圾焚烧、垃圾填埋气体回收利用技术，发布相关技术规范，完善垃圾收运体系，开展生活垃圾分类收集，有效提高了垃圾的资源综合利用率，进一步推动了垃圾处理产业化发展。

5）加强生态保护和建设，增加碳吸收汇

通过制定实施植树造林、退耕还林还草、天然林资源保护、农田基本建设等政策措施和重点工程建设，进一步增加了陆地碳贮存和吸收汇。主要包括：一是继续完善各级政府造林绿化目标管理责任制和部门绿化责任制，进一步探索市场经济条件下全民义务植树的多种形式，增加森林资源和林业碳汇；二是继续推进天然林资源保护、退耕还林还草、京津风沙源治理、防护林体系、野生动植物保护及自然区保护和建设等林业重点生态建设工程，进一步保护现有森林碳贮存。

2. 我国温室气体减排成效

1995～2014 年，我国东部、中部、西部和东北四大地区碳排放强度呈现波动下降趋势，年均变化率浮动在−5.7%左右（图 7.1）。在时间序列上看，我国四大地区碳排放强

度变化可以分为三个阶段。

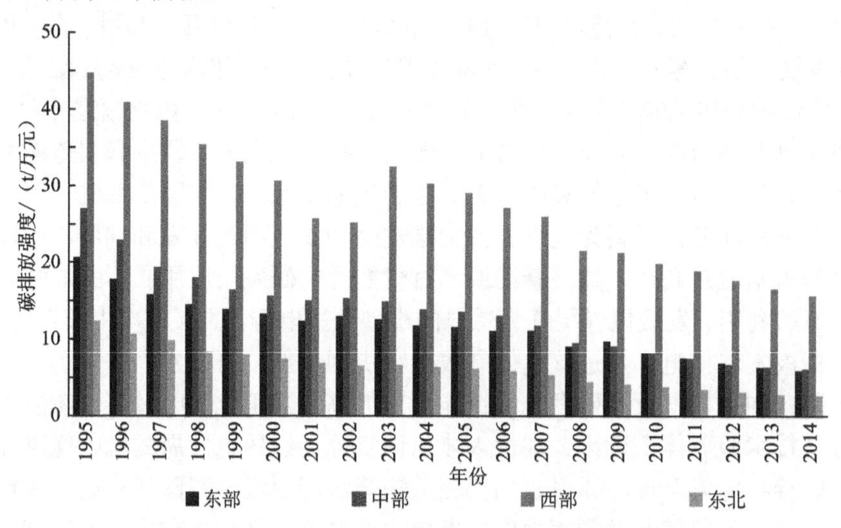

图 7.1　1995～2014 年中国各地区碳排放强度变化情况

资料来源：《中国能源统计年鉴》（1996～2015 年）、《中国统计年鉴》（2015 年）整理计算得到

第一阶段为 1995～2002 年。在该阶段，东部、中部、西部及东北四大地区碳排放强度下降最快。东北地区由 1995 年的 12.36t/万元下降至 2002 年的 6.53t/万元，西部地区从 1995 年的 44.7t/万元到 2002 年的 25.19t 万元，中部地区由 1995 年的 26.99t/万元降至 2002 年的 15.31t/万元，东部地区由 1995 年的 20.67t/万元下降至 2002 年的 12.97t/万元。

第二阶段为 2002～2008 年。在该阶段碳排放强度继续降低，由于国家在该阶段对中部实行了中部崛起战略，中部下降速度最快，从 2002 年的 15.31t/万元下降至 2008 年的 9.49t/万元；其次是东北地区，从 2002 年 6.53t/万元下降至 2008 年的 4.46t/万元；再次是东部地区，从 2002 年的 12.97t/万元到 2008 年 9.06t/万元。

第三阶段为 2008～2014 年。在该阶段四大地区碳排放强度继续降低，截至 2014 年，东部、中部、西部及东北四大地区分别降至 5.9t/万元、6.11t/万元、15.65t/万元及 2.67t/万元。在区域层面上，东北地区碳排放强度最低，其次是东部和中部地区，西部地区碳排放强度最高。

在区域层面上，东部地区碳排放强度最低，且仅为其他三个地区碳排放强度的一半左右，其次是东北和中部地区，西部地区碳排放强度最高。分析其原因，东部地区经济发展较快，且经济基础比较好，新能源的开发和先进的技术率先在这里应用，且产业结构不断被优化。与此同时，随着国家实行西部大开发、中部崛起及振兴东北老工业基地等政策颁布，东部地区有些产业开始向这些地区转移，这三个地区经济也开始更进一步的增长，使得这三个地区的碳排放强度也开始不断下降。

选取 1995 年、2002 年、2008 年和 2014 年的数据来研究 1995 年以来我国各地区碳排放强度的空间演变情况。碳排放强度基本呈现北高南低，以及高值-高值、低值-低值分别集聚的格局，表现为东部地区碳排放强度最低，西南地区次之，西北和东北地区碳排放强度较高，这与经济发展方式有着很强的相关性。总体来看，1995 年以来我国各地区的碳排放强度逐渐减小，但仍基本保持上述分异特征，至 2014 年大部分省域碳排放得到较大改善，这说明经济发展转方式及调控结构的作用正在显现。

1）经济方面的成效

碳排放强度与经济发展水平、结构、效益及能力方面密切相关。从发展水平和结构看，我国经济发展迅速，地区间的差距仍然巨大。以 1995 年为基期将人均 GDP 进行削减之后，我国人均 GDP 从 1995 年的 4659.4 元增长至 2014 年的 47304.4 元，年均增长 45.76 个百分点。具体到东部、中部、西部及东北四大地区，东部最高，为 675122.8 元，其次是东北（48037.4 元）、西部（36169.51 元），中部（35527.2 元）最少；而年均增长率，西部最高（57.96%），然后中部（54.72%）、东北（42.94%），最后是东部（38.76%）。在产业结构方面，我国的第三产业产值占整个 GDP 比重在不断上升，意味着服务业发展迅速，第三产业耗能相对低于第一产业和第二产业，这有利于减缓碳排放。具体来说，我国第三产业产值 GDP 比重从 1995 年的 33.83%增长至 2014 年的 44.64%，年均增长 1.27 个百分点。具体到地区间，东部（1.41%）最高，其次是东北（1.16%）、西部（1.02%），最后是中部（0.91%）。这说明经济发展比较好的东部地区第三产业占比最高，产业结构更为优化。从经济发展效益与能力来看，我国整体平均工业资产负债率在波动中不断下降，从 20 世纪 90 年代的 60%以上，不断下降至 60%以下。具体到地区间，东部地区负债率最低，西部地区负债率最高。总体来说，东部地区发展水平、结构合理、效应与能力都高于其他地区，这主要源于东部地区交通、自然、经济基础等条件高于其他地区，而东北地区由于过去是东北老工业基地，发展仅落后于东部地区，而西部地区和中部地区随着“西部大开发”“中部崛起”“一路一带”及产业转移的实施，使得最近几年发展速度加快。经济发展水平提高，一方面规模扩张、能源使用过渡会导致碳排放量增多；另一方面，为新清洁技术的研发和环保治理支出提供了强有力的资金支持，有利于高效循环利用能源、环境污染的控制和碳排放量的降低等，同时也会促进产业结构优化，第三产业比重上升，改善当前不合理的能源消费模式，进而控制碳排放增长。并且，随着经济增长，单位 GDP 的碳排放量（即碳排放强度）也会降低，进而减缓气候变化。

2）农业方面的成效

农业既是温室气体的排放源，也是最易遭受气候变化影响的产业。从农业发展水平看，我国林业产值占农林牧渔总产值比重不断上升，从 1995 年的 3.81%上升至 2014 年的 4.61%，年均增长率为 1.05%。具体到地区间，林业产值占农林牧渔总产值比重依次排序为东部>中部>东北>西部。由于林业具有光合作用，林业占比增加，有利于减少碳排放。从农业发展效益来看，自 1995 年以来我国万元农业产值农业化肥使用量不断降低，年均增长率为-9.98%。具体到地区，万元农业产值农业化肥使用量年均平均增长率依次排序为东北>西部>中部>东部。农用化肥的使用是产生农业碳排放的重要的来源之一。随着其使用量的逐年降低，间接影响碳排放，减缓气候变化。

3）社会方面的成效

社会因素与碳排放息息相关。从人口与发展现状来看，1995 年以来我国人口密度稳步增加，由 1995 年的 125 人/km^{2}增长至 2014 年的 142 人/km^2，年均增长 0.68 个百分点。

地区间人口密度差距巨大。2014 年东部地区人口最为稠密，平均人口密度约 1000 人/km^2，其次是中部地区约为 355 人/km^2，东北地区和西部地区均较少，都不足 200 人/km^2，这主要是因为东部地区经济发展较好，就业就会多，吸引了大批其他地区的人到东部地区务工，使得东部地区的人口比较密集。

从从业人数来看，我国总体从业人口上升缓慢，目前年均增长率约为 0.77 个百分点，具体到地区，由于东部和东北地区经济基础较好，吸引了大批来自于中部、西部的劳动力，年均增长率均为正，而中部、西部地区均为负增长。劳动力占比也从 1995 年的 68.48%增长至 2014 年的 74.12%，提高了 5.64 个百分点；从地区来看，东北地区劳动力占比最高，其次是东部，最后是中部、西部地区。

从发展水平看，人均医疗保健支出从 1995 年的 152.59 元增长至 2014 年的 1347.07 元，年均增长率为 41.2%。具体到地区间，中部地区增长速度最高，东部地区增长最慢，这主要因为东部地区的基础大。城镇化率从 1995 年的 29.04%提高至 2014 年的 54.77%，上升约 25 个百分点。随着城镇化水平的提高，人们的生活水平也进一步提高，一方面对于汽车等高耗能消费品消费增加，增加了碳排放；另一方面由于人们生活水平的提高，开始注重实用清洁型能源，从而抑制了一部分碳排放。因此，城镇化水平的提高对于碳排放的影响是正是负各类学者的意见不一。使用清洁技术是抑制碳排放强度的重要手段之一，而要取得技术的进步，需要国家投入大量的科学研究与试验发展（R&D）经费，因此，从 R&D 经费投入强度来看，逐渐得到我国政府的重视，从 1998 年的 0.59%增长至 2014 年的 2.08%，上升了 1.49 个百分点；具体到地区间，仍然是东部投入最大，其次是东北，然后是中部，最后是西部地区。从平均受教育年限来看，我国的教育水平有了明显提高，从 1995 年的 6.75 年上升至 2014 年的 9.04 年；具体到地区，经济发展较好的东部受教育年限最高，其次是东北，然后是中部，最后是西部地区。人力资本一方面通过人口素质直接影响碳排放，另一方面通过技术进步间接影响碳排放，是影响碳排放的重要因素。

具体来说，随着居民收入的增加，其购买力增加，增加了能源的直接消费量及高含碳量商品的购买，同时，由于居民收入的增加，居民的消费观念和消费偏好得到改变，慢慢转向选择低碳产品，选择低碳的生活方式，这有利于降低碳排放量，减少碳排放强度，进而减缓气候变化。

4）资源环境方面的成效

资源的支持及环境治理的投入也与碳排放息息相关。在环境治理方面，环境污染治理投资占 GDP 的比重由 2002 年的 1.22%提高至 2014 年的 1.51%，提升了 0.29 个百分点，环境治理投入的提升，意味着我国对于环境污染治理加大了力度，这有利于减少碳排放强度。在资源支持方面，人均焦炭产量从 1995 的 0.14t/人增长至 2014 年的 0.42t/人；具体到地区，中部地区最高，其次是西部地区，然后是东北地区，最后是东部地区。人均发电量从 1995 年的 0.10×10^4（kW · h）/人增长至 2014 年的 0.50×10^4（kW · h）/人，年均增长 22.39%；具体到地区，西部最高，其次是东部，然后是中部，东北最低。

3. 我国地方政府温室气体减排成效

1）政策方案方面的成效

《中国应对气候变化国家方案》于 2007 年 6 月正式印发，这是我国首部有关应对气候变化方面的政策性文件。随着该方案的发布，全国各省（自治区、直辖市）人民政府也相继开始制订本地区的应对气候变化方案。例如，新疆维吾尔自治区人民政府于 2007 年 11 月发布自治区第一部气候变化应对方案《新疆维吾尔自治区应对气候变化实施方案》,该方案对 2010 年前新疆维吾尔自治区应对气候变化的方针对策进行了详尽的规划，并提出新疆维吾尔自治区到 2010 年实现万元 GDP 能耗比 2005 年下降 20%左右的目标。其他省份的气候变化应对方案编制工作也都陆续展开。2018 年，生态环境部发布了《中国应对气候变化的政策与行动 2018 年度报告》,明确了我国应对气候变化的政策与方向。由已经出台的一系列地方政府应对方案可以看出，具体可量化的节能减排目标和有针对性的减排措施已被正式提出，高效有序地实施这些措施，将有助于温室气体减排工作的开展。

2）考核制度方面的成效

为尽快完成减排的目标，地方政府出台了一套节能减排绩效考核体系，将绩效考核的结果与政府相关人员的升迁相挂钩，同时，将问责制和一票否决制运用到节能减排绩效考核中去。例如，山东省出台的《山东省节能目标责任考核体系实施方案》规定，采用定量和定性相结合的方式，设置节能目标完成情况指标和节能措施落实情况指标。节能目标完成情况为定量考核指标，节能措施落实情况指标为定性考核指标。

3）项目推动方面的成效

各省陆续采取了一系列的政策和措施。这些措施目前多是集中在减缓气候变化方面。例如，河北省提出了“双三十”节能减排示范工程、节能技术改造、“3255”循环经济示范工程等十大节能减排工程，在对“十一五”“双三十”节能减排项目继续巩固深化的基础上，通过重新筛选，选出单位能耗高、CO_2 排放总量大的 30 个重点县和 30 家重点企业，对其“双三十”节能减排示范工程继续深入实施。河北省统一对所有新老“双三十”单位进行推进、调度及考核，将考核结果计入干部工作绩效考核中，督促各有关部门切实履行工作职责，确保节能减排目标任务的完成，积极有效地推进全省减缓气候变化工作迈上新台阶。这些项目建设对发展低碳绿色城市提供了支持与保障。

4）科学研究方面的成效

各省积极开展气候变化研究，并成立了气候变化相关科研机构。例如，青海省成立了“防灾减灾重点实验室”。在气候变化监测评估中也旨在为青藏高原乃至全国应对气候变化、生态环境保护等提供科学支撑。江苏省于 2008 年成立气候变化中心，该中心也将全省气候研究、观测资源进行整合，通过建立气候变化、气象灾害资料数据库，全面提升全省应对极端气候变化的能力，为政府应对气候变化决策提供有力支持。这些科学研究计划的开展，有利于各省根据自身的气候变化特征采取相应的应对措施。地方政府支持的区域气候变化研究对减缓气候变化起到了非常积极的作用。

在 CDM 项目方面，《京都议定书》中所提及的 CDM 对强化地方政府减缓气候变化动机起到了很大的推动作用。我国作为 CDM 中最大的减排量提供者之一，积极助力发达国家完成《京都议定书》中的节能减排任务。截至 2014 年 5 月 5 日，我国 CDM 注册项目达到 5073 项，大多数省份的 CDM 项目集中在节能和提高能效、新能源和可再生能源两个方面，并出台了一系列促进 CDM 项目的文件，对减少 CO_2 排放量做出了突出的贡献，表 7.4 列出了截至 2014 年 5 月 5 日，各省份的 CDM 项目估计年 CO_2 减排量。

表 7.4　各省份的 CDM 项目估计年 CO_2 减排量　　单位：t CO_2

省份	估计年 CO_2 减排量	省份	估计年 CO_2 减排量	省份	估计年 CO_2 减排量	省份	估计年 CO_2 减排量
四川	88 847 082	山西	55 822 361	内蒙古	55 177 162	云南	49 645 140
江苏	44 491 972	浙江	43 327 340	山东	43 190 852	辽宁	33 885 474
甘肃	31 783 829	河北	31 426 715	新疆	31 204 598	河南	25 742 724
贵州	25 735 347	黑龙江	23 640 360	广东	20 812 849	湖南	19 411 666
吉林	18 947 535	陕西	15 873 914	广西	15 626 533	宁夏	15 149 283
福建	14 990 516	湖北	14 670 547	安徽	13 568 746	重庆	12 720 879
北京	10 140 381	上海	8 510 241	江西	8 263 601	青海	5 189 157
天津	2 601 311	海南	1 227 525	西藏	0	合计	781 625 640

资料来源：国家发展和改革委员会应对气候变化司，截至 2014 年 5 月 5 日，全部 5073 项 CDM 项目，港、澳、台资料缺失，未统计在内。

第8章 减缓气候变化的主要途径、措施

适应和减缓是减轻和管理气候变化风险相辅相成的战略。未来几十年的显著减排可降低21世纪及之后的气候风险、提升有效适应的预期、降低长期减缓的成本和挑战并可促进有气候抗御力的可持续发展路径。

2017年以来，中国政府在调整产业结构、优化能源结构、节能提高能效、控制非能源活动温室气体排放、增加碳汇等方面采取一系列行动，取得积极成效。2017年中国碳强度比2005年下降约46%，已超过2020年碳强度下降40%～45%的目标。

8.1 调整产业结构

8.1.1 大力发展服务业

2017年，中国服务业的发展速度持续加快，对经济增长贡献率达到58.8%；服务业增加值占GDP比重达到51.6%，与上年持平。2018年上半年，服务业平稳增长，比第二产业增加值增速高出1.5个百分点；服务业增加值占全国GDP比重为54.3%，比上年同期提高0.3个百分点，比第二产业高13.9个百分点。服务业作为国民经济第一大产业，有效支撑和推动了国民经济稳中向好，2018年上半年服务业对国民经济增长的贡献率达到60.5%，比第二产业高23.8个百分点；拉动全国GDP增长4.1个百分点，比第二产业高1.6个百分点。

8.1.2 积极发展战略性新兴产业

2017年1月，国家发展改革委会同有关部门组织编制了《战略性新兴产业重点产品和服务指导目录（2016版）》，涉及战略性新兴产业5大领域8个产业；工业和信息化部、国家发展改革委联合发布《信息产业发展指南》，引导“十三五”时期信息产业持续健康发展。在相关政策指导下和重点行业、企业持续快速增长的带动下，战略性新兴产业稳步增长。2017年全年规模以上工业战略性新兴产业增加值比上年增长11.0%，高技术制造业增加值增长13.4%，占规模以上工业增加值的比重为12.7%。2017年，新能源汽车产销量分别为79.4万辆和77.7万辆，同比增长53.8%和53.3%。2018年上半年，新能源汽车产销量分别为41.3万辆和41.2万辆，同比分别增长94.9%和111.5%。

8.1.3 加快化解过剩产能

国家发展改革委在2017年和2018年先后印发《关于做好2017年钢铁煤炭行业化解过剩产能实现脱困发展工作的意见》《关于推进供给侧结构性改革防范化解煤电产能过剩风险的意见》《关于做好2018年重点领域化解过剩产能工作的通知》等文件，不断深化供给侧结构性改革，取得显著成效。2017年，煤炭、钢铁行业圆满完成全年化解过剩产能目标任务，其中化解钢铁过剩产能超过5500万t，化解煤炭过剩产能2.5亿t，淘汰停建缓建煤电项目共计超过6500万kW。此外，中央企业中，中国化工关停合成氨、尿素等过剩产能250万t，实现对过剩产能项目建设“零投资”；中国远洋海运报废处理老旧运营船舶近300万载重吨，有效降低了船队能耗。

2017年，中国在经济结构持续优化的同时，实现了2011年以来经济总量增速首次回升，GDP比上年增长6.9%，增速比上年加快0.2个百分点，其中，第一产业、第二产业和第三产业分别增长3.9%、6.1%和8.0%，第一、二、三产业增加值占GDP的比重分别为7.9%、40.5%和51.6%。

8.2 优化能源结构

8.2.1 继续严格控制煤炭消费

2017年，国家发展改革委发布《北方地区冬季清洁取暖规划（2017-2021年）》，提出到2019年和2021年北方地区清洁取暖率分别达到50%和70%，在京津冀及大气污染传输通道“2+26”城市形成天然气与电供暖等替代散烧煤的清洁取暖基本格局。国家发展改革委积极推动京津冀及周边、长三角、珠三角等重点地区实施燃煤锅炉节能环保改造、余热暖民、浅层地能利用等重点工程，印发《关于加快浅层地热能开发利用促进北方采暖地区燃煤减量替代的通知》，会同有关部门对重点地区煤炭消费减量替代目标任务完成情况进行监督检查。2017年各重点地区都完成了国务院《大气污染防治行动计划》的2013～2017年煤炭消费减量目标。2018年，印发《中共中央国务院关于全面加强生态环境保护坚决打好污染防治攻坚战的意见》，要求重点区域继续实施煤炭总量控制，到2020年，北京、天津、河北、山东、河南五省（直辖市）及珠三角区域煤炭消费总量比2015年下降10%左右，上海、江苏、浙江、安徽和汾渭平原下降5%左右。2017年，全国煤炭消费总量呈总体稳定态势，京津冀等地区的煤炭消费量呈持续下降趋势。

8.2.2 推进化石能源清洁化利用

2017年以来，国家发展改革委建立完善优先发电制度，有序缩减火电电量，为清洁能源预留空间，在吉林、甘肃、内蒙古等地开展就近消纳试点，在青海探索全清洁能源连续供电，鼓励实施电能替代，促进清洁能源消纳。继续推进煤炭绿色高效开发利用，推广成熟先进节能减排技术应用，加快煤电机组超低排放改造。2018年3月，国家发展改革委、国家能源局发布《关于提升电力系统调节能力的指导意见》，实施火电灵活性提升工程。截至 2017 年底，全国累计完成煤电超低排放改造 7 亿 kW，节能改造 6.04 亿 kW，淘汰关停落后煤电产能 2000 万 kW 以上。持续推进油品质量升级，组织扩大生物燃料乙醇生产和推广使用车用乙醇汽油，2017 年 1 月 1 日起全国全面供应国五标准车用汽柴油，7 月 1 日起全国供应与国四标准车用柴油相同硫含量（50ppm）的普通柴油，10 月 1 日起在“2+26”城市提前供应国六标准车用汽柴油，11 月 1 日起在全国范围提前供应硫含量不大于 10ppm 的普通柴油。加快推进天然气利用，2017 年国家发展改革委联合多部门发布《加快推进天然气利用的意见》，提出实施城镇燃气工程、天然气发电工程、工业燃料升级工程和交通燃料升级工程。2017 年，全国天然气消费量达到 2386 亿 m^3，比 2016 年增长 14.8%。

8.2.3　大力发展非化石能源

2017 年以来，国家能源局发布《可再生能源发展“十三五”规划实施的指导意见》等文件，推动可再生能源规模化发展。2017 年 10 月和 11 月，国家发展改革委、国家能源局联合发布《关于促进西南地区水电消纳的通知》《解决弃水弃风弃光问题实施方案》，加大可再生能源并网力度。2017 年 2 月，国家发展改革委、财政部、国家能源局联合印发《关于试行可再生能源绿色电力证书核发及自愿认购交易制度的通知》，探索用市场机制推动可再生能源发展。水利部启动绿色小水电站创建工作，印发《关于推进绿色小水电发展的指导意见》，颁布《绿色小水电评价标准》。2017 年 11 月，原国家林业局发布了第一批《林业生物质能源主要树种目录》。截至 2017 年底，全国可再生能源发电装机达到 6.5 亿 kW，同比增长 14%，可再生能源发电装机约占全部电力装机的 36.6%，同比上升 2.1%。2017 年，全国水电、风电、太阳能发电量共 1.6 万亿 kW · h 时，同比增长 989 亿 kW ·h。通过采取系列措施，2017 年中国能源结构进一步优化，煤炭、石油、天然气和非化石能源在能源消费中占比分别为 60.4%、18.8%、7.0%和 13.8%，比 2016 年分别下降 1.6%、提高 0.5%、提高 0.6%、提高 0.5%。

8.3　节能提高能效

8.3.1　强化目标责任

“十三五”时期，国家实行能源消耗总量和强度“双控”行动，国家“十三五”规划《纲要》要求“十三五”全国单位 GDP 能耗下降 15%，能源消费总量控制在 50 亿 t 标准煤以内。2017 年以来，国家发展改革委会同有关部门认真落实党中央、国务院关于能源消费总量和强度“双控”的工作部署，积极采取各项措施，推动“双控”工作。根据国务院要求，每年组织开展省级人民政府能耗“双控”考核；制修订了《节能监察办法》《固定资产投资项目节能审查办法》《重点用能单位节能管理办法》等节能法规，加强节能法律法规执行情况监督检查；强化重点用能单位节能管理，组织开展重点用能单位“百千万”行动，各地区将能耗总量控制和节能目标分解到重点用能单位。在一系列措施的大力推动下，2016～2017 年全国能耗“双控”达到了“十三五”时间进度要求。

8.3.2　完善统计制度和标准体系

2017 年，国家统计局修订完善《能源统计报表制度》，扩大能源生产和经销统计调查范围，完善节能减排基础数据统计制度。国家发展改革委发布《高效节能家电产品销售统计调查制度（试行）》，积极推动绿色消费。原质检总局和国家发展改革委发布《关于进一步加强能源计量工作的指导意见》，完善能源计量体系。国家发展改革委、国家标准委印发《节能标准体系建设方案》，全面部署 2020 年前国家、行业、地方节能标准体系建设工作。国家发展改革委、原质检总局和国家标准委等继续推进实施“百项能效标准推进工程”。国家能源局推动“互联网+”智慧能源、电动汽车充电设施、太阳能发电、天然气发电、储能以及能源安全生产等领域有关标准制（修）订工作。国家发展改革委会同原质检总局印发《重点用能单位能耗在线监测系统推广建设工作方案》，推进重点用能单位能耗在线监测系统建设。原质检总局组织开展节能产品惠民工程相关产品能效标识专项执法检查行动。

8.3.3　推广节能技术和产品

2018 年 2 月，国家发展改革委发布《国家重点节能低碳技术推广目录（2017 年本，节能部分）》，公布煤炭、电力、钢铁、有色、石油石化、化工、建材等 13 个行业共 260 项重点节能技术。财政部、国家发展改革委定期调整发布节能产品政府采购清单和环境标志产品政府采购清单，对清单产品实行强制采购和优先采购支持政策。2017 年节能环保产品政府采购规模达到 3444 亿元，占同类产品的比重超过 90%。财政部、税务总局、工业和信息化部、交通运输部联合发布《关于节能新能源车船享受车船税优惠政策的通知》，对节能汽车减半征收车船税。

8.3.4　加快发展循环经济

2017 年 1 月，国家发展改革委、财政部、环境保护部、国家统计局联合印发《循环经济发展评价指标体系（2017 年版）》，对各地开展循环经济实践予以指导。2017 年 5 月，国家发展改革委等 14 个部委联合印发《循环发展引领行动》，对“十三五”期间循环经济发展工作做出统一安排和整体部署。国家发展改革委发布《关于推进资源循环利用基地建设的指导意见》，提升城市废弃物精细管理水平。工业和信息化部等 7 部门印发《新能源汽车动力蓄电池回收利用管理暂行办法》，推动建立新能源汽车动力蓄电池回收利用体系。国家标准委、国家发展改革委批准 26 家单位开展循环经济标准化试点示范工作。

8.3.5　推进建筑领域节能和绿色发展

2017 年，住房城乡建设部印发《建筑节能与绿色建筑发展“十三五”规划》《住房城乡建设科技创新“十三五”专项规划》，推进建筑领域绿色发展。全国省会以上城市保障性住房、政府投资公益性建筑以及大型公共建筑开始全面执行绿色建筑标准，北京、天津、上海、重庆、江苏、浙江、山东等地已在城镇新建建筑中全面执行绿色建筑标准。住房城乡建设部会同国家发展改革委、财政部、国家能源局制订了《关于推进北方采暖地区城镇清洁供暖的指导意见》，会同财政部、原环境保护部、国家能源局确定了第一批 12 个北方地区冬季清洁取暖试点城市，会同银监会确定了第一批 29 个公共建筑能效提升重点城市，促进装配式建筑发展，加大绿色建材推广力度。截至 2017 年底，全国城镇新建建筑执行节能强制性标准比例基本达到 100%，累计建成节能建筑面积 170 亿 m^2，节能建筑占城镇民用建筑面积比重超过 51%；全国城镇累计建设绿色建筑面积 23.1 亿 m^2，绿色建筑占城镇新建民用建筑比例超过 40%；北方采暖地区累计完成既有居住建筑节能改造面积 13 亿 m^2，夏热冬冷地区累计完成既有居住建筑节能改造面积 1 亿 m^2；全国城镇太阳能光热应用集热面积 4.95 亿 m^2，浅层地热能应用面积 5.2 亿 m^3；全国已有 456 个建材产品获得绿色建材评价标识。

8.3.6　推进交通领域节能和绿色发展

2017 年，交通运输部先后印发《推进交通运输生态文明建设实施方案》《关于全面深入推进绿色交通发展的意见》，明确了 2020 年绿色交通发展目标和重点任务。发布《关于全面加强生态环境保护坚决打好污染防治攻坚战的意见》，全面推进绿色交通基础设施建设，推广清洁高效的交通装备和运输方式创新。交通运输部分三批确定 87 个城市开展国家公交都市示范工程建设，并会同财政部等部门出台完善城市公交车成品油价格补助政策。2017 年原环境保护部会同有关部门和地方政府印发《京津冀及周边地区大气污染防治工作方 案》，推进运输结构调整，加强机动车等移动源污染防控。国家铁路局印发《贯彻中央财经委员会第一次会议和全国生态环境保护大会精神打赢蓝天保卫战的目标和措施》，确定了增加铁路货运量的目标和具体措施。民航局印发《民航节能减排“十三五”规划》，明确“十三五”期间民航业绿色发展的目标要求和重要任务。截至 2017 年底，交通运输行业新能源汽车推广应用总量超过 35 万辆，已提前实现原定于 2020 年的推广应用目标，其中，新能源公交车超过 25 万辆，占全国公共汽电车总量的近 40%。经过努力，2016 和 2017 年全国单位 GDP 能耗分别降低 5%和 3.7%，两年累计下降 8.5%。

8.4　控制非能源活动温室气体排放

8.4.1　控制工业领域温室气体排放

2018 年 3 月，国家发展改革委印发《关于开展 2017 年度氢氟碳化物处置核查相关工作的通知》，组织开展 2017 年度氢氟碳化物处置核查工作，对 11 家企业核查情况予以公示，确保 HFC-23 销毁装置的正常运行，对销毁处置企业给予定额补贴。2017 年 9 月，原环境保护部发布《工业企业污染治理设施污染物去除协同控制温室气体核算技术指南（试行）》，积极推动污染物和温室气体协同控制，组织开展污染物与温室气体协同控制及含氟气体统计调查能力建设培训。继续推进煤矿瓦斯抽采规模化矿区建设，实施煤矿瓦斯抽采和利用示范工程，加强对油气系统挥发性有机物和甲烷逃逸的监测和控制。

8.4.2　控制农业领域温室气体排放

继续实施“到 2020 年化肥使用量零增长行动”和“到 2020 年农药使用量零增长行动”，大力推广测土配方施肥和化肥农药减量增效技术，2017 年，全国水稻、玉米、小麦三大粮食作物化肥利用率 37.8%，比 2015 年提高 2.6 个百分点；化肥农药使用量提前实现零增长。积极控制畜禽温室气体排放，2017 年 6 月印发《关于加快推进畜禽养殖废弃物资源化利用的意见》，2017 年 8 月印发《全国畜禽粪污资源化利用整县推进项目工作方案（2018-2020 年）》，启动实施畜禽粪污资源化利用整县推进项目，2017 年畜禽粪污综合利用率达到 70%，全国秸秆综合利用率超过 82%。支持农村沼气建设，推动农村沼气转型升级，截至 2017 年底，全国户用沼气约 4100 万户，全国沼气年产量达到 140.83 亿 m^3。

8.4.3　控制废弃物处理领域温室气体排放

积极推进垃圾资源化和无害化处理，规范垃圾分类回收。2017 年 3 月，发布《生活垃圾分类制度实施方案》，提出“到 2020 年底，基本建立垃圾分类相关法律法规和标准体系，形成可复制、可推广的生活垃圾分类模式，在实施生活垃圾强制分类的城市，生活垃圾回收利用率达到 35%以上”等目标。

8.5　增加碳汇

8.5.1　增加森林碳汇

加快实施《全国造林绿化规划纲要（2016-2020 年）》和相关工程规划，积极推进天然林资源保护、退耕还林还草、防沙治沙、石漠化综合治理、三北及长江流域的防护林体系建设等林业重点工程建设，创新推动全民义务植树和部门绿化，开展大规模国土绿化行动。深入实施《全国森林经营规划（2016-2050 年）》，印发省级、县级森林经营规划编制指南，全面开展森林抚育和退化林分修复，深入推进森林可持续经营试点示范。2017 年 11 月，印发《“十三五”森林质量精准提升工程规划》，启动森林质量精准提升工程 18 个示范项目，稳步提升森林质量。全面保护天然林，加快制定《天然林保护条例》和《天然林保护修复制度方案》，继续实施全面取消天然林商业性采伐限额指标。2017 年，全国共完成造林面积 768.07 万 hm^2（1.15 亿亩），造林面积超过 1 亿亩，完成森林抚育面积 885.64 万 hm^2（1.33 亿亩），成为同期全球森林资源增长最多的国家；新增天然林管护面积 2 亿亩，每年减少森林资源消耗 3400 万 m^3。

原国家林业局印发《关于开展 2017 年全国林业碳汇计量监测体系建设工作的通知》

《第二次全国土地利用、土地利用变化与林业（LULUCF）碳汇计量监测方案》，强化林业碳汇统计工作。

8.5.2　增加草原碳汇

加强草原生态保护建设，实施退牧（退耕）还草、西南岩溶地区草地治理等重大草原生态修复工程。改善草原生态环境，2017 年全国草原综合植被盖度达 55.3%，比上年提高 0.7 个百分点；天然草原鲜草总产量 10.65 亿 t，较上年增加 2.53%。加强荒漠化防治，2017 年京津风沙源治理和石漠化综合治理工程完成营造林面积 46.06 万 hm^2，完成工程固沙 0.67 万 hm^2，治理石漠化土地 3300 km^2；新增沙化土地封禁保护区试点县 19 个，批复国家沙漠（石漠）公园 33 个。据最新监测结果显示，全国荒漠化和沙化面积“双缩减”，荒漠化和沙化程度“双减轻”，沙区植被覆盖度和固碳能力“双提高”。

8.5.3　增加其他碳汇

深入推进湿地全面保护，建立完善相关工作制度。2017 年，原国家林业局牵头成立了由 8 个部门参加的湿地保护修复领导小组及办公室，原国家林业局、国家发展改革委和财政部联合印发《全国湿地保护“十三五”实施规划》，原国家林业局会同有关部门联合印发《贯彻落实〈湿地保护修复制度方案〉的实施意见》，完成《湿地保护管理规定》等 7 项国家层面拟建立的配套制度和重点任务，实施一批湿地保护修复重点工程。国家海洋局开展海洋生态系统碳汇前期研究。2017 年，安排退耕还湿 30 万亩；启动国际湿地城市认证，向湿地公约提名 6 个候选城市；新指定国际重要湿地 8 处，总数达到 57 处；新增国家湿地公园试点 65 处，全国湿地公园总数达到 898 处；全国湿地保护率提高到 49.03%，湿地生态状况明显改善；全国已建成海洋牧场 233 个。

第9章　气候变化减缓技术

9.1　气候变化减缓技术的评估方法与安全性评价

本节介绍不同行业部门的关键技术、气候变化减缓技术的环境经济分析方法及公众接受程度，主要包括以下要点：介绍现有和未来的气候变化减缓技术；气候变化减缓技术的环境经济分析；从减排潜力和成本分析等方面对气候变化减缓技术进行比较深入的分析；气候变化减缓技术的案例分析；以能源领域为例，对气候变化减缓技术及其评估方法进行介绍。

9.1.1　气候变化减缓技术的定义及种类

气候变化减缓技术是指有益于减缓全球气候变化的技术，包括减少温室气体排放技术、增加碳汇技术及 CCS 技术。在全球范围内减少温室气体的排放量，从而降低全球的温室效应，是目前减缓气候变化最重要的工作之一。因此，致力于降低全球大气温室气体浓度的相关技术是气候变化减缓行动的关键技术。

1. 气候变化减缓技术对应对气候变化的意义

1）应对气候变化的技术需求

应对气候变化归根到底要依靠科学技术的进步与创新，认识气候变化规律，识别气候变化的影响，开发适应和减缓气候变化的技术，制定妥善应对气候变化的政策措施，参加应对气候变化国际规则的制定，等等。科学技术在解决气候变化问题方面具有不可替代的作用。温室气体的减排或碳汇的增加，依赖于切实可行的减缓技术。先进的科学技术既有助于实现气候变化目标，又不会对经济发展造成过大的损害，甚至可成为新的经济增长点。

要想从根本上解决能源供给、生产发展、资源利用与环境保护之间的矛盾，必须转变经济增长方式，调整经济结构，加快研究节能减排技术推广的方法和途径，加大节能减排技术的推广应用力度。在增强科技创新能力、开发节能减排技术、提高发展中国家科技能力、开展国际科技合作、重视科学普及等方面做出努力，依靠科学进步和技术创新，应对全球气候变化的挑战。

2）技术发展一直受到政府的重视和支持

作为国际全球变化研究的发起国和世界上较早开展气候变化研究的国家之一，我国努力实现气候变化领域的科技进步和创新，积极推进相关国际科技合作。《中国应对气候变化国家方案》明确提出要依靠科技进步和创新应对气候变化；《国家中长期科学和技术发展规划纲要（2006—2020 年）》把气候变化相关科技研发确定为科技发展的优先领域和优先主题的重要内容。

3）我国在应对气候变化技术发展方面所做的工作及成就

近 30 年来，我国气候变化研究及相关的科技取得了重要进展。建立了一批与气候变化研究相关的研究机构和基地，主要包括中国科学院、高校和各大部委下属研究机构，形成了一支颇具规模的研究队伍，初步构建了气候变化观测和监测网络框架；在气候变化的规律、机制、区域响应及与人类活动的相互关系等方面开展了一系列研究，取得了一批国际公认的研究成果；发展了一系列可再生能源和新能源技术，形成了一批高效的减缓与适应实用技术；组织实施了“全球气候变化预测、影响和对策研究”“全球气候变化与环境政策研究”“中国重大气候和天气灾害形成机理与预测理论研究”“中国陆地生态系统碳循环及其驱动机制研究”及“中国气候与海平面变化及其趋势和影响的研究”等一系列重大科技项目。目前，我国已具备比较完善的基本大气要素观测网，初步建立了区域大气本底观测及其环境监测试验网络，卫星观测系统也在逐步完善。此外，我国还积极参与应对气候变暖的国际科技合作。

4）我国应对气候变化技术与国际水平存在差距

与国际领先水平相比，我国应对气候变化技术尚存在差距。应对气候变化科技战略顶层设计不足，科学研究、技术研发与应用之间的协调不够，长期稳定支持的机制建设有待加强；基础资料质量欠佳、地球科学总体发展水平不高、投入不够；科学研究的国际视野欠缺，自主创新研究不足，前瞻性不强；减缓与适应技术研发滞后，尚不能充分满足国家需求；缺乏有国际影响力的机构，研究队伍有待优化；信息共享机制亟待建立，资源整合有待加强。

我国今后还将重点研究开发大尺度气候变化准确监测技术，提高能效和清洁能源技术，主要行业 CO_2、CH_4 等温室气体的排放控制与处置利用技术，生物固碳技术及固碳工程技术等，为减缓和适应气候变化提供有力的科技支撑。

2. 减缓技术综述

气候变化减缓技术从减缓的途径和方式上可分为：减少温室气体排放技术、增加碳汇技术、CCS 技术。按照行业可划分下列关键减缓技术及做法，见表 9.1。

表 9.1　按行业划分的关键减缓技术和做法

行业	当前商业上可提供的关键减缓技术和做法	预估 2030 年之前能够实现的商业化关键减缓技术
能源供应	改进供应和配送效率；燃料转换；煤改气；核电；可再生热和电（水电、太阳能、风能、地热、生物能）；热电联产	CCS 用于燃气、生物质或燃煤发电设施；先进的核电；先进的可再生能源，包括潮汐能、海浪能、聚光太阳能、太阳能 PV
交通运输	更节约燃料的机动车；混合动力车；清洁柴油；生物燃料；方式转变：公路运输改为轨道和公交系统；非机动化交通运输（自行车、步行）；土地使用和交通运输规划	第二代生物燃料；高效飞行器；先进的电动车、混合动力车，其电池储电能力更强、使用更可靠

续表

行业	当前商业上可提供的关键减缓技术和做法	预估2030年之前能够实现的商业化关键减缓技术
建筑业	高效照明和日光；高效电器和加热、制冷装置；改进炊事炉灶，改进隔热；被动式和主动式太阳能供热和供冷设计替换型冷冻液，氟利昂气体的回收和再利用	商用建筑的一体化设计，包括技术，如提供反馈和控制
工业	高效终端使用电工设备；热、电回收；材料回收利用和替代；控制非CO_2气体排放；各种大量流程类技术	先进的能效；CCS 用于水泥、氨
农业	改进作物用地和放牧用地管理，增加土壤碳储存；恢复耕作泥炭土壤和退化土地；改进水稻种植技术和牲畜及粪便管理，减少CH_4排放；改进氮肥使用技术，减少N_2O排放；专用生物农作物，用以替代化石燃料使用；提高能效	提高作物产量
林业/森林	植树造林；还林；森林管理；减少毁林；木材产品收获管理；使用林产品获取生物能，以便替代化石燃料的使用	改进树种，增加生物质产量和碳的固化。改进遥感技术，用以分析植被/ 土壤的碳封存潜力，并制作土地使用变化图

1）减少温室气体排放技术

全球气候变化与能源密切相关，在导致气候变化的各种温室气体中，CO_2的贡献率占50%以上，而人类活动排放的CO_2有70%来自化石燃料的燃烧。因此，能源战略是抑制全球气候变化的重要战略之一。减少温室气体排放可从能源供应侧及能源需求侧进行减排。能源供应侧减排技术主要涉及能源替代及清洁发电类技术；能源需求侧减排技术主要涉及能效提高类技术。

①能源供应侧减排技术

通过提高水能、风能、太阳能、核能、生物质能及可燃冰等无碳或低碳可再生能源或新能源在能源结构中的比重，替代高碳排放的化石燃料，以及采用清洁发电等技术，优化能源结构，降低碳排放。此类技术可分为燃料转换技术、清洁发电技术及先进电网技术。

②燃料转换技术（可再生能源）

核能发电技术为第二代改进型压水堆核电技术（中国已广泛应用）；第三代压水堆技术（美国和法国已应用）。

太阳能利用主要包括光-热转换、光-电转换和光-化学转换三种方式。目前的利用方法主要是太阳能热利用（即光-热转换和光-电转换）。

风能是由太阳能转换而来的能源，具有长期性和可再生性的特点。风能利用的基本形式包括：风力发电、风力提水、风力致热及风帆助航。

水能的利用方式主要是水力发电。水力发电的优点是成本低、可连续再生、无污染，缺点是受分布、气候、地貌等自然条件的限制较大。中国的水能资源理论蕴藏量近7×10^8kW，是世界上水能资源总量最多的国家。

海洋能通常是指海洋本身所蕴藏的能量，它的形态很多，包括潮汐能、波浪能、海流能、温差能、盐差能和化学能等。在开发潮汐能、波浪能、海洋温差能发电的开发与利用方面，欧洲各国走在了世界前列。

生物质能一直是人类赖以生存的重要能源，目前它是仅次于煤炭、石油和天然气而居于世界能源消费总量第四位的能源，在整个能源系统中占有重要地位。据估计，地球上每年通过光合作用生成的生物质总量就达 1440×10^8～1800×10^8t，其能量相当于 20 世纪 90 年代初全世界每年总能耗的 3～8 倍。其能源的利用可通过不同的技术去实现，包括直接用作燃料的有农作物的秸秆、薪柴等；间接作为燃料的有农林废弃物、动物粪便、垃圾及藻类等，它们通过微生物作用生成沼气，或采用热解法制造液体和气体燃料，也可制造生物炭。

燃料电池是一种将存在于燃料与氧化剂中的化学能直接转化为电能的发电装置。燃料电池具有发电效率高、环境污染少等优点，有害气体硫氧化物、NO_x及噪声排放都很低，CO_2排放因能量转换效率高而大幅度降低。

地热能的利用主要有地热能发电和地热能直接利用两种方式。其中地热能发电是地热能利用的最重要方式。

天然气水合物因其外观像冰一样而且遇火即可燃烧，所以又被称作“可燃冰”“固体瓦斯”或“气冰”。由于含有大量CH_4等可燃气体，因此极易燃烧。在同等条件下，可燃冰燃烧产生的能量比煤、石油、天然气要多出数十倍，而且燃烧后不产生任何残渣，避免了最让人们头疼的污染问题。

③清洁发电技术

清洁煤技术包括直接燃烧的洁净技术及煤转化洁净燃料技术，如煤气化联合循环发电、煤气化多联产技术等。

高效燃煤发电技术包括超超临界、热电联产等。

④先进电网技术

特高压是世界上最先进的输电技术。特高压输电是在超高压输电的基础上发展的，其目的仍是继续提高输电能力，实现大功率的中、远距离输电，以及实现远距离的电力系统互联，建成联合电力系统。特高压输送容量大、送电距离长、线路损耗低、占用土地少。

能源供应侧减少温室气体排放的技术主要集中于减少化石燃料的使用方面，而新能源替代化石燃料技术在减少温室气体排放方面有着战略性的位置，同时扶持新能源的发展已经成为我国能源产业发展的必由之路。特别是太阳能、风能、生物质能、水能等新能源的发展将在减缓温室气体排放技术中居主导地位。而我国正处于经济发展的成长期，对能源的需求量很大，且我国有丰富的煤炭资源，在很长的时期内可再生能源还不可能完全替代化石燃料。所以在大力发展可再生能源的同时，还要注重清洁煤和高效燃煤技术的研究与发展。

⑤能源需求侧减排技术

能源需求集中在工业、建筑、交通、农业等部门，这些部门的减缓技术以优化和调整用能结构，提高能源利用效率，有效利用能源资源等为主。包括提升燃料的使用效能、减少车辆的使用、建造高效能的建筑物、提高发电厂效能。

我国的能源供应和消费结构均以煤炭为主，未来能源发展面临一系列严峻挑战。我国未来能源可持续发展的途径应是以煤为主的多元化的清洁能源发展：采取以合成燃料为中心的清洁煤战略，同时发展核能和可再生能源以填补国内常规能源资源供应不足，实现城市能源以清洁能源为主。

2）增加碳汇技术

碳汇，一般是指从空气中清除 CO_2 的过程、活动、机制。

①森林碳汇

森林碳汇是指森林植物吸收大气中的 CO_2 并将其固定在植被或土壤中，从而减少该气体在大气中的浓度。森林是陆地生态系统中最大的碳库，在降低大气中温室气体浓度、减缓全球气候变暖中，具有十分重要的独特作用。

②土壤碳汇

土壤碳汇是指土壤从大气中吸收并储存 CO_2 的过程、活动和机制。在生物地球化学和地球化学作用过程中，地表土壤通过生物呼吸、河流侵蚀搬运、植物光合作用与动植物残体凋落等各种途径，使有机碳在土壤-大气、土壤-生物和土壤-河流（海洋）等之间进行着频繁的交换，其释放和吸收的数量是受各种因素干扰制约的。对于某个区域的土壤来说，当吸收的碳大于释放的碳时，它就成了碳汇。土壤的碳汇是有极限的，这个极限容量决定了该地区土壤的固碳潜力。碳汇是大自然对 CO_2 的自我清除，相对于用工业的方式来减缓气候变化来说，碳汇成本较低。特别是森林碳汇，虽然森林面积只占陆地面积的 1/3，但是森林植被区的碳储存量几乎占大陆地区碳库存总量的一半。同时，加强林业碳汇不仅可以增加储碳空间、减缓气候变化，对人类生活的环境本身也是一种美化，造福于人类，为后代提供一个可供生存、持续发展的环境。

3）CCS 技术

根据国际能源署的统计，截至 2017 年，全世界共有碳捕获商业项目 131 个，捕获研发项目 42 个，地质埋存示范项目 20 个，地质埋存研发项目 61 个。其中，比较知名的有挪威 Sleipner 项目、加拿大 Weyburn 项目和阿尔及利亚 In Salah 项目等。中国的 CCS 技术项目起步较晚，且不具有 CCS 技术全过程技术能力，虽然取得了一些成绩（例如：华能北京热电厂 CO_2 捕集示范工程、神化集团碳捕捉与碳封存技术示范工程等），但经济成本高，缺乏长期发展规划等都会影响该技术在中国的发展和推广。

9.1.2 减缓技术的选择与评价方法

各种技术在用于减缓气候变化的过程中，在改善环境的同时也可能会给环境带来其他的影响，可能会对自然生态系统和人类社会带来安全隐患，从而引发技术和环境危机。更重要的，这些技术在带来减排效应的同时给个人、企业和社会所增加的额外成本是多少，是不是超出了承受范围？因此温室气体减排技术和经济评价是整个气候变化问题社会经济评价中的一个重要组成部分，也是制定减缓气候变化政策与措施的关键环节之一。

1. 减排技术评价的基本目标和标准

1）减排技术评价的基本目标

（1）用于确定减排措施范围的方法。

（2）确认、选择和分析减排措施的总减排潜力，并且使得这样一些减排措施要满足所在国的发展目标。

（3）分析减排措施的成本和效益，计算扣除本国社会、经济和环境质量改善影响之后的减排温室气体的净成本。

（4）确定鼓励采用减排技术的对策措施。

2）减排技术评价的标准

减排技术的评价和选择是一个复杂的过程，评价时必须考虑的因素如下。

（1）经济性。须根据分析评价的结果，优先选择那些在经济和社会上都有益的无悔项目。

（2）市场潜力。在其他条件一致的情况下，对那些推广应用的规模越大、减排温室气体越多的对策和技术应优先考虑，反之，应从缓。

（3）技术可获得性。主要从3个方面分析减排技术的适用性：国内现有的或正在开发的技术的成熟程度和制造、生产能力的状况，这是制约技术可获得性的一个因素；国外先进技术转让的可能性及中国的承受能力的分析也十分必要；有些减排技术受资源条件的约束，如某些可再生能源技术，分析其资源约束的程度也是不可缺少的。

（4）资金可操作性。主要指减排技术初始投资需求的规模，它是影响减排技术实施的一个制约因素。特别是那些减排效果很好而初始投资很大的项目，如某些低碳或非碳替代能源技术，往往因为巨大投资的筹集不易落实而不能及时启动。因而加强减排技术项目所需资金的筹集分析是十分必要的。

（5）社会环境可接受性。这也是评价减排技术的一个重要指标。主要从以下方面来进行考核和分析：是否与国家或地区的社会发展目标相一致，是否有利于促进当地经济的发展、扩大就业、增加收入等；是否有利于减少污染，改善环境，促进地区的生态平衡；是否有利于科技进步，促进国家、部门和地区科学技术水平的提高；是否有利于资源的节约与合理利用；是否有利于当地人民的文化、教育、卫生和健康等。

2. 减排技术评价的基本方法

目前，对减排技术的评价大体都采用自上而下和自下而上的方法，即宏观经济评价和微观经济评价对减排措施进行评价。自上而下着重研究减排技术对宏观经济发展的影响，自下而上则着重对技术本身的微观经济分析。无论哪种方法，成本效益分析都是评价方法的核心部分，主要有以下具体的分析方法。

1）综合指标体系评估法

综合指标体系评估法反映减排技术社会经济效果。评估的因素有：温室气体减排潜力、能源/资源效率、减排的经济成本和社会效益。

2）成本-效益分析法

分析减排措施的成本和效益，计算扣除本国社会、经济和环境质量改善影响之后的减排温室气体的净成本。评价的目标是确定那些减排温室气体效益最大或者成本最小的方案。

该方法被划分为三类，第一类是宏观经济分析评价，第二类是部门分析评价，第三类是专项技术评价。

宏观经济分析评价：建立一系列计量经济模型，从经济增长、贸易、消费积累等方面的变化分析入手，对采用不同能源价格、征收不同水平的碳税条件下，减排温室气体对整个宏观经济的影响进行分析，即用 GDP 增长率下降，或 GDP 总量的下降率等计算减排温室气体的代价。

部门分析评价：在定义了参照的基础部门结构方案之后，分析采用不同的发展途径和技术活动，产生的不同温室气体减排效果。

专项技术评价：仅就一项技术而言，对传统技术和新技术进行相应成本效益分析，从而计算出减排温室气体的增量成本。

用成本-效益分析方法评价减排技术的具体做法是：计算出边际成本；计算出边际效益；比较成本和效益；最后计算出增加费用，或称增量成本。

3）费用-效益分析法

在实际应用过程中主要使用贴现现金流分析方法，该方法不仅考虑减排技术的费用和效益的大小，还要考虑减排技术费用和效果发生的时间，把费用和效益的大小和发生时间填入现金流表，进行贴现的增量分析。

4）温室气体减排成本曲线分析法

根据成本的大小和减排潜力的大小制订出一个减排成本曲线。如欧盟减排成本曲线（图 9.1）、麦肯锡减排成本曲线（图 9.2）等。欧盟减排成本曲线的横坐标为减排潜力，纵坐标为减排的特定社会成本。

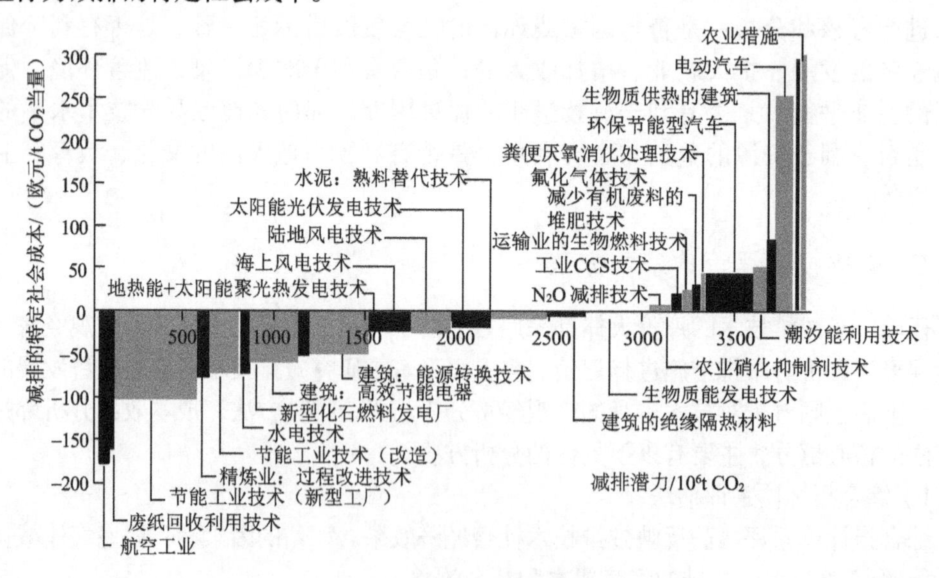

图 9.1　欧盟减排成本曲线

减排潜力：根据冻结 2005 年技术（Frozen 2005 technology）情景的模拟结果而得。即在 Frozen 2005 technology 情景下，用模型计算求得某种技术的减排潜力

"一切如常"（BAU）发展模式下全球温室气体减排成本曲线
温室气体以Gt CO_2e[1]为单位计算

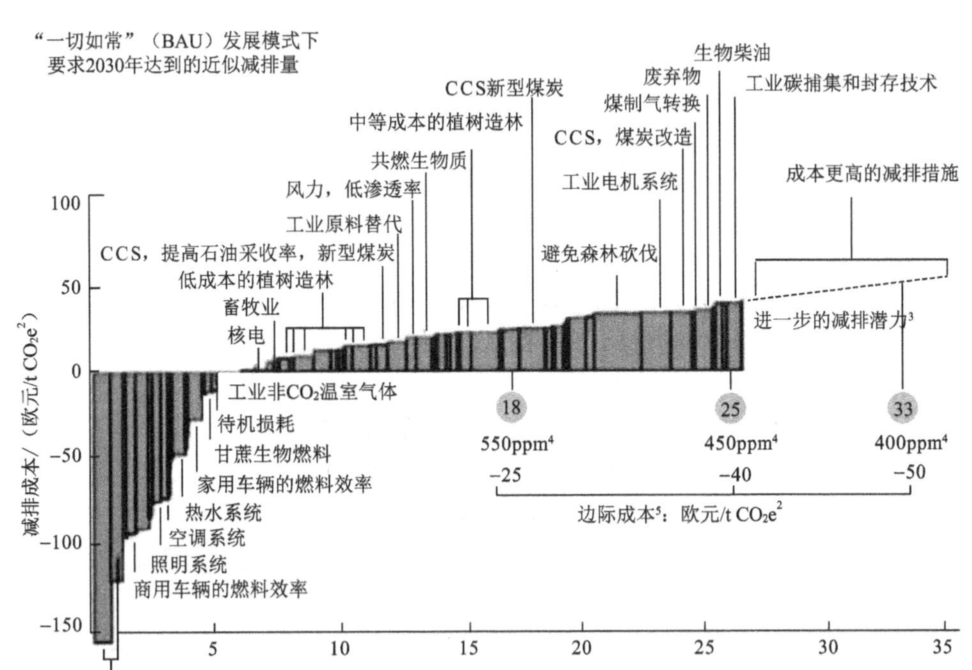

"一切如常"（BAU）发展模式下的削减量 单位Gt CO_2e[1]/a（2030）

1. $GtCO_2e$=10tCO_2当量；"一切如常"（BAU）发展模式下的排放量的增长主要源于能源和运输的需求不断增加和世界各地的热带森林持续砍伐
2. tCO_2e=tCO_2当量
3. 减排成本超过40欧元/t的措施不是本研究的重点
4. 所有温室气体的浓度都换算为CO_2当量；ppm =10^{-6}（浓度单位）
5. 在每一消减情境下，减少1t CO_2排放量的边际成本

图 9.2　麦肯锡减排成本曲线

减排的特定社会成本：对于待考察的减排技术，使用自下向上的方法确定（按部门、技术和国家）资本投资成本、运行维护成本，并假设折现率为 4%。随着时间的推移，新技术将成为减排主流，同时成本也将降低。节约能源的经济利益也包含在减排的特定社会成本中，但不包括税收和补贴。

对于特定社会成本为负值的减排技术，意味着从社会角度来看，这些技术是能为社会带来净福利收益的，如水力发电，它的减排潜力在 2030 年能够达到 8.5×10^8t CO_2当量，减排的社会成本为 75 欧元/t CO_2当量，即每减排 1t CO_2，便能为社会创造 75 欧元的净收益。由减排成本曲线可知，大部分的减排技术都将为社会带来利益。这些技术在生命周期内，对化石燃料的节省成本都将超过投资和运行维护成本。

麦肯锡减排成本曲线展示的是，以欧元/t 为单位计算的未来温室气体年减排成本，以及以 10^8t 为单位计算这些减排方法和技术的减排潜力。其中，纵坐标为年减排成本，横坐标为减排潜力。年减排成本的计算方法：由以下公式可得，如果节省的费用（潜在的节约成本）足够大，年减排成本可以为负。其中，对于某个系统来说，为实施减排方法而可能产生的费用不包括在年减排成本内。

年减排潜力的计算方法：

$$年减排成本=\frac{年额外经营（运行）成本（包括折旧费）-潜在的节约成本（如减少能源消耗）}{温室气体减排量}$$

例如，风电的减排成本应理解为由这种零排放的技术生产的、所替代的原本由便宜的化石燃料生产的电力的额外费用。对于风电的减排潜力，麦肯锡减排成本曲线估计能够以 40 欧元/t 以下的成本作为可行的排放量。

5）能源系统生命周期分析法

能源系统生命周期分析法作为一种预测工具，系统地考虑各种减排技术在实际应用过程中会出现各种各样的潜在的环境影响。系统、完整地考虑一种产品或工艺“从摇篮到坟墓”相关的潜在环境影响。“能源分析”量化了一种产品整个生命周期的能源消费，之后，这种分析逐渐延伸到整个相关投入因素，包括原料和能源。

能源系统生命周期分析法案例“中国煤制汽车代用燃料的经济、能源、环境（economic energy environment，EEE）研究”，从经济性、能源利用率和对环境的影响三个方面评价利用中国的煤资源生产汽车代用燃料的可能性。现在以 EEE 研究为例简要介绍能源系统生命周期分析法。利用中国的煤资源生产汽车代用燃料，根据能源状态可分为煤制甲醇（CH_3OH）、煤合成油和煤发电等；根据生产工艺路线的不同，煤制甲醇又可分为煤直接制甲醇、焦炉气制甲醇和小化肥联产甲醇。不同的燃料生产路线与相应的汽车组成完整的生命周期链，对这些生命周期链进行比较，确定哪条链具有优势，从而为我国未来汽车和相应的燃料发展方向提供决策依据，是能源系统生命周期分析的目的。

为了增强评价的直观性和现实意义，在 EEE 研究中增加了基础链——石油基汽油链，将各煤基代用燃料链与此链进行对比，确定它们的代用性。作为参考，EEE 研究中还增加了煤层气制甲醇链和石油基柴油链。这样，在以煤为原料生产交通燃料的经济、能源、环境研究中共包括了 8 条链：石油→汽油→汽油车，石油→柴油→柴油车，煤→大甲醇→甲醇车，煤→焦炉气制甲醇→甲醇车，煤→小化肥联产甲醇→甲醇车，煤→汽油→汽油车，煤→常规电→电动车，煤成气→甲醇→甲醇车。每条链的起始边界为资源的开采开始（煤由坑口开始，原油和煤层气由井口开始），终止边界为汽车使用报废为止。

能源系统生命周期分析法中经济技术评价是从用户的角度出发，评价用户使用的每条链最终产品的生命周期成本；能源评价是对每条链的能源利用总效率进行计算、评价；环境评价是估算每条链在生命周期整个过程中对大气的 CO_2、CO、NO_2、SO_2、碳氢化合物及颗粒物的排放量。而且，通过生命周期清单分析，指出产品的优劣及其原因，进一步提出可能的改进措施。

EEE 研究中的基础方案是石油基汽油链，原油价格采用 1995 年的国际平均价，为 17.2 美元/桶。其他的燃料与能源生产是以山西省为环境计算的，煤制汽油单元过程中，假设有一半副产品实现了价值。表 9.2 列出了各链燃料的生产与输配成本。

EEE 研究假设汽车使用寿命为 10 年，行驶总里程为 19.3×10^4km，汽油车每百公里耗油 7.5L，以甲醇为燃料的汽车是以 85%甲醇和 15% 汽油混合的灵活燃料汽车，每百公里耗燃料 12.7L，电动汽车是镍氢电池电动车，每百公里电耗为 26.7kW · h。各种车辆运行周期中所需的各种原料、燃料总量加上车辆运行费用和车辆购置费，就构成了各系统完整的生命周期经济清单，见表 9.3 。EEE 研究的生命周期数据见表 9.4。

表 9.2　燃料生产与输配成本（孙柏铭等，1998）

原料	石油	石油	煤	煤层气	焦炉气	煤	煤	煤
燃料	汽油	柴油	甲醇	甲醇	甲醇	联产甲醇	汽油	电
产率（t/d，MW）	3030	3924	1000	1000	200	30	1834	600
总投资（百万美元）	288		324	100	24	2.5	1525	778
原料消耗（t/d）	18206		1436	676	165	45	7523	4473
固定投资 [美元/L，美元/（kW·h）]				0.0859　0.0230	0.0277	0.0262	0.1013	0.0182
原料消耗 [美元/L，美元/（kW·h）]				0.0222　0.0576	0.0383	0.0211	0.075	0.0068
操作成本 [（美元/L，美元/（kW·h）]				0.0359　0.0153	0.0499	0.0605	0.222	0.0088
总成本 [美元/L，美元/（kW·h）]	0.1651	0.1398	0.144	0.0958	0.1159	0.108	0.3987	0.0358
输配成本 [美元/L，美元/（kW·h）]	0.0476	0.0476	0.0159	0.0159	0.0159	0.0159	0.0159	0.014
加油站处成本 [美元/L，美元/（kW·h）]	0.2127	0.1837	0.1599	0.1116	0.1318	0.1238	0.4146	0.0498

表 9.3　各系统完整的生命周期经济清单（孙柏铭等，1998）

原料	石油	石油	煤	煤层气	焦炉气	煤联产	煤汽	煤
燃料	汽油	柴油	甲醇	甲醇	甲醇	甲醇	油	电
燃料费基础/ 美元	基础	–945	1035	30	450	283	2922	–549
车辆购置费/ 美元	基础	780	650	650	650	650		9650
车辆运行成本/ 美元	基础		1100	1100	1100	1100		5920
增加的总成本/ 美元	基础	–165	2785	1780	2200	2033	2922	15021
排序	2	1	6	3	5	4	7	8

表 9.4　EEE 研究的生命周期数据（孙柏铭等，1998）

原料	燃料	CO_2 /kg	SO_2 /kg	CO_2 /kg	CO /kg	碳化合物 /kg	颗粒物 /kg	能效/%	增加成本/美元基础
石油	汽油	59000	210	90	140	90	5	12	基础
石油	柴油	50000	200	130	110	60	20	14	–165
煤层气	甲醇	45000	60	50	60	40	5	10	1780
煤	甲醇	76000	160	60	330	60	10	8	2785

续表

原料	燃料	CO_2/kg	SO_2/kg	CO_2/kg	CO /kg	碳化合物/kg	颗粒物/kg	能效/%	增加成本/美元基础
炉气	甲醇	60000	210	60	80	140	10	8	2200
煤	联醇	78000	230	60	8000	240	30	7	2033
煤	合成油	87000	240	110	110	90	20	8	2922
煤	电	63000	620	70	30	10	7	9	15021

可以看出，没有一种燃料的生命周期在各个方面都是绝对最好的。即便是一向被认为清洁燃料的电，其生命周期排放也是很大的。因此，燃料的选择必须权衡多种因素做出抉择。在制定政策时综合考虑各种因素，来确定哪些解决办法最适合中国，而且在实施这些战略之前，要对所选择的燃料技术进行全面的可行性研究。

3. 重点减排部门的减排技术评价——以能源部门为例

能源部门作为碳排放重点减排行业，进行减排技术评价需要从能源供应侧（发电部门）及能源需求侧分别开展。

1）能源供应侧（发电）减排技术评价

从发电技术的角度考虑，在充分认识我国以煤为主的一次能源结构特点的基础上，应充分考虑技术进步与环境保护这两种重要驱动力，并积极考虑国际能源资源的可获得性，优化电源结构，选择具有更高经济性和环保效益的发电方式，最低限度地降低因发电引起的环境污染。

①评价方法

费用-效益分析法：主要是建立在一系列指标的基础之上，通过费用效益分析，对不同技术方案进行定性和定量分析。评价指标体系可划分为经济指标、技术指标和环境指标三大类。对发电技术的比较提出的准则包括：经济效益、社会效益和环境效益。

能源系统生命周期分析法：对于具有同样的最终功能、但有可能导致极其不同的环境影响的技术，特别是发电技术来说，如煤电、风电等，可以通过采用生命周期分析方法进行很好的比较。

②发电技术选择依据

从长远看，发展核电具有明显的优势：一是减少电力行业 CO_2 排放；二是为改善我国长期电源结构和能源结构进行技术储备，并在核电国产化的进程中发展我国核电设备制造工业。在 CO_2 减排方面，应首先在我国 CO_2 减排成本较高的地区发展核电；作为技术储备，客观上要求在经济比较发达的地区发展核电。在很多地区采用燃气联合循环机组进行发电受到天然气资源供应量及其价格的限制。开发水电资源具有改善我国发电能源结构，减少发电的 CO_2 排放的优点，是发电技术的重要依据。而先进的燃煤发电技术如煤气化联合循环发电、增压流化床联合循环等具有诱人的高效率和良好的环境特性，但是这些技术能否得到应用还取决于它们的经济竞争性。

③未来可大规模应用的发电技术

火电：未来常规燃煤机组、高效清洁燃煤发电技术和燃油/气联合循环发电技术等可大规模应用。大容量、高参数、高效率的常规燃煤机组包括：供电效率可达 37%左右的 30×10^4kW、60×10^4kW 的亚临界燃煤机组，今后将逐步成为我国火电的主力机组。供电效率近 40%的 60×10^4kW 的超临界燃煤机组。高效清洁的燃煤发电新技术是提高煤炭利用效率，解决燃煤环境问题的有效途径。燃油/气联合循环发电技术在油气资源较为丰富的地区，以及电力紧缺、但油气进口较为方便的沿海经济发达地区的发展前景较为乐观。

水电：我国的水能资源丰富，水电资源有巨大的开发潜力。

风电：我国具有丰富的风能资源，全国可开发风能资源估计为 235×10^6kW，具有巨大的开发潜力。

核电：核电利用技术包括核裂变能发电和核聚变能发电，两种技术均可作为未来大规模技术应用的选择。目前用于发电的核能主要是核裂变能。核裂变能发电过程与火力发电过程相似，只是核裂变能发电所需的热能不是来自锅炉中化石类燃料的燃烧过程，而是来自置于核反应堆中的核物质在核反应中由重核分裂成两个或两个以上较轻的核所释放出的能量。然而，核聚变反应中每个核子放出的能量比核裂变反应大约要高 4 倍，因此核聚变能是比核裂变更为巨大的一种能量。核聚变反应所用的燃料是氘和氚，既无毒性，又无放射性，不会产生环境污染和温室效应气体，是最具开发应用前景的清洁能源。

太阳能热发电技术：太阳能发电一般分为太阳能光发电和太阳能热发电两种基本方式，虽然这两种发电方式都是利用太阳能发电，但各自的发电方式却不同。通常，太阳能光发电也称太阳能光伏发电，它是利用太阳能电池的光生伏特效应，直接将太阳能转换成电能。而太阳能热发电通常称为集中式太阳能发电，它是利用反射镜通过集热器，将吸收的太阳辐射能转换成电能。太阳能热发电的优点是结构简单、操作方便，适宜在盐湖资源丰富的地区应用。在集中式太阳能发电系统中，若接收器采用油或者熔盐作为热传递媒介，那么就可以将热能储存下来以备后续使用，解决了有效持续发电的难题。这使得集中式太阳能发电在为人类提供干净的、可再生的能源方面具备了强有力的竞争优势。随着热能储存装置的不断改善和进步，热能储存的时间会更长，生产成本会更低，相信会有越来越多的电力公司考虑用集中式太阳能发电取代或者补充那些只依靠矿物燃料的火电站发电。

2）能源需求侧减排技术评价

根据对中国终端用能部门单位服务量能耗下降的节能潜力的宏观分析，如果产业部门、交通运输部门和民用部门进一步普及高效节能技术，加速对陈旧技术设备更新改造，引进新型的生产工艺和技术设备，扩大技术的覆盖范围，2030 年年均节能率达到 1.5% 以上是可能的。如果再考虑产业结构调整及各项节能政策的实施效果，未来年均节能率可达到 4.0% 左右。因此，通过节能在终端用能各部门减排 CO_2 仍有较大的潜力。

①评估方法

能源需求侧减排技术评价一般采用成本-效益分析法，所评价的用能部门的能源服务技术（设备）主要分三类：生产服务技术（设备）；能量回收利用技术（设备）；能源转换技术（设备）。参数包括以下几个部分：未来能源服务量，用于作为未来技术扩展的主要需求因素；能源技术参数；技术经济参数，指主要的经济与财务指标，用于技术经济性分析；能源与温室气体排放参数，包括能源的热值、价格与温室气体排放参数。

②用能部门的主要减排技术选择

交通运输部门是能源需求侧温室气体减排难度最大的领域之一，也是我国未来温室气体排放增量潜力最大的部门。未来交通运输部门的能源需求将会以较高的速度增长，也将对整个国家的能源供需和环境保护产生影响。

通常用两个指标来衡量交通运输系统的能耗水平：一个指标是综合运输能耗水平，即折算成每百吨公里（周转量）的综合能源消耗水平；另一个指标是针对交通工具的能效水平，即交通工具自身的燃油效率。

目前在世界范围内主要在两方面采取减缓其温室气体排放的措施：采用替代燃料技术，如压缩天然气汽车、液化石油气汽车、二甲醚汽车和电动汽车；改进发动机技术，提高能效，节约能源消耗。

③主要技术选择

公路运输部门：公路运输作为能源需求侧主要用能部门，可通过采用替代燃料、燃料电池汽车、太阳能汽车、超级电容汽车及混合动力汽车等多种技术作为未来减排技术选项。

对温室气体减排有一定贡献的替代燃料有压缩天然气、燃料电池、太阳能等。液化石油气（liquefied petroleum gas，LPG）、压缩天然气（compressed natural gas，CNG）与液化天然气（liquefied natural gas，LNG） 由于其可获得性、经济性与低污染性，被认为是比较有潜力的汽车替代燃料。

燃料电池由于不受卡诺循环的限制，因而燃料利用率高，可达 50%～70%，且环境污染小，几乎没有 SO_2、NO_x 排放，是一种理想的清洁、高效的能量转化方式。同时燃料电池汽车具有噪声低、功率输出变化方便、过载能力强、在低负荷运转时效率反而略有增加等特点。燃料电池可以以多种资源做燃料，如天然气、煤制气、CH_4、甲醇、液态石油等。全世界每年用于燃料电池研究与开发的费用在 8 亿美元左右，且有日益提高的趋势，其中的部分成果已开始商业化。

太阳能汽车的发展要相对缓慢得多。尽管太阳能电力已经可以驱动小型汽车，但离商品化生产还相距甚远。用硅光电池捕获太阳能的转化率已达到了 18%，但还不能驱动传统的汽车。在将来，太阳能有可能被特别集中地生产能源，用来给电池充电或电解水以制造氢。

电动汽车的开发关系到能源、环境、交通和高科技的发展及新兴工业的兴起。其优点是无污染、效率高、无噪声。其缺点是蓄电池的容量不大。

超级电容汽车于 2003 年在上海开始应用，且上海世界博览会中也少量引入。它的优点在于不需要架空线和集电杆，对城市景观无影响；超级电容的充电速度非常快，全部充满只需要 3min；在每个站台都配备有充电设施的情况下，利用停靠站时间就可以为电容充电。它的缺点在于超级电容的放电速度也非常快，理论上可以行驶 4～6km，在城市工况下最多行驶 1 km 就需要充电。在人车交汇的城市道路上行驶，超级电容汽车很有可能无法停靠在特定站台，容易出现“断电”的现象。因此，这种技术的灵活性较差，仅仅是一种过渡性技术。

武汉是我国首个批量采购混合动力客车作为城市公交车的城市，已有 400 辆自主研发的东风混合动力客车在街头运营，但目前尚无具体运营数据公布。据专家估计，混合动力客车在城市工况下约能节油 15%，但整车成本增加了 30% 左右。但由于拥有两套动力系统，混合动力汽车的日常维修维护费用较普通柴油车高一些。

铁路运输部门： 依靠摆式列车的高速铁路技术、高速磁悬浮列车技术、背驮运输技术、信息共享与数据交换技术及通信与调度技术等来减缓温室气体排放。

航空运输部门： 使用液氢燃料代替航空煤油技术。由于液氢燃料的价格高出航空油料 3 倍以上，未来商业化还有待时日。

鉴于以上减排技术的评价及重点减排部门的技术选择，在不同区域、不同时期和不同技术水平下，应该部署不同的气候变化减缓技术，以实现高效、安全、稳定地减缓气候变化。

9.1.3　减缓技术的安全性及公众认可程度

1. 安全性

气候变化减缓技术能够有效降低气候变化速度和频率，但也有一定的局限性，节能减排技术研发和推广还有许多亟待改进的地方。气候变化减缓技术在改善环境的同时也可能会给环境带来风险。

以 CCS 技术来讲，CO_2 作为一种带有窒息特性的酸性物质，其捕获和存储会对人类的健康和安全、自然环境造成一定的风险。风险主要与可能泄漏有关。具体说，CCS 技术对当地的人体健康与安全和环境的危害来源于三方面：浅层地下和近表面环境的气态 CO_2 高浓度产生的直接效应；溶解的 CO_2 对地下水化学的影响；CO_2 注入替代流体所产生的效应。从危害来源可推断出潜在的主要风险包括：CO_2 逃逸到大气层后对人体健康与安全的潜在危害、CO_2 泄漏和盐水取代对地下水的危害、CO_2 注入对陆地和海洋生态系统的危害、诱发地震、引起地面沉降或升高等。对地质存储风险的有效缓解方法包括仔细地选择厂址、实施监测、在管理上实施有效的监管、实施补救措施、排除和限制泄漏的起因和后果等。然而，在某些场合下，泄漏还是有可能会发生的，需要采取补救措施，以终止泄漏或阻止对人类或生态系统造成的危害。

2. 公众认可程度

气候变化是公众关心的重要社会问题之一，社会公众也是应对气候变化的重要力量。某些技术在用于减缓气候变化的过程中，可能会对自然生态系统和人类社会带来环境风险，使公众对其心存疑虑、难以接受。以核能为例，在其发展过程中，其安全问题、放射性废弃物的处理及未能彻底解决的核武器问题等都超过了公众的接受程度，成为建立新的核反应堆的障碍。又如，在天然气替代煤炭的过程中，需要在许多地区建立大型的液化天然气储存站，但是公众担心液化天然气储存站受到恐怖分子的袭击，因此液化天然气储存站的建设在一些地区遇到了很大的障碍。显然，公众对某一技术的认知程度将有可能决定这一技术的应用情况。

如何提高公众对新技术的认可度，各国政府及专家学者都推出了切实可行的政策及措施。

（1）重视提高社会公众对气候变化的科学意识，努力推动社会公众参与应对气候变化和节能减排工作。

（2）鼓励社会公众加入节能减排活动中，将有效地提高社会公众对气候变化的认识，为开展应对气候变化工作奠定良好的基础。

（3）将社会公众的衣食住行与节能减排和应对气候变化结合起来，加强节能减排和气候变化的科学知识普及，促进公众参与应对气候变化的行动，形成“人人讲节约、处处见节约”的良好社会氛围。

（4）鼓励人们采用节能型的产品、设备和住宅，提高公众保护全球气候的意识，建立有助于减少温室气体排放的生活方式和消费模式。

（5）鼓励民众自愿购买低碳排放的产品和服务，可直接促进碳减排技术的发展。这种市场驱动的因素将是未来碳减排技术获得更快发展的主要动力。

国外在这方面已积累了很多的经验和做法。

丹麦是风能发展的首批先锋。在设计风能农场时，附近人群参与到决策过程中；项目准备的前期阶段利用恰当的信息来回答问题，并消除不必要的焦虑；以现金和实物的方式为附近居民提供经济补偿（如社区基金、廉价的绿色能源等）；通过股份债券等的形式创建一种共享利益的可能性。从 20 世纪 80 年代起，热衷于此道的人们开始引导风能合作的潮流，这之后，丹麦政府开始通过制定法律和财政激励来为该行业提供支持。该行业的兴起始于许多行动家的合作。这些行动家包括政客、新兴私企、能源企业和基层能源运动。政府政策包括采取措施来支持可更新能源、上网电价补贴政策、投资补贴，以及对家庭拥有的风能实施免税政策（图 9.3）。

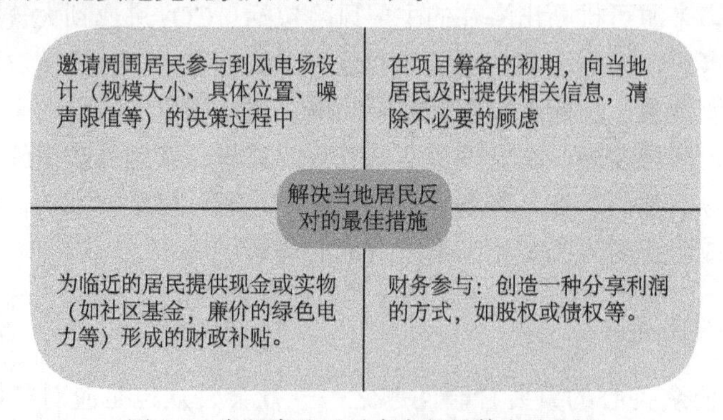

图 9.3　克服当地反对声音的最佳实践方法

丹麦政府通过 2008 年 2 月 21 日的能源政策协议来推进社会的接受度。该法案支持四种新方案来推进当地人口对此的接受度，以及对陆上风力涡轮机发展的参与度。

（1）为居住在新的风力涡轮机附近的居民们提供价值损失方案（对超过 25m 高的风力涡轮机高度的六倍区域内的居民按照计算至少给予 1%的房产损失）。

（2）为当地人口提供的期权购买方案（为居住在风力农场 4.5km 范围内的居民提供项目价值的 20%）。

（3）绿色计划——市民能够因此改善风力涡轮机所在地区的风景和休闲价值。

（4）担保计划——支持本地的先锋团体进行初步调查。

目前，全球经济社会的发展现状还不能接受超出承受范围的激进减排安排。成本有效是衡量和实施减缓气候变化政策与减缓技术的重要准则。本节对减缓气候变化的现有及未来适用技术、减缓气候变化的技术选择方法，以及公众对减缓技术的可接受度做了较详细的介绍及分析，以供气候变化政策制定者及减缓措施执行者加以参考。

9.2　气候变化对重点领域的影响与技术需求

目前，全球平均气温已经比工业革命前升高了 0.8℃，并将持续上升。一些自然过程也正在发生改变，如降水模式改变、冰川融化、海平面上升等。国际社会普遍认为：为了避免最严重的气候变化影响，尤其是大规模的不可逆转的影响，全球升温幅度必须限制在高于工业化前水平 2℃以内。因此，减缓气候变化一直是国际社会应对气候变化的优先举措。然而，即使未来几十年里执行严格的全球温室气体减排措施与减缓行动，但是由于过去和目前的温室气体排放的延迟效应，气候变化及其影响仍将不可避免。人类社会终将采取适应措施以应对不可避免的气候变化影响及其经济、环境和社会成本。

适应气候变化将使中国所有经济领域都面临挑战，并对主要领域的政策产生影响。气候变化适应战略重点领域包括农业、林业、水资源、生态系统、海岸带、人类健康、能源 7 个领域。本节将对这些重点领域的气候变化影响与适应技术进行介绍。

9.2.1　农业领域

气候变化已成为当今科学界、各国政府和社会公众普遍关注的环境问题之一，气候变化可能对生态系统和社会经济产生灾难性影响，农业是对气候变化反应最为敏感和脆弱的领域之一，任何程度的气候变化都会给农业生产及其相关过程带来潜在的或显著的影响，特别是极端天气气候事件诱发的自然灾害将造成农业生产的波动，危及粮食安全、社会的稳定和社会经济的可持续发展。因此，气候变化对农业生产的影响研究一直是气候变化研究领域中的热点问题之一。

中国地域辽阔，各区域之间的自然资源条件、经济社会发展条件等差异较大，因此受气候变化影响的农业领域的区域差异特征尤为显著。东北地区的气温呈显著升高趋势，农作物种植面积扩大，生长季延长，干旱趋势增大，水稻产量减少，次要病虫害发展为主要病虫害。华北地区随着气温升高和降水减少，粮食产量降低，水资源短缺加剧，积温增加，作物生长季缩短，复种指数增加，晚熟品种种植增加。华东地区的增温速率呈加快趋势，区域旱涝事件趋多趋强，双季早稻和夏粮种植面积呈减少趋势。华中地区的气温呈显著升高趋势，双季稻、春性小麦种植区域增加，水稻生育期缩短，气候变暖病虫害发育速度加快。华南地区的主要植物的春季物候期提前，秋季物候期推迟，气候带有加速北移趋势，双季稻中高适宜种植区面积增加，水稻生育期缩短，产量波动增大。西南地区的气候带向高海拔和高纬度位移，山区水稻和玉米等中晚熟品种产量提高，春旱尤为突出，大田作物产量受影响。西北地区无霜期显著延长，春播作物播种期提早，秋播作物播种期推后，作物生长发育速度加快，种植区域向北和高海拔区域扩展，干旱加剧，种植结构改变，病虫害增多。总之，气候变化对农业产生的影响是多方面的和多层次的，气候变化对农业生产的影响有利有弊，不同区域之间存在很大差别，对我国农业而言，如何趋利避害、科学应对气候变化是当前迫切需要解决的问题。

气候变化导致农业生产的不稳定性增加，农业生产布局和结构将出现变动，农业生产条件改变，生产成本和投入大幅度增加产量波动加大。综合分析和总结相关文献，农业领域应对气候变化的技术主要包括以下方面：调整农业发展布局；调整农作物种植模式；优选农作物品种和品质；发展节水灌溉农业；防控农业病虫害；研发先进装备工具；加强社会宣传和引导；加强气候变化对农业的影响评估、模拟和预测等。

9.2.2　林业领域

作为陆地生态系统的主体，森林生态系统及其所提供的产品和生态服务也受到气候变化的严重影响。国际林业研究机构联合会（International Union of Forestry Research Organization，IUFRO）在 2009 年得出一个基本结论：气候变化将显著地改变森林生态服务的供给水平和质量。

气候变化不仅是导致历史上森林生态系统变化的主要原因，对目前中国乃至全球森林分布的影响、演替、生产力及生物多样性均具有显著的影响，除此之外，气候变化还是导致森林火灾、水文调节及其生态服务质量的重要影响因素。

在我国，虽然从 20 世纪 90 年代中期就开始研究全球气候变化下中国森林的脆弱性问题，但到目前为止，气候变化对森林影响的科学研究主要集中在气象部门，林业部门对相关的基础性科学、社会经济影响及应对策略研究相对滞后，有可能延误相关的重要决策和行动，所以应加速推进。

综合分析和总结相关文献，林业领域应对气候变化的技术主要包括以下方面：加强林业灾害预警、动态监测与防治；恢复和重建林业生态系统；加大林业生态工程功能建设；加强林业保护立法等。

9.2.3　水资源领域

中国水资源系统对气候变化的承受能力十分脆弱。多数河流的径流对大气降水变化非常敏感。同时由于我国人口众多，经济发展迅速，耗水量不断增加，许多地区面临着水资源短缺问题。

未来的气候将继续变化，自然的年际、年代际气候波动永无停息。人类活动引起的全球气候变化也必须考虑。伴随气候平均态的变化，极端天气气候事件如强降水和干旱事件频率可能发生变化。未来全球气候变化可能改变大气降水的空间分布和时间变异特性，改变水资源空间配置状态，加剧中国部分流域的水资源供给压力，直接影响到水资源稀缺地区的可持续发展。

水资源对气候变化的响应不仅是在水资源量上更加短缺，还包括水质量和水环境严重恶化、水资源灾害频发及水资源供需平衡问题突出。综合分析和总结相关文献，水资源领域应对气候变化的技术主要包括以下方面：发展节水集水技术；加强水利基础工程建设；有步骤地实施跨流域调水工程；开展污水治理和循环利用；加强水资源灾害防治；为水资源保护立法和社会宣传等。

9.2.4　生态系统领域

全球气候正在发生改变，而人类活动是全球气候变化的主要原因，这一观点已经被广泛接受。化石燃料的燃烧、树木的砍伐等，致使大气 CO_2 的质量浓度从工业化前的 280mg/m^3 上升到 2008 年的 350mg/m^3；已有的研究显示目前大气 CO_2 的年平均增量超过 2mg/m^3，比 IPCC 所预测的速率还要高。全球气温与大气 CO_2 的质量浓度存在着直接的联系，CO_2、CH_4 等气体质量浓度的升高能够引发温室效应，从而对生态系统产生直接的物理影响。

物种在空间分布上向高纬度、高海拔地区移动，部分物种的分布区缩小或破碎，而破碎可能会让物种基因等信息的交流带来障碍。

种群特征发生变化，主要体现在生物与非生物间和生物间交互作用发生变化。食物供给与需求高峰不匹配（如动物产仔时间），物种间原本发生在同一时间的行为不再同时出现等导致中间关系发生变化，这些都会障碍个体、种群的生长，最终导致种群数量减少、地方特有物种消失等，影响物种和生态系统的结构、功能和发展。

物种的物候事件发生变化，一些春季事件（如某地区春天出现某种候鸟的时间、植物开花时间）发生时间提前，而秋季事件（如树叶变色）发生时间推迟。动植物个体的行为随气候变化引起的生态环境变化而发生变化，如植物生长季延长，鱼类洄游路线、数量发生变化。

生态系统各要素间通过一定关系使系统成为一个整体，并具有一定层次和结构。各种变化均会引起生态系统的组成、结构发生变化，而影响生态系统的稳定性及其生态服务功能。

气候变化对生态系统领域的影响主要表现在以下若干方面：生物多样性降低；生物迁徙通道和周期改变；外来物种侵入；稀有物种濒临灭绝等。

气候变化正在普遍改写人类及其他地球生命体所熟悉并赖以存在的生态系统，影响生态系统和生物多样性从而影响生态系统的安全、服务和资源供给能力，威胁发展的生态基础。

气候变化给人类及自然生态系统带来的风险和危害日趋增大，不同类型的生态系统应对气候变化产生的反应特征不同，如沙漠绿洲数量和面积不断缩减，草原生态系统退化，森林生态系统病虫灾害增加，生态系统生物多样性降低。综合分析和总结相关文献，生态系统领域应对气候变化的技术主要包括以下方面：建立生态系统动态监测站点；加强灾害预警和防止；保护濒危物种，防止有害物种入侵；建立各类生态保护区；加大生态系统保护立法等。

9.2.5　海岸带领域

海平面上升将会给沿海地区的自然环境演变和社会经济发展带来一系列不利影响，是21世纪沿海地区实现可持续发展战略面临的不可忽视的重大环境问题，已成为当今全球变化研究的热点问题之一。在过去的100年，全球海平面大约以1.5mm/a的速度上升，而且在未来的世纪里，海平面仍将持续缓慢地上升。海平面上升对沿海地区的经济发展、城市安全及人民生活环境带来了广泛而深远的影响。这些影响包括：加剧了风暴潮灾害，增加了城市排涝难度，盐水入侵破坏了水资源和水环境，农田加速盐碱化，海岸侵蚀后退，潮滩土地资源淤增减缓，防汛工程功能降低，航道和港口功能被削弱，以及社会经济发展受阻等。

海岸带对气候变化的响应：一是海洋灾害频发，如海洋风暴潮及海岸地质灾害频发；二是海平面升高，海水侵蚀倒灌现象严重；三是海岸带滩涂湿地减少，生态系统遭受破坏等。综合分析和总结相关文献，海岸带领域应对气候变化的技术主要包括以下方面：加强海洋灾害预警、监测和防治；建设海岸带堤防工程；建立海岸带生态保护区；做好海岸带开发利用规划等。

9.2.6　人体健康领域

气候发生变化对人体健康所产生的影响有很多，但多为负面影响，具体表现在以下几个方面：首先，自然性疾病在传播过程中会受到各种气候因素的影响，而气候变暖能够促使这些疾病快速传播。其次，气候的变化会使自然界中很多化学污染物发生光化学反应，从而提高一些疾病的病发率，如呼吸道疾病等。再次，长时间的高温天气对人体健康也会产生严重的影响，甚至会威胁人们的生命。最后，气候的变化还会降低水质、水平面上升、增强紫外线，给人类身体健康所带来重大的威胁。

气候变化影响人类身体健康的途径有很多，有的时候是单一的途径，而有的时候则是多种途径，但具体的影响途径主要包括以下几种：一是热浪。受到热浪的影响，会引发很多高死亡率的疾病，特别是在近年我国很多城市都刷新了高温纪录，而且经常会有人死于热浪中。二是干旱。干旱气候的出现不仅会对农作物的产量产生直接的影响，还会使很多病原体发生变异，从而引发大面积的流行病，严重威胁人体健康。三是洪水。洪水的发生或造成大量生物的死亡，甚至会有很多人们丧命在洪水当中，而且待洪水退去由于生物的大量死亡，会产生很多具有传染性的病菌，从而影响人类的身体健康。四是臭氧层的破坏。臭氧层的破坏对于人类的影响是很大的，不仅会使人们出现各种皮肤病，还会增加很多眼类疾病的发病率，给人类的身体健康造成严重影响。

综合分析和总结相关文献，人体健康领域应对气候变化的技术主要包括以下方面：

气候变化致病机理研究；气候变化与健康预警研究；气候变化相关的疾病负担和成本效益评估；公共卫生环境条件改善；脆弱人群心理辅导等。

9.2.7　能源领域

气候变化对能源领域的影响可分为对需求侧的影响和对供给侧的影响。气候变化对能源需求侧的影响主要包括，建筑/居民部门对能源的需求，尤其是电力需求。这是因为，气温升高趋势导致冬季更为舒适而夏季更为不适，进而使取暖需求降低，制冷需求增加，取暖制冷大多由电力支出。IPCC AR3 将气候变化对建筑部门的影响总结为“电力需求增加，而能源供给可靠性降低”。

在气候变化对能源供给侧的影响研究中，大多是围绕可再生能源的开发利用，主要研究由气候因子变化所造成的能源资源禀赋及生产能力的改变。可再生能源的生产受气候条件的影响比化石能源更大，因为这种“能源”与全球能量守恒及所导致的大气流动相关。因此，未来全球气候变化将对可再生能源的供给产生较大影响。

自 1992 联合国环境与发展会议倡导可持续发展 20 年来，我国在理论和实践方面都积极探索中国特色的可持续发展之路，促进人与自然协调发展，并已取得了显著成效。但由于中国底子薄，资源禀赋差、生态环境脆弱，又处于工业化快速发展阶段，实现经济社会与资源环境的协调和可持续发展面临严峻的挑战和艰巨的任务。另外，在当前全球应对气候变化形势下，我国也面临节约能源、优化能源结构、减缓碳排放的压力和挑战。因此，我国需要把国内可持续发展与全球应对气候变化密切结合，走有中国特色的以绿色、低碳为重要特征的可持续发展的道路。

综合分析和总结相关文献，能源领域应对气候变化的技术主要包括以下方面：加强产业结构的战略性调整，进行产业升级促进结构节能；大力推广节能技术，淘汰落后产能，提高能源效率；积极发展新能源和可再生能源，优化能源结构，降低能源结构的含碳率，大幅度降低 GDP 的能源强度和 CO_2 强度。

9.3　气候变化减缓技术案例分析——以能源领域为例

中国是能源生产和消费大国。根据电力规划设计总院的《中国能源发展报告 2017》可知，我国一次能源生产总量达 35.9×10^8t 标准煤。中国政府高度重视能源行业的可持续发展，按照“节约优先、多元发展、科技创新、国际合作”的发展方针，通过鼓励企业提高化石能源利用效率，大力发展清洁能源和非化石能源，推动重大核心技术和关键装备自主创新，努力构建安全、稳定、经济、清洁的现代能源产业体系。根据中国电力企业联合会公布的数据，截至 2016 年 11 月全国煤电机组平均供电煤耗为 313g 标准煤/（kW·h），在 2015 年的基础上进一步下降了 2g 标准煤/（kW·h），接近世界先进水平。截至 2016 年底，全国全口径水电装机 3.3×10^8kW，位居世界第一；核电装机 3364×10^4kW，占世界核电在建规模的 40%以上；并网太阳能发电量 662×10^8kW·h；太阳能热水器集热面

积超过 $2\times10^8m^2$；非化石能源占一次能源消费的比重达 9%，每年减排 CO_2 6×10^8t 以上。中国能源的绿色发展不仅保障了国内经济和社会可持续发展，也对维护世界能源安全做出了积极贡献。

9.3.1 能源领域应对气候变化的科学技术

为了应对气候变化对全球的影响，本节主要介绍目前国内外应对气候变化的具体科学技术，除对具体技术，如核能、太阳能、水能、风能、生物质能、海洋能、浅层地能等开展介绍外还对技术应用的典型案例进行分析。

1. 核能利用技术

核能发电技术是利用核反应堆中核裂变所释放出的热能进行发电的方式。它与火力发电相似，只是以核反应堆及蒸汽发生器来代替火力发电的锅炉，以核裂变能代替矿物燃料的化学能。通常应用的是铀裂变能进行发电。核电站中 1kg U-235 裂变产生的能量为 196×10^8kcal，而相同质量的标准煤产生的能量只有 700kcal，1L 重油产生的能量也仅为 9900kcal，$1m^3$ 天然气产生的能量为 9800kcal。

核能发电技术经历了四代反应堆的发展。第一代反应堆是 20 世纪 50～70 年代建造的原型堆，由于受到燃料循环的限制，反应堆只能用天然铀作燃料，用石墨和重水作慢化剂。第二代反应堆是 20 世纪 70 年代至 2000 年投入的商业反应堆，主要有压水堆、沸水堆、轻水堆和重水堆四种堆型。第二代反应堆验证了核反应堆在经济和环境上的安全性和竞争力。第三代反应堆发展于 20 世纪 90 年代，设计的初衷是提高核反应的安全性。目前国际上开发的第三代核电堆型均为热中子堆，主要有美国的先进沸水堆（ABWR）、改进式先进压水堆（System 80+）和非能动先进压水堆（AP1000），法国的先进压水堆（EPR）。第四代反应堆还处于研究之中，将在反应堆和燃料循环等各方面取得重大进展，目前对于第四代电技术有 6 种设计概念，2 种高温气冷堆，2 种液态金属（钠和铅合金）冷却堆，1 种超界水冷堆和 1 种熔盐反应堆。6 种系统中有 4 种是快中子堆，5 种采取的是合燃料循环，并对乏燃料中所含全部锕系元素进行整体再循环。

核变产生巨大能量，且本身不产生环境污染，也不存在放射性废物的处置问题。重的原子核分解成两块或三块非常容易且不稳定，甚至体积大的重原子自动衰变成两块，因而裂变反应的主要问题是控制它不发生链式反应爆炸，在反应过程中严格控制反应中中子的不断增值。聚变反应恰恰相反，非常难以实现，原因是原子核都带正电，当两个原子核靠近时会产生非常大的电斥力，只有运动速度极高的两个原子正好运动方向相对时才能发生碰撞，产生聚变。

2. 太阳能利用技术

目前太阳能利用技术主要包括三大类别，分别为光-电转换、光-热转换、光-化学转换（图 9.4）。

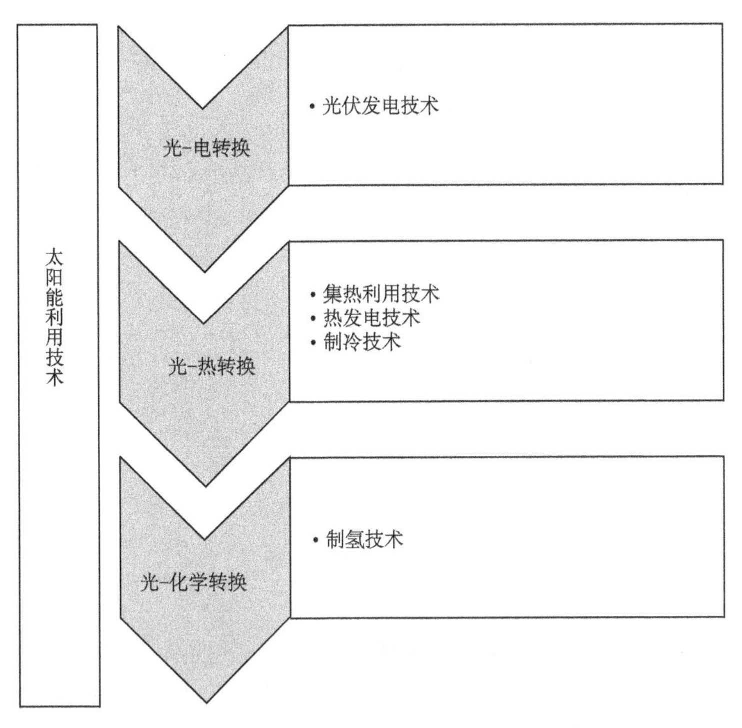

图 9.4　太阳能利用技术

光-热转换技术是将太阳辐射能通过特制的采光面进行采集、吸收，转换为热能，再将热能进行直接或间接的应用，如太阳能热发电技术、太阳能制冷技术、海水淡化技术等。

从热力学角度看，太阳能热发电系统与常规热力发电系统是一致的。目前在经济和技术上可行的太阳能热发电系统主要有塔式发电系统、槽式发电系统和蝶式发电系统。除此之外，太阳能烟囱发电、太阳能电池发电等新技术尚处于研究发展阶段。

太阳能光伏技术，即太阳能发电技术，其基本工作原理是：以太阳能电池板接收太阳光并产生电能（即发电），并将产生的电能储存在蓄电池里。太阳能电池板（也叫光伏板或光伏组件）本身只能发电，不能储存电能。它发出的是直流电，蓄电池进出的也是直流电。对用电器而言，可以直接给直流电器供电，也可经过逆变器将直流电变换为交流电给交流电器供电或直接进入电网。

太阳能光伏产业是世界发展速度最快的行业之一。为实现能源和环境的可持续发展，世界各国均将太阳能光伏发电作为新能源和可再生能源发展的重点。在各国政府的大力扶持下，世界太阳能光伏产业发展迅猛。

太阳能光-化学转化技术，即光化学制氢转换技术、太阳能制氢技术，是将太阳能转化为氢的化学自由能。目前研究的太阳能制氢技术主要有 5 种，即光电化学分解水制氢、光催化分解水制氢、热化学分解水制氢（光热法）、太阳能发电电解水制氢（光伏法）和光生物化学分解水制氢，如图 9.5 所示。这些太阳能制氢的方法都只是停留在实验室研究阶段，距离实际应用还有一定的距离。

光电化学分解水制氢	热化学分解水制氢	太阳能发电电解水制氢	光生物化学分解水制氢	光催化分解水制氢
光电化学分解水制氢是在光电解池中，由半导体材料制成的光阳极通过光的激发作用产生电子，再通过外电路流向光阴极，电解质溶解中的氢离子在光阴极得到电子并生成H_2	它有两种方法：直接热分解法和热化学分解法。直接热分解法：利用太阳能聚光器收集太阳能直接加热水，使水达到3000K以上的温度而分解为H_2和O_2。热化学分解法：在一定温度下，化学物质溶液的水解反应，生成H_2和O_2	太阳能发电电解水制氢（光伏法），也称两步法太阳能光电化学分解制氢，即采用太阳能发电系统作为电解水制氢装置的电源	植物的光合作用分两个系统：系统一和系统二。系统二固定CO_2，分解水放出H_2，在O_2存在时固碳，无O_2时光合作用放H_2。因此，可创造一种无氧环境，系统二放出的O_2由系统一所吸收，保障过程中氢化酶不被O_2毒害，使放氢过程得以持续	光催化分解制氢是利用光催化材料吸收太阳辐射，并有效地传给水分子，使水分解产生H_2。光催化分解水制氢的关键是光催化剂

图 9.5　光化学转化技术

3. 水能利用技术

水力发电作为水能利用的传统技术主要有三种：法兰西斯水轮机、螺旋片式水轮机、伯尔顿水轮机。各种技术已经相当成熟，很多研究侧重于水电工程施工技术、水电机组安装和维护技术及管理优化技术，以及水电工程的建设对生态环境的影响。

近年来颇受关注的技术主要有水电厂智能化技术、水电机组状态监测与故障诊断技术、大型抽水蓄能电站自动控制技术。智能电网将是未来电力工业的发展方向，其在变电环节的应用已比较成熟，而发电领域的智能化研究和建设才刚刚起步。智能化建设的研究重点在提升发电站安全稳定性能与经济运行水平、提高机组的可控和可调性，同时进行计算机监控系统、水电机组状态检修、梯级水电站群经济运行第二次系统的智能化研究。

水不仅对于水力发电非常重要，也是膜基础系统从自然界和废水中获取能量的来源。目前从海水中获取能量主要运用两种技术：压力阻尼渗透技术和反向电渗透技术。该过程也能够通过人造溶液生成盐度梯度从废热中获取能量。另一能量来自废水中的有机质，通过生物质燃料技术实现废水处理和能量生成的双重目标。

海水和淡水中存在显著的盐度差异。理论上来说，0.8kW/m^3 以上的能量是可以被提取的。这些能量大概相当于水从 280m 以上的高度下落产生的能量。这种技术最大的缺陷就是需要大量的淡水。尽管目前主要的水能来自水力发电，但不可否认，盐度梯度能量是一篇广阔的处女地，等待着人类的开发和利用。水能利用的不断进步也要求设备的发展和高效能源的转换技术。

4. 风能利用技术

风力发电是新能源中技术最成熟、最具规模开发条件及商业化发展前景的可再生能源技术。同时，风能资源又是清洁能源，绿色和平组织和世界风能协会预计，2020 年世界电力的 12%来自风电，大大减少因火力发电给大气带来的危害，风能的合理开发和利用可以有效缓解目前能源匮乏及燃料资源给环境带来的污染问题，在远期有可能成为世界上重要的替代能源。

地球拥有巨大的风能资源，据估计，全球风能资源高达每年 53×10^{12}kW·h，是2020年全球预期电力需求的两倍。中国是风能资源丰富的国家，仅次于俄罗斯和美国，居世界第三位，据中国气象科学研究院估算，我国在10m低空范围内的风电资源约为 10×10^{8}kW，其中陆上约为 2.53×10^{8}kW，沿海约为 7.5×10^{8}kW，如果扩展到50m以上高空，风电资源将至少再扩展一倍，可达到 20×10^{8}～25×10^{8}kW。我国的风能源主要集中在三北地区及东部沿海风能丰富带，给大规模的开发和利用带来了良好的条件。截至2016年底，我国风电机组累计装机容量超过 1687×10^{4}kW，位居全球第一。

5. 生物质能利用技术

生物质能源技术包括物理转化、化学转化和生物转化技术三种。在生物质化学转化前，往往需要进行预处理，尤其是生物质固体成型燃料技术。农作物秸秆在大面积范围内分布分散，堆积密度低，不利于收集、运输、储藏。生物质固体成型燃料能够很好地解决以上问题，在一定温度和压力作用下，将秸秆压缩为成型燃料，其体积缩小6～8倍，密度为1.1～1.4t/m^2，改善了秸秆燃烧性能，提高了利用效率，能源密度相当于中质烟煤；火力持久，炉膛温度高，不仅可以用于家庭生活能源，也可作为工业燃料代替传统化石能源。生物质秸秆成型燃料循环利用技术工艺流程包括生物质原料的收集、干燥、粉碎、成型和燃烧。

生物质制氢技术不同于风能、太阳能、水能之处在于，生物质制氢技术不仅可以有“生物质产品”的物质性生产，还可以参与资源的节约和循环利用，如气化制氢技术可用于城市固体废物的处理。例如，微生物制氢过程能有效处理污水，改造治理环境。微生物燃料电池可以处理人类粪便、农业和工业废水。微生物发酵过程还能生产发酵副产品，如重要的工业产品辅酶Q。微生物本身又是营养丰富的单细胞蛋白，可用于饲料添加剂等。

生物质制氢技术可以分为两类，一类是以生物质为原料利用热物理化学原理和技术制取氢气（如生物质气化制氢、超临界转化制氢、高温分解制氢等），以及基于生物质的 CH_4、CH_3OH、C_2H_5OH 转化制氢。另一类是利用生物途径转换制氢，如直接生物光解、间接生物光解、光发酵、光合异养细菌水气转移反应合成 H_2、暗发酵和微生物燃料电池技术。基于生物质发酵产物的 CH_4、CH_3OH、C_2H_5OH 等简单化合物也可以通过化学重整转化为 H_2。目前生物质制氢的研究主要集中在如何高效而经济地转换和利用生物质。高温裂解和气化制氢适用于含湿量较小的生物质，含湿量高于50%的生物质可以通过细菌的厌氧消化和发酵作用制氢，有些温度较大的生物质也可利用超临界水气化制氢。

6. 海洋能利用技术

海洋能是海洋中蕴藏的可再生能源，狭义的海洋能主要指潮汐能、波浪能、海流能、海水温差能和海水盐差能，广义的海洋能还包括海洋上空的风能、海洋表面的太阳能及海洋生物质能。

潮流发电技术原理与风力发电相似，叶轮机构在水流的作用下旋转，通过轮毂、主轴、传动系统将能量传递给发电机，打动发电机旋转发电，几乎任何一个风力发电装置都可以改造成潮流发电装置。由于装置需要置于水中，存在安装维护、防腐、电力输送等一系列技术问题。

潮汐能发电原理与水力发电原理相似，是利用潮汐涨落形成的水位差，冲击水轮机，带动发电机发电。与水力发电不同的是潮汐能发电所蓄积的海水水位差较小，但流量较大，而且水流的方向是变化的。

波浪能是指海洋表面波浪所具有的动能和势能，可以用于抽水、供热、海水淡化及制氢等多方面，但主要用于发电，为边远地区和设施等提供清洁能源。

海水温差能发电就是利用海洋表层暖水与底层冷水之间的温差来发电的技术。目前研究的海水温差发电系统主要有朗肯循环、卡利纳循环和上原循环，其中朗肯循环的研究最为充分，又分为三种运行形式，即开式循环系统、闭式循环系统和混合循环系统。

围绕着海水温差能发电技术，可以对海洋的各种资源进行综合利用。由于开式、闭式和混合循环系统本身就是一个海水淡化器，我们可以获得淡水；排放的深层冷海水，还可用于冷水空调系统；深层海水中含有丰富的无机盐类，可以作为海水养殖的营养来源。

尽管海水温差能量大，能量稳定，是清洁能源，并且能够获得淡水，但是目前的技术转换率较低，建设费用较高，难度大，所以海水温差能的利用还未达到商业应用。未来海水温差能研究的主要方面为高效热力循环的机理和设备研究、温差能资源及选址环境调查研究。

海水盐差能是海水和淡水之间或两种含盐浓度不同的海水之间的化学电位能，主要存在于河海交接处。一般认为，浓度为35%的海水与淡水之间的化学电位，相当于240m水头差的能量密度。

7. 浅层地能利用技术

浅层地能（热）不是传统概念的深层地热，是地热可再生能源家族中的新成员。它不属于地心热的范畴，而是太阳能的另一种表现形式，广泛存在于大地表层中。它既可恢复又可再生，是取之不尽用之不竭的低温能源。以往这种低温能源因品位不高（通常温度<25℃）往往被人们所忽视。随着制冷技术及设备的进步和完善，成熟的热泵技术使浅层地能（热）的采集、提升和利用成为现实。

土壤源热泵以大地作为热源和热汇，热泵的换热器埋于地下，与大地进行冷热交换。根据地下热交换器的布置形式，主要分为垂直埋管、水平埋管和蛇行埋管三类。垂直埋管换热器通常为是U形，按其埋管深度可分为浅层（<30m）、中层（30～100m）和深层（>100m）三种。垂直埋管换热器热泵系统优势在于：占地面积小；土壤的温度和热特性变化小；需要的管材少，泵耗能低；能效比很高。其劣势主要在于：对施工设备和施工人员的要求较高，造价偏高。水平埋管换热器有单管和多管两种形式。其中单管水平换热器占地面积大，虽然较多管水平埋管换热器占地面积有所减少，但需要通过管长相应增加来补偿相邻管间的热干扰。除需要较大场地外，水平埋管换热器系统的劣势还在于：运行性能不稳定，泵耗能较高，系统效率低。蛇行埋管换热器比较适用于场地有限的情况。虽然挖掘量只有单管水平埋管换热器的 20%～30%，但是用管量会明显增加。

空气源热泵自低温空气中吸收热能，利用所耗能量驱使其吸收的热能输送给高温热源。该设备利用全封闭式压缩机驱动环保工作介质，使其在独立密封的工作回路里循环，利用热平衡式膨胀阀根据热负荷的不同，自动进行动态的流量调节；利用电磁四通换向阀进行获取冷和热能的工作模式转换。

空气源热泵产品的广泛应用可改善温室效应。空气源节能产品大部分工作时段都是在吸收空气的热量，实际上也是在给大气进行物理降温。空气源热泵产品在正常工作时温室效应气体零排放，如果全国范围内广泛使用空气源节能产品，每年可以节能上亿吨标准煤，节能 1×10^8t 标准煤相当于少向大气中排放近 4×10^8t 的 CO_2 气体。

水源热泵是以水为热源，可进行制冷/制热循环的一种热泵型整体式水-空气空调装置。水的质量热容大，传热性能好，传递一定热量所需的水量较少，换热器的尺寸可较小。所以在易于获得大量温度较为稳定来水的地区，水是理想的热源。

8. 氢能及其他能源利用技术

为人类提供一种廉价、可靠、可持续的能源是 21 世纪上半叶的一个巨大挑战和超越。可再生能源中的氢能就是一种清洁、可持续的能源，它可以在全世界任何一个国家生产及利用。氢有多种生产途径，在各行业被普遍应用的氢技术包括生产、储存及利用。可再生的氢生产技术包括电解、生物质产氢、光分解（通过光电化学技术）、发酵、热解（通过太阳能热化学技术）等。除氢能外，燃料电池、天然气水合物开发技术、电力储能技术也是目前正在开发应用的能源技术。

燃料电池是一种将化学能转化为电能的技术，高效且低污染。根据性能安装在汽车上，至少内燃机 10%的输出功率被用来提供电能。引入电磁和智能压电悬浮系统，这部分被强烈支持增加。此外，为了维持空气调节和制冷（如卡车），内燃机必须保持工作状态，即使车已经停止行驶。在这些低负荷条件下，发动机非常低效，有利防治环境污染。燃料电池的使用对改善空气质量和减少温室气体排放做出了重大贡献。

燃料电池种类较多，它们的工作温度、效率、应用和价格都有所不同，燃料和电解液可分为碱性燃料电池、磷酸燃料电池、固体氧化物燃料电池、熔融碳酸盐燃料电池、质子交换膜燃料电池、直接 CH_3OH 燃料电池。

天然气水合物俗称“可燃冰”，是天然气和水在一定的温度、压力条件下相互作用而形成的貌似冰状的可燃固体，是近 20 年来在海洋和冻土带发现的新型洁净资源。天然气水合物中，水分子形成一种点阵结构，天然气分子则填充于点阵间的空穴，形成点阵的水分子之间以较强的氢键结合，天然气分子与水分子之间则以较弱的范德华力相互吸引。

从能的角度看，“可燃冰”可视为被高度压缩的天然气资源，每立方米“可燃冰”相当于 160～180m^3 的天然气。根据估算，全球天然气水合物中蕴藏的天然总量为 1.8×10^{16}～$2.1\times10^{16}m^3$，相当于全球已探明的传统化石燃料总碳量的 2 倍。

基于天然气水合物的资源前景和环境效应，国际上许多国家，如美国、日本、印度、韩国、俄罗斯、加拿大、德国、墨西哥等，从国家能源安全角度将天然气水合物列入国家重点发展战略，先后制订了天然气水合物的研究和发展计划，并建立了相应的研究机构。例如，美国由国家能源部制订统一的研究规划，组织国内科研单位进行联合研究；日本由通产省制订研究计划，由石油工团和工业技术研究院联合成立研究中心负责实施。

我国从20世纪90年代起即开始相关研究开发工作，于2007年5月1日首次在南海北部神狐海域钻获天然气水合物实物样品，成为继美国、日本、印度之后第四个采集到天然气水合物实物样品的国家。之后开展了相平衡、热力学、动力学等相关研究，提出了评估天然气水合物资源量的新方法。针对南海天然气水合物的开采，国土资源部对我国海域的天然气水合物资源进行了大量的调查工作，中国科学院成立了广州天然气水合物研究中心，中国海洋石油公司对天然气水合物给予了较大的关注。

大规模储能技术的应用源于对发电站稳定运行，对电力负荷削峰填谷的要求。目前已有的电力储能技术分为物理储能技术（包括抽水蓄能、压缩空气储能、飞轮储能），电化学储能技术（主要是电池储能，包括铅酸电池、镍镉电池、钠硫电池、镍氯电池、锂电池、燃料电池、金属-空气电池、钒电池和锌溴电池等），电磁储能（超导磁能储能和电容器储能）。电磁储能技术和飞轮储能技术目前已有产品储能容量还较小。因此，大规模储能技术主要指抽水蓄能、压缩空气储能和电池储能。由于技术经济性特性不同，它们发展和应用现状也存在较大差异。

9.3.2　国内外能源供应行业应对气候变化的现状

1. 国内能源供应行业应对气候变化的现状

1）推动化石能源低碳化利用

中国“富煤、贫油、少气”的能源资源特点，决定了煤炭在中国能源生产和消费中的支配地位。煤炭的大规模开发利用，排放大量CO_2，加大了应对气候变化的压力。中国能源供应行业坚持低碳、清洁、高效的发展原则，促进能源生产企业加快建设先进生产能力，淘汰落后产能，大力推动化石能源低碳化利用，开发利用新能源和可再生能源，实现节能减排和低碳发展。

（1）大力淘汰小火电机组。“十一五”期间火电行业共关停能耗高、污染重的小火电机组7683×10^4kW。到2010年，全国30×10^4kW以上的火电机组比重已经达到了72.7%（2012年达到了75.6%），中国华能集团公司、中国大唐集团公司、中国国电集团公司、中国华电集团公司和中国电力投资集团公司5家中央大型国有集团公司，积极开展“上大压小”，平均单机容量比2005年提高了20%。

（2）积极应用先进煤电技术。截至2012年底，中国在运百万千瓦超超临界燃煤机组达到54台，居世界首位。目前，超超临界燃煤发电技术已成为中国燃煤发电的主流技术，已经投运和正在建设的1000MW、600MW超临界和超超临界机组达到百余台。

（3）推动现有电厂的节能改造。火力发电企业积极开展机组运行优化试验和锅炉燃烧调整试验，定期开展汽机和锅炉的性能测试。在摸清存在问题的基础上，加快实施提高锅的效率、降低汽机热耗、降低辅机电耗、末端治理、余热深度利用等技术改造，严格机组参数“压红线”运行等关键环节的节能管理工作，深入挖掘现有装备的节能潜力。

（4）推进煤炭高效转化利用。煤炭是中国的主体能源资源，无论如何利用，都无法避免 CO_2 排放，但通过发展循环经济，实现能量梯级利用与资源的循环利用，可大幅度减少碳排放量。以神华集团（现为国家能源集团）、华能集团为代表的中国能源企业，通过发展煤基清洁燃料技术和化工产品技术，积极推进煤炭的清洁、高效、低碳利用。

（5）示范应用 CCUS 等技术。中国能源企业积极开展了 CCUS 研究和示范。华能集团自主研发和投资建设的国内首套电力系统 CCUS，神华集团开发的煤制油系统 CCUS 均取得了良好的效果。

2）大力发展新能源和可再生能源

中国能源企业坚定不移地大力发展新能源和可再生能源，2012 年，全部非化石能源利用量约为 3.3×10^8t，在能源消费总量中占 9.1%，较 2005 年提高了 4.4 个百分点。全国非化石能源发电装机占全部发电装机的比例达 28.5%。

（1）积极发展水电。中国水能资源丰富，技术可开发量为 5.42×10^8kW · h，居世界第一。按发电量计算中国目前的水电开发程度不足 30%，仍有较大的开发潜力。在做好生态环境保护、移民安置的前提下，中国积极发展水电，把水电开发与促进当地就业和经济发展结合起来。2012 年水电新增装机 1×10^8kW，总装机累计达 2.49×10^8kW，发电量达 8641×10^8kW · h。

（2）安全高效发展核电。中国在确保安全的基础上高效发展核电。2010 年以来，岭核电二明 12 号机组，春山二期 3、4 号机组先后投入商业运行，新增核电装机容量达 346×10^4kW，使国内在役核电机组数达 15 台。2012 年核电发电量达 982×10^8kW · h，占全国总发电量的 1.97%。

（3）有效发展风电。中国坚持“统筹兼顾、因地制宜、综合利用、有序发展”的原则，有效发展风电。风电是现阶段最具规模化开发和市场化利用条件的非水可再生能源。2012 年风电并网容量新增 1500×10^4kW，累计并网装机容量达 6300×10^4kW，居世界第一。

（4）积极利用太阳能。中国积极发展太阳能光伏发电。2011 年新增太阳能光伏发电装机容量约 220×10^4kW，新增量位居世界第三，累计装机达 300×10^4kW。2011 年全国城镇太阳能光热建筑应用面积达 21.5×10^8m，比 2010 年增加近 50%。

（5）开发利用生物质能等可再生能源。在粮食主产区，有序发展以农作物秸秆、粮食加工剩余物为料的生物质发电；在林木资源丰富地区，适度发展林木生物质发电；在城市周边地区，发展生活垃圾焚烧和填埋气发电。在具备条件的地区，推进沼气等生物质供气工程，因地制宜建设生物质成型燃料生产基地，发展生物柴油，开展纤维素 C_2H_5OH 产业示范。2011 年，各类生物质发电装机达 600×10^4kW，发电量为 300×10^8kW · h。在保护地下水资源的前提下，推广地热能高效利用技术。2011 年，地热能发电装机达 2.42×10^4kW，海洋能发电装机为 0.6×10^4kW，地热、海洋能发电量为 1.46×10^8kW · h，浅层地能建筑应用面积为 $2.4 \times 10^8 m^2$。

3）积极发展循环经济

中国能源企业按照“减量化、再利用、资源化”的原则，积极开展煤矸石、粉煤灰、脱硫石膏等的综合利用，提高资源产出率。2012 年，中国煤矸石和脱硫石膏产量的综合利用率分别达 77.8%和 72%；粉煤灰的综合利用量达 3.8×10^8t，综合利用率达到 82.1%，高于美国等发达国家。

4）加大科技创新

中国能源企业日益重视低碳技术的动作用，逐步完善“产-学-研-用”创新机制，陆续建立一批以企业为主体的研究机构，包括风电设备及系统技术国家重点实验室、国家能源火电节能减排与污染控制技术研发（实验）中心等研究中心，煤炭利用产业联盟等。不断加大投入，取得液化、超临界、CCUS 等一批具有国际先进水平的科技成果。

5）加强企业能源管理

中国能源企业根据国家政府部门的相关要求，建立健全能源管理制度，配置能源管理人员，开展国内外先进企业的对标管理，建立与能源消耗和温室气体排放挂钩的奖惩机制，不断提高企业节能低碳管理水平。低碳发展是中国可持续发展的必然选择和内在要求，中国能源供应企业通过创新管理模式，加大低碳技术研发创新投入，推动高碳能源低碳化利用，大力发展非化石能源，打造中国绿色发展低碳引擎，积极推动全社会应对气候变化工作。

2. 国外能源供应行业应对气候变化的现状

能源供应行业是重要的温室气体排放源，各国都将推动能源供应行业的低碳发展视为应对气候变化的重要措施。通过大力发展可再生能源、提高化石能源利用效率，并辅以财政激励、税收调节等政策措施，推进能源供应行业的低碳转型与发展。

1）全力发展可再生能源

发达国家把开发新能源和可再生能源作为其能源供应行业低碳发展的首要选择。2012 年日本出台了实现可再生能源飞跃发展的新战略，重点发展海上风电、地热、生物质能、海洋能（波浪、沙）等，目标是 2030 年上述四个领域的发电能力达到 2010 年的 6 倍以上。截至 2010 年，欧洲可再生能源（包括水电、风能、太阳能和生物质能）占欧盟总能源消费的 12.4%，其中，瑞典、奥地利和匈牙利比重最高，分别高达 47.9%、32.6%和 24.6%。

2）推进化石能源低放应用

发达国家在化石能源低碳化利用方面，除重视燃烧效率的提高外，主要通过热电冷联产等能源梯级利用，以及发展 CCS，减少化石能应用的温室气体排放。欧盟自 1997 年开始实施热电联产战略以来，制定了一系列与热电联产相关的法律法规，从污染排放数控制（交易）、电网准入、电价及税收等方面对热电联产提供实质性支持。各成员国依据欧盟指令，结合自己的实际情况制定相应法规和采取相应措施。

CCUS 被视为未来的主要碳减排技术，在全球各地受到了广泛重视，欧盟希望在 2015 年前建成 12 个 CCUS 示范项目，G8 集团则希望在 2020 年建成 20 个商业化 CCUS 项目。当前，美国、日本、加拿大、英国、德国、法国、意大利等主要发达国家都在研究建设 CCUS 示范项目。

3）加强科技研发

发达国家将低碳能源技术视为核心竞争力，投入巨资进行技术研发。美国《清洁能源安全法案》规定，到 2025 年清洁能源技术和能源效率技术的投资规模将达 1900 亿美元。其中，包括提高能源效率和可再生能源投资 900 亿美元，CCS 技术投资 600 亿元，电动汽车和其他先进技术的机动车投资 200 亿美元，以及基础性的科学研发投资 200 亿美元。

欧盟委员会于 2008 年提出了《欧盟能源技术战略计划》，拟在能源工业领域增加财力和人力投入，加强能源科研和创新能力，鼓励推广包括风能、太阳能和生物能技术在内的“低碳能源”技术。2009 年，欧盟委员会宣布在 2013 年之前投资 1050 亿欧元支持欧盟地区的“绿色经济”，发展“绿色技术”。2012 年，欧盟委员会正式启动欧盟绿色创新行动计划，作为欧盟绿色创新行动计划的重要组成部分，2013 年欧盟投入 3150 万欧元的公共财政研发资金，实施绿色创新研发项目的招标活动，对于获选的绿色创新技术预商业化开发项目，资助额度最高可达项目总研发投入的 50%。

4）出台税收激励政策

对低碳能源发展实施税收优惠政策是发达国家普遍采取的措施。近年来，英国、美国、日本、德国等发达国家对燃烧产生 CO_2 的化石燃料开征国家碳税。《美国复苏与再投资法案》除对扩大和替代可再生能源系统的税收减免外，还为大部分可再生能源发电设施提供了生产税抵减。英国、丹麦等国规定对可再生能源不征收任何能源税，对个人投资的风电项目则免征所得税等。英国对与政府签署自愿气候变化协议的企业，如果达到协议规定的能效或减排量，就可以减免 80%的碳税。

第 10 章　减缓气候变化面临的挑战与机遇

10.1　减缓气候变化面临的挑战

当今世界共同面临气候变化和能源安全的双重挑战，能源资源价格攀升、生态退化、环境污染严重、自然灾害和全球气候变化等重大问题继续恶化，这些问题相互关联，共同推动国际体系的变化。能源问题的解决是防止全球气候变化的核心，气候变化引发的低碳和新能源革命正塑造全球能源体系的未来。当前传统单纯追求经济增长的发展模式已经严重制约了社会可持续发展，由气候变化引致的气象灾害已经严重威胁了人民群众的生命财产安全和社会的和谐稳定，因此，减缓气候变化行动是目前政府履行社会职能的重要环节，同时也是其薄弱环节。

应对气候变化的总体挑战就是找到减缓气候变化方案的有效配比，实现应对气候变化在时间和空间上的有效性。一方面，我国面临着减缓气候变化的巨大挑战；另一方面，减缓气候变化也可以成为我国转变发展方式、走新型工业化和城市化道路的转折。在我国资源和环境承载力难以为继的背景下，努力减缓温室气体排放、积极应对气候变化是我国的根本选择。

1. 碳排放空间收缩、增长快速，控制任务艰巨

随着经济的快速发展，我国碳排放也迅速增长。1990～2012 年，我国 CO_2 排放呈现指数增长态势，年均增长 6.07%，占这期间全球新增排放的 55.4%。2006 年，我国超越美国成为世界第一大碳排放国；同一年，我国的人均碳排放也超过了世界平均水平。2012 年，我国化石燃料排放为 8.2Gt CO_2 当量，占全球总排放的 25.9%；当年，我国人均 CO_2 排放量是世界人均水平的 1.3 倍。

根据 IPCC 的 AR5，为保证实现 2℃的目标（90%可能性），全球温室气体排放到 2030 年需要控制在 30～50Gt CO_2 当量。我国如果不采取减排措施，保持碳排放指数增长趋势，到 2030 年可能达到 19.7Gt CO_2 当量，占全球总排放空间的 65%。在这种情景下，2℃的目标基本不可能实现。

我国仍处在工业化、城镇化和农业现代化进程中，能源需求和碳排放还在继续增长，但是我国能源强度和碳强度都在持续下降。1980～2012 年，我国能源强度从 2.66t 标准煤/万元下降至 0.77t 标准煤/万元，年均下降 3.81%。随着我国能源强度和碳强度越来越接近发达国家水平，节能减排难度也逐渐增加。一些较容易实现的减排措施（如

淘汰落后产能等）很难继续发挥较大作用。2014 年 11 月，我国和美国共同发布《中美气候变化联合声明》，宣布了两国各自在 2020 年后应对气候变化的行动，并认识到这些行动是向低碳经济转型长期努力的组成部分，考虑了 2℃的全球升温目标。我国计划在 2030 年达到 CO_2 排放峰值，且努力早日达峰，并将非化石能源占一次能源消费量比例提高至 20%。

2. 能源结构有所优化，但主体地位未变

我国能源供应压力较大，可再生能源相对匮乏。1980～2012 年，我国 GDP 迅速增长，年均增长率约为 10%。能源是经济发展的物质基础，因此我国能源消费量也快速增长。2012 年我国能源消费量为 36×10^8t 标准煤，是 1980 年能源消费量的 6 倍多。然而，我国能源供应能力相对不足，能源生产量增速低于能源消费量增速，这导致我国能源对外依存度不断攀升。2012 年，我国能源对外依存度达到 15%，石油对外依存度达到 58%。2013 年，我国在《能源发展“十二五”规划》中提出，“十二五”能源消费总量控制在 40×10^8t 标准煤的目标。但是，2014 年我国能源消费总量便达到 42.6×10^8t 标准煤，可见我国能源消费总量的增长超出了普遍预期。此外，我国可再生能源相对匮乏，2012 年，我国可再生能源生产量为 3.42×10^8t 标准煤，占一次能源生产量的 10.3%。

产业结构调整是降低能源强度的有效措施。2011 年 3 月，我国政府在“十二五”规划中提出了能源强度（单位 GDP 能源消耗）下降 16%及碳强度下降 17%的约束性目标。2014 年，我国第一、第二及第三产业的能源强度分别为 3.44GJ/千美元、41.38GJ/千美元及 2.78GJ/千美元。第二产业能源强度约是第三产业的 15 倍，因此，第三产业比重提升可有效降低能源强度。能源结构升级是降低能源碳密度的有效途径。煤炭、石油、天然气的能源碳密度依次降低，而非化石能源基本不产生碳排放。我国十分重视非化石能源的发展，计划到 2020 年非化石能源占一次能源消费比重达到 15%，2030 年达到 20%。

在能源消费总量还处在快速上升阶段（平均一年近 2×10^8t 标准煤）取得能源结构的优化是一件非同寻常的事情。但是，煤炭在能源消费中所占比重依然维持在 70%左右（而全球一次能源消费结构中煤炭的比重不到 30%，除去我国份额，世界煤炭消费比例仅有 20%左右），短时间内难以改观。

在产业及能源结构方面，我国的能源生产和能源消费均呈现增长趋势，能源消费总量远大于能源生产总量，经济发展进程中的能源供需矛盾日益突出。同时，能源结构以煤炭为主，由于能源结构的调整受到资源的限制，资金和技术问题又进一步阻碍了节能减排水平的提高，使得降低单位能源的 CO_2 排放成为当前政府面临的严峻挑战。

3. 强力的行政手段和不成熟的市场机制

在减缓气候变化方面，我国政府通过调整产业结构、节能与提高能效、优化能源结构、控制非能源活动排放、增加碳汇等降低温室气体排放。在适应方面，我国在基础设施、农业、水资源、海岸带、生态系统、人体健康等方面积极采取行动，提高气候变化影响监测能力，以及应对极端天气气候事件的能力，减轻气候变化对社会经济发展和生产生活的不利影响。在能力建设方面，我国积极推动气候变化相关立法，加强重大战略

研究和规划编制，完善气候变化相关政策体系，强化应对气候变化的科技支撑，稳步推进统计核算考核的体系建设。

然而在取得成效的同时，行政手段也带来了难以量化的社会代价。例如，一家火电公司，在“上大压小”中关停15台80×10^4kW机组，获准新建2台60×10^4kW的机组。按照《国家电力公司火力发电厂劳动定员标准（试行）》（1998），新机组可安置员工380人，而关停机组共需分流近3600名员工，其社会压力可想而知。成本较小的市场机制的应用较为有限，局限于差别化电价、合同能源管理等范围。碳税、排放权交易等机制尚处在探讨或刚进入局部试点阶段。就排放权交易而言，由于我国还没有实施温室气体排放总量控制，统计监测体系也有欠缺，试点省市必须首先为自身设定一个合理的排放上限，这无疑对当地政府是很大的考验。

4. 生态环境和生态文明建设任重道远

我国应对气候变化，一方面需要强化对森林和湿地的保护工作，提高森林适应气候变化的能力。经过不懈努力，我国森林覆盖率已经由2005年的18.2%提高到2010年的20.36%，单块面积在100hm^{2}以上的自然湿地面积占我国陆地面积的3.77%。目前我国尚有0.57×10^8hm^{2}的宜林荒山荒地、0.54×10^8hm^{2}左右的宜林沙荒地和相当数量的25°以上的陡坡耕地、未利用地。要实现2020年森林建设目标，还需付出更加艰苦卓绝的努力。第一，在这些宜林地中，立地条件较好的仅占13%。从区域看，现有宜林地约60%分布在内蒙古和西北等干旱地区，其余的也多分布在一些石质山区，经济发展水平相对滞后，植树造林的自然和经济条件越来越差，难度越来越大，成本越来越高。第二，森林资源总量和质量不高。第八次全国森林资源清查，截至2013年，全国森林面积2.08×10^8hm^2，森林覆盖率21.63%，森林每公顷蓄积量为89.79m^3。森林覆盖率远低于全球31%的平均水平，人均森林面积仅为全球人均水平的1/4，人均森林蓄积只有全球人均水平的1/7，森林资源总量相对不足，质量不高，且分布不均。第三，森林灾害防控形势严峻，特别是极端天气气候事情影响巨大。第四，木材供需矛盾突出，木材需求存在一定变数。我国木材对外依存度接近50%，木材安全形势严峻；现有用材林中可采面积仅占13%，可采蓄积仅占23%，可利用资源少，大径材林木和珍贵用材树种更少。据估算，我国目前年木材需求量约为3×10^8m^3，其中50%左右依靠进口，未来我国木材的使用量会持续增加，这对我国森林蓄积量带来巨大影响。此外，天然湿地数量减少、功能退化的趋势仍在继续，湿地生态系统仍然面临着严重的威胁，保护湿地的任务十分繁重。

另一方面，需要进一步加强植树造林和湿地恢复工作，提高森林的碳吸收汇能力和湿地的固碳能力。大力发展植树造林和保护森林、湿地，对防风固沙、涵养水源、改善生态环境、建设生态文明具有非常积极的意义。同时，随着国际社会对环境保护的高度关注，各国对原木出口的限制越来越严格，我国木材进口将变得更加困难，加强森林建设和保护，有利于我国提高木材综合利用率和自给率。

作为一个环境资源大国，我国政府高度重视环境外交，许多国家领导人出访都将环境保护作为重要的活动内容之一。我国在采取系列措施解决本国环境问题的同时，积极务实地参与环境保护领域的国际合作，为保护全球环境这一人类共同事业做出了不懈努力。我国政府积极参加各项国际公约的谈判活动，并力争加入促进我国国家利益的多边环境公约。我国从维护国家环境权益、履行国际义务、促进国际环境合作的目的出发，加入了包括危险废物的控制、危险化学品国际贸易的事先知情同意程序、化学品的安全使用和环境管理、臭氧层保护、气候变化、生物多样性保护、湿地保护、荒漠化防治、物种国际贸易、海洋环境与资源保护、核污染防治、南极保护、自然和文化遗产保护和国际环境权保护在内的 14 大类 50 多项多边环境协议。在《关于消耗臭氧层物质的蒙特利尔议定书》谈判过程中，我国为资金机制的建立发挥了重要作用，最终成立了多边基金。我国积极加入多边公约的同时，也积极参与区域性多边环境外交与合作，如 APEC 环境保护中心、东北亚环境合作、东亚海和西北太平洋行动计划等。我国与联合国环境规划署全球环境基金、多边基金等许多环境保护多边机构建立了密切的联系。

我国加强推动与周边国家或相关地区的合作，积极参与区域合作机制化建设。建立中日韩三国环境部长会议机制，定期进行政策交流，讨论共同关心的环境问题；建立了中欧环境政策部长级对话机制和中欧环境联络员会议机制；并在 2015 年召开了中国-阿拉伯国家环境保护合作论坛。我国积极开展环境保护领域的双边合作，先后与美国、日本、加拿大、俄罗斯等 42 个国家签署双边环境保护合作协议或谅解备忘录，并且不断推动中非环保合作。

10.2　减缓气候变化面临的机遇

10.2.1　减缓气候变化中国际气候谈判面临的机遇

国际气候谈判的艰难推进表明，全球气候治理仍然是当前全球治理中的重量级难题。气候变化问题如此难以解决，不仅在于这是一个全球公共产品问题，还在于谈判各方在责任与行动上的不足。以大国为例，在中美如何实现气候领域有效合作的探讨中，政治因素、安全因素、经济因素乃至道义因素都是不可忽视的方面。但它们首先必须面对的是在气候变化影响下国家行为体以积极行动参与温室气体减排的责任压力，即谁应该承担更多的责任。然而促成国际气候谈判和全球气候治理中的大国合作，不仅是缓解大国承担气候减排压力的有效方法，也是对在全球气候变化中国家行为体实现温室气体减排责任分配的积极回应。大国需要就其是否接受全球气候治理中的减排责任，以及如何进行责任的分配达成共识，以进一步确认其承担气候治理中的具体责任并做出积极可信的承诺与行动。

1. 减缓气候变化成为国际社会共识

气候变暖问题一度被认为是一个科学问题。在 IPCC 的 AR4 和 AR5 中更明确地指出“人类活动对气候变化具有直接而确切的破坏性作用，以及气候变化对人类社会的危害性”。越来越多的证据在证明全球气候变暖的事实，气候恶化带来的危害性后果无法使任何国家置身事外。更多的研究在证明气候变化对经济、伦理、政治和可能行动的影响，英国经济学家尼古拉斯·斯特恩在 2015 年再次呼吁“当前和接下来二十年全球共同应对气候变化行动的紧迫性与必要性”。后京都时代的气候治理困境表明：“在短期内拖延治理行为看似可以降低成本投入，但在限制气候变化的效果上会导致成本剧增”。“世界各国其实已经认识到他们在气候问题上具有共同利益”，如果选择对抗，其破坏性远远超出合作的成本，只有合作才能够“降低交易成本，减少不确定性”，更有利于实现各国的国家利益。但国际社会共同应对气候变化的国际气候谈判仍曲折不前，影响因素复杂多样。斯特恩强调“国际社会和国家在应对全球气候变化行动上的刻不容缓，要求人类社会必须采取减排行动”。然而更多的国际社会成员在要求中国和美国作为当前最大的两个温室气体排放国和世界大国，应对全球气候变化负起大国责任。因此应对气候变化这一全球治理问题的关键还在于是否能促成中美在国际气候谈判中实现大国合作以推动全球共同行动。

2. 国际气候谈判中的身份判断机制调整

气候变化的影响正在逐步增加，并使中美面临相似的困境。从全球角度看，亚洲大陆、北美大陆是全球变暖最激烈的地区之一，我国和美国都受到明显的气候变暖影响。作为工业化大国，美国在全球气候变暖的历史上成为温室气体排放的最大累计国，并长期保持着温室气体排放第一的位置。我国的观测证据表明，近百年来（1909～2011 年）我国陆地区域平均增温 0.9～1.5℃，增温幅度高于全球水平。我国和美国进入 21 世纪之后，都经历了包括干旱、飓风、冰雹、酷热等极端天气带来的自然灾害和经济损失。面对这种来自自然界的挑战，我国和美国还需就应对气候变化做出积极回应。但从国家的谈判立场变化来看，对气候减排责任的认知影响了国家在参与气候减排行动中的自我身份认知。

建构主义认为“自我的身份和利益是在与他者的互动过程中得以建构、产生意义并逐步发展起来的”。身份认知影响了国家在国际关系互动中的利益界定与行动指导。身份认知不仅包括自我身份认知，它取决于国家个体行为和理性行为模式的影响；它还包括他者身份认知，来自于国际体系对国家身份和利益的构建。全球气候治理议程从全球层次上人类的主要作用出发，构建了作为人类的“我们”的任务。在气候变化问题中，国家的行为基于自我身份认知的界定，“我们”未来在气候变化中的行动取决于“我们”是谁。

首先，美国对责任者的身份确认改变了他们参与国际气候谈判的态度。从尼克松到奥巴马，美国总统的不同态度使美国参与气候治理的身份认知出现差异性转变。无论白宫怎样设计他们的政策议程，“美国总统都是环境政策制定中的核心”，国会、法院和行政体系属于非核心部分，“总统的积极或不积极表现切实在影响该届政府在环保问题上的态度”。在 20 世纪 70 年代早期，美国作为全球领袖在环境问题上发挥着其他国家无法比拟的作用。但从尼克松政府开始，美国对参与气候治理并不积极，因为全球环境治理需要更积极的行动、更具体的目标，但这“并不符合这一时期的美国决策者的认知”。奥巴马采取了比以往政府更积极的行动与态度，积极推行“绿色经济新政”。他在气候变化和国家安全的问题上旗帜鲜明地表示："气候变化是一个紧迫的问题，是一个国家安全的问题，必须严肃对待"。因此美国在全球气候治理问题中正在谋其地位的转变，并很快"从边缘过渡到中心位置"。美国的身份转变为全球气候治理行动产生了示范性的促进作用，并增加了全球气候治理行动的信心。

其次，参与国际气候谈判中的身份调整，鼓励国际社会共同应对气候变化的行动。对于大部分国家来说，参与国际气候谈判是外交政策的重要一环。例如，2009 年的哥本哈根气候变化大会后，我国已经认知和正视其在国际气候谈判中的大国地位，以及其对发展中国家谈判阵营内部的影响。2014 年，我国在全球治理中积极实行具有中国特色的大国外交，并明确表明将承担作为大国所应承担的中国责任，一个突出事例就是应对气候变化的方案。我国不仅"承担责任并主动进行减排"，而且已经开始参与引领国际规则的制定。习近平主席表示中国将积极参与全球治理，中国的发展得益于国际社会，也愿为国际社会提供更多公共产品，同时提出全球治理应寻求利益共享，实现共赢目标，共同构建绿色低碳的全球能源治理格局，推动全球绿色发展合作。我国的努力，一方面是回应国际社会所提出的"中国成为国际体系中负责任的利益攸关者"呼声；另一方面是随着实力的增强，以"大国外交"来维护国家的独立性、自主性，以及在国际事务中的影响力与作用。

3. 国际气候谈判中的利益判断机制调整

无论美国还是其他国家在参与气候减排行动中的主要目标仍是维护国家利益，二者对国家利益判断的差异性形成了合作的空间。正如美国对国家利益的看重一样，我国在国际气候谈判中的主要目的也是"保证国家的经济利益"。影响美国是否加入气候减排的三个因素是：科学怀疑主义、作为安全威胁的气候变化和作为经济机会的气候变化。第三个因素显然会有助于美国更积极地参与气候谈判。2003 年《气候突变的情景及其对美国国家安全的意义》报告首次点明气候变化是"影响美国国家利益特别是安全利益的先声"。1997 年 6 月的"伯德·哈格尔决议"使美国首次提出气候减排可能对美国造成包括经济利益损失在内的危害，使得克林顿政府签署的《京都议定书》未能生效。小布什政府更是强调气候变化对美国利益的损害性，并拒绝签署《京都议定书》。奥巴马执政后，从国家安全的角度出发，采取了比以往政府更积极的行动与态度，积极推行"绿色经济新政"。这一政策的主要内容是："以能源革新和促进经济发展与环境保护相结合，看重碳减排交易市场的潜力，并带有以清洁能源技术为契机垄断新世纪全球技术体系的战略意图"，维护世界经济霸权地位的意义。温室气体减排不仅在影响美国对国家利益（国内利益）的判断，而且已经成为奥巴马政府试图掌握国际气候政治领导权的核心关注议题。奥巴马还意识到美国的积极行动需要责任共担的合作者，因而"期望其他全球性力量能够承担更多责任"。作为第一大温室气体排放国和最大的发展中国家，中国毫无疑问是其重要的合作者选择。

我国自 1972 年 6 月 5～16 日参加在瑞典首都斯德哥尔摩召开的第一次联合国人类环境会议以来，直至 2018 年在波兰卡托维兹参加的联合国气候大会，在国际气候谈判中所坚持的气候外交政策，考虑的根本因素是国家利益，"中国发展的内在需求也始终是气候外交决策和发展的主要驱动因素”。我国在这一过程中也实现了“从一个国际社会之外的政治革命性大国转变为维护国际社会稳定的经济发展中国家”。更为重要的是，主动实现国内的温室气体减排也符合中国的绿色发展理念。我国长期以来坚持的可持续发展的理念“使中国的经济增长方式从‘九五’到‘十一五’时期出现了从‘浅绿’到‘深绿’的过程，‘十二五’规划首次将绿色发展作为转变经济发展方式的重要着力点，‘十三五’规划的合作任务就是将绿色发展理念变为绿色发展目标”。我国在哥本哈根气候变化大会上的态度表明，影响中国是否参与气候减排机制的原因在于“中国国内的经济发展利益”。我国的气候减排行动需要实现与经济发展速度相匹配，十八大报告明确提出“将实现单位 GDP 能源消耗和 CO_2 排放大幅下降，主要污染物排放总量显著减少”。我国政府已经意识到包括空气污染在内的环境问题与 CO_2 排放的密切关联，以及由此带来的环境脆弱性和国家责任。从国内需求来看，李克强总理在 2014 年就提出全社会积极实行碳减排，以“向污染宣战”。在国家责任方面，国家主席习近平在国内外不同的场合和发言中表明了我国在环境保护上的责任担当。他表示“中国将发展低碳经济，为人民创造良好生产生活环境，为全球生态安全做出贡献”。同时“中国将继续承担应尽的国际义务，同世界各国深入开展生态文明领域的交流合作，推动成果分享，携手共建生态良好的地球美好家园”。在 2016 年 9 月举办的 G20 杭州峰会上，习近平进一步表明了我国积极参与全球气候减排的决心：“从去产能、调结构、稳增长出发，采取积极的自主行动缩减粗放型经济规模，并承诺在今后 5 年中，中国单位 GDP 用水量、能耗、CO_2 排放量将分别下降 23%、15%、18%”。

我国和美国在国内气候减排的利益驱动力影响下，调整了参与国际气候谈判中的自我身份定位，中美以双边谈判的方式达成了一系列的双边气候合作协议。2014 年中美关于碳减排宣布了各自的标准，承诺在 2030 年双方合作碳减排的份额达到全球减排份额的 1/3。在重申 2013 年和 2014 年中美元首在气候变化联合声明的基础上，2015 年 9 月达成了《中美元首气候变化联合声明》。中美气候合作的声明签署，被认为是“中国在参与全球气候治理和气候谈判上的一个明显的积极性进步，对巴黎会议的召开具有极大的振奋性作用”。声明中中美均表态，将致力于保证在“共同而有区别的责任”，特别是在“有区别”的基础上共同推进和加强双方在气候合作上在国内外的努力，以促进和维护巴黎会议的成果。美国主要从清洁能源发展机制上着手，在提出美国的清洁能源法案的同时，加强与其他国家的清洁能源合作。我国则在全球温升 2℃的基础上通过技术进步实现温室气体减排，并努力在“2025 年前达到排放峰值”。

10.2.2 减缓气候变化中外交思想面临的机遇

在新旧国际体系转换的时期，传统安全与气候能源安全威胁相互交织，各种全球化发展的深层次矛盾推动各国外交出现复杂和深刻的变革，我国在气候能源领域的外交日益重要。气候能源安全是世界和平、区域稳定、国家与公共安全面临的新威胁，也是政治学中的低级政治问题。其影响和实施主体小到社区和个人，大到跨国组织、国家甚至整个地球。气候能源问题涵盖领域非常广，既包括由科技发展及全球化引起的人类与自然界的可持续发展问题，又包括非国家行为体对国际秩序或国际稳定所造成的威胁和挑战。在气候能源领域的外交则要更多借助于多边机制和国际社会，包括多种非政府组织和跨领域、跨学科力量的加入。这些问题的最终解决必须依靠标本兼治的治理模式，因为这些问题多半不囿于国家之间，而源自人与自然的关系、社会体制、国家内部，有着深刻的突发性、自然性、体制性、结构性根源。

1. 与时俱进的理论品质

当今的时代是“国与国相互依存日益紧密”的时代，世界各国的关系越加复杂交织。现存国际体系的开放性正是源自全球体系的相互依赖性，在相互依存的国际体系转换时期，传统安全与气候能源安全威胁相互交织，各种全球化发展的深层次矛盾推动各国外交出现复杂和深刻的变革。进入 21 世纪以来，全球共同面临着能源资源价格攀升、生态退化、环境污染、人口健康、饥饿贫困、严重自然灾害和全球气候变化等重大问题。

在与时俱进的理论指引下，国家领导人对外交战略进行调整，充分认识到和平与发展的时代主题的新变化。我国在气候能源领域的外交日益重要，外交决策层面已经充分注意到气候能源领域问题与国家的政治、经济和社会现实密切相关。“加强应对气候变化能力建设，为保护全球气候做出新贡献”等在“和谐世界”的理念基础上，气候能源安全外交已经成为国家发展战略的组成部分，是建设“和谐社会”的支撑。我国的习近平总书记指出：“到 2020 年全面建成小康社会，是我们党向人民、向历史做出的庄严承诺”。党的十八大报告中提出到 2020 年全面建成小康社会，并赋予全面小康更高的标准、更丰富的内涵。党的十九大报告中指出：建设生态文明是中华民族永续发展的千年大计。必须树立和践行绿水青山就是金山银山的理念，坚持节约资源和保护环境的基本国策，像对待生命一样对待生态环境，统筹山水林田湖草系统治理，实行最严格的生态环境保护制度，形成绿色发展方式和生活方式，坚定走生产发展、生活富裕、生态良好的文明发展道路，建设美丽中国，为人民创造良好生产生活环境，为全球生态安全做出贡献。

2. 协同共进的发展方向

协同共进是相互依存和全球化时代下气候能源外交的必然选择。互利共赢地发展国际交往合作，不仅是我国的需要，也是其他国家的需要。这意味着，一方面，必须在国际舞台上高举“合作共赢”的大旗，与世界各国携手解决各种气候能源领域的问题；另一方面，气候能源领域的外交要着重关注对全球相关领域治理制度的修改、完善和新制度的制定，从基本规则入手，以制度建设促进全球治理和国家形象的建设，最终实现合理、公正、符合全人类的和谐世界。

世界各国面临的气候能源安全危机趋于全球化，形成全球治理在各国及国际组织中不断磨合的趋势。积极开展国际气候能源合作已经成为当代我国外交重要的内容。在全球化时代，全球性和跨国性问题不断增加，国际合作在应对这些问题上具有不可替代的作用。国际制度就是应国际合作的需要而产生的，气候能源问题不断地增多，使得各类功能性和地区性组织不断加强、应运而生，在一个日益以游戏规则为各国利益分配指导的国际社会中，国际制度正在部分地克服世界的无序状态，推动各国的外交出现新的变化。我国外交尤其需要重视这些制度和规范。在党的十九大报告中做出了明确的概括：构建人类命运共同体，建设持久和平、普遍安全、共同繁荣、开放包容、清洁美丽的世界。我国是国际体系的参与者和维护者。我国不仅积极参与现行国际制度，同时提供了大量的全球治理产品，与其他国家一起“相互帮助、协力推进，共同呵护人类赖以生存的地球家园”。

3. 与友共赢的应对策略

“共同但有区别的责任”原则是维护发展中国家公平发展权益的基石，建设国际经济新秩序是我国长期坚持的方向。长期以来不平等、不公正的国际经济秩序使发展中国家发展滞后、资金缺乏、技术落后，无疑将会给气候能源领域的合作和协调行动带来困难。在历次多边和双边外交谈判中，坚持发达国家负有比发展中国家更多的责任，理应率先行动起来，为全球气候能源问题的治理做出贡献。广大发展中国家的发展权力应得到维护，绝大多数发展中国家尚处于满足人民基本需要的发展阶段，承受着保护环境和发展经济的双重压力。不断推动发达国家向发展中国家提供额外的资金援助和优惠的技术转让，并认为帮助发展中国家是为了人类共同利益和自身利益的一种投资，也是对他们过去向南方国家索取并造成其发展滞后的一种补偿。积极主张建立公正的经济秩序，消除外部经济条件恶化带来的不利影响，加强发展中国家的技术和经济实力，以提高他们在防灾、反恐、环保等领域的国家建设能力。

发展中国家在国际交往中也理应享有平等的参与权与决策权，为此就要反对单边主义，提倡和推进多边主义，最大限度地发挥联合国及其安理会在国际事务中的积极作用。在联合国框架下的国际反恐合作是我国推动的最终方向。在全球疾病防控领域，联合国应发挥其政治优势，加强禽流感防控国际合作的政策协调。世界卫生组织应加大向发展中国家提供防控禽流感的技术支持力度。

作为新兴大国，中国、印度、巴西崛起势头迅猛，经济发展成就显著，在诸多气候能源领域方面具有共同的利益。2011 年“金砖四国”已转为“金砖五国”合作机制，正式登上了世界政治和经济的舞台，成为全球治理的重要角色。这些国家可以推动发展中国家合作，建立多个层面的协调机制，可以与其他发展中国家加强团结，促进发展中国家共同发展。发展中国家的核心集团“基础四国”也已经成为气候变化谈判的主要力量。

我国一向重视并积极推动与发展中国家的合作，尤其是与新兴大国之间的合作。我国的气候能源领域外交一方面针对当前的热点问题，不断推动发展中国家谋求公平发展的权利，促进我国和发展中国家的互利共赢；另一方面也在积极推动发展中国家在全球治理中发挥更大的作用。

我国注意加强与发展中国家中资源出口国的团结与合作。我国和海湾国家在能源等领域展开了卓有成效的合作，我国与海湾国家的能源对话机制已经启动，目前正在进行自由贸易协定的谈判。我国已相继在沙特、伊朗获得能源大项目，与海湾地区的能源合作势头看好。我国企业在非洲建立了原油勘探开发、输油管线、炼油、石化等上下游一体的石油工业体系，并培训本土技术人员，鼓励旅游业发展。这样不仅避免了欧美国家历史上对非洲的片面掠夺性开采、防止非洲国家形成对能源资源的过度依赖，也协助非洲实现产业升级和提升经济活力。我国和非洲的能源合作主要采取“股权换油源计划”，通过帮助非洲国家改善农业、电力和通信等产业来交换石油的勘探开发权。这种中非石油供需双方的直接交易既可以防范欧美金融炒家，又可以实现非洲石油投资多元化发展。

10.2.3 减缓气候变化中的制度内化和软能力建设面临的机遇

全球气候变化谈判推动全球环境政治进入一个新的时代，国内制度和软能力都是重要的能力建设。

1. 减缓气候变化的制度内化

政策协调是所有国内制度的核心问题。目前国际气候制度仍然处于谈判阶段，国际气候制度对于塑造决策者的利益、改变知识结构、形成内化的国际制度具有重要的意义。在应对气候变化的过程中，国际制度可以由利益协调、规范内化和制度建设这三种解释变量来塑造我国国内制度与规范、部门利益和政策制定过程，进而推动气候变化软能力的发展。

国际制度要求各参与国的政策相互融合和调整，导致国内利益偏好和表达、政策制度和决策过程等方面出现变化。国际制度内化的重点在于国家政策协调制度的建设和决策过程的调整。政策协调制度一般包括以下三个要素：部门利益的表达，部门与跨部门的知识建构，各部门对最后决策形成的意见建议交换。

2. 减缓气候变化的软能力建设

气候变化软能力建设包括三个层面：第一是利益协调，包括气候变化谈判带来的新的利益理念、利益集团等，它们既是提升气候变化软能力的动力，同时也促进我国国家利益通过国际气候变化谈判而对国际制度或规范形成反作用力。第二是规范内化，包括国际制度与规范的扩散与内化、信息交流等，部门协调和交流，同时国际制度与规范逐渐被当地化。第三是制度建设，包括协调体制的演变、议事日程的设定、国际履约等。在全球气候变化谈判中，软能力建设对我国气候外交具有重要的政治和战略含义。随着我国日益成为气候变化全球治理的参与者、维护者和建设者，我国软能力建设将逐渐地、全方位地影响气候变化制度的演进，因此我国必将对气候变化制度的发展和变迁做出贡献。

随着全球气候变化谈判的兴起，如何应对气候变化谈判、如何参与气候外交、如何在国际制度中最大限度实现国家利益的同时又发挥国家作用等现实问题，这些都挑战着各个国家的外交能力。“软能力建设”是指一国在与国际制度互动的过程中衍生出的以利益协调、制度建设和规范内化为内容的机制化过程。气候变化软能力建设不仅是一个部门协调和制度建设的过程，也是安全泛化引发的国际规范内化现象，更体现了詹姆斯 N・罗西瑙（James N・Rosenau）所谓的“连接政治现象”。作为国际政治和外交学研究范畴中新兴的热点领域，气候变化对政府行为、跨国关系、国际政治经济结构、国际能源政治等均会产生影响。

参 考 文 献

卞纪兰, 李彤, 2017. 我国低碳农业的问题与对策. 劳动保障世界(27): 58-59.
薄燕, 高翔, 2014. 原则与规则: 全球气候变化治理机制的变迁. 世界经济与政治, (2): 48-65, 156-157.
陈双双, 2017. 人力资本对中国减缓气候变化的影响研究. 济南: 山东师范大学.
杜雪, 尤洋, 2016. 节能减排背景下 CCUS 技术及政策分析. 山西科技, 31(2): 15-18.
高广生, 李丽艳, 2003. 清洁发展机制(CDM)的实施与管理. 中国能源(6): 12-17.
高翔, 2016. 《巴黎协定》与国际减缓气候变化合作模式的变迁. 气候变化研究进展, 12(2): 83-91.
高翔, 王文涛, 2013.《京都议定书》第二承诺期与第一承诺期的差异辨析. 国际展望(4): 27-41, 139-140.
高翔, 王文涛, 戴彦德, 2012. 气候公约外多边机制对气候公约的影响. 世界经济与政治(4): 59-71, 157-158.
宫能泉, 2013. 中国农业温室气体排放的现状及减排路径. 粮食科技与经济, 38(6): 11-13, 25.
何建坤, 陈文颖, 王仲颖, 等, 2016. 中国减缓气候变化评估. 科学通报, 61(10): 1055-1062.
黄彦, 2012. 低碳经济时代下的森林碳汇问题研究. 西北林学院学报, 27(3): 260-268.
李婧舒, 2015. 协调应对气候变化与贸易的国际规则研究. 北京: 对外经济贸易大学.
龙盾, 2017. 身份、利益与大国合作. 北京: 外交学院.
米志付, 2015. 气候变化综合评估建模方法及其应用研究. 北京: 北京理工大学.
欧盟环境署, 2014. 欧盟城市适应气候变化的机遇和挑战. 张明顺, 冯利利, 黎学琴, 等, 译. 北京: 中国环境出版社.
潘家华, 孙翠华, 邹骥, 等, 2007. 减缓气候变化的最新科学认知. 气候变化研究进展, 3(4): 187-194.
潘一, 梁景玉, 吴芳芳, 等, 2012. 二氧化碳捕捉与封存技术的研究与展望. 当代化工, 41(10): 1072-1075, 1078.
彭峰, 2010. 后哥本哈根时代: 《京都议定书》之清洁发展机制的实施及转型. 中国政法大学学报, (5): 61-69, 159.
彭仲仁, 路庆昌, 2012. 应对气候变化和极端天气事件的适应性规划. 现代城市研究, 27(1): 7-12.
任福民, 高辉, 刘绿柳, 等, 2014. 极端天气气候事件监测与预测研究进展及其应用综述. 气象, 40(7): 860-874.
史丹, 2015. “十二五” 节能减排的成效与“十三五”的任务. 中国能源, 37(9): 4-10, 42.
宋恬静, 2016. 地方政府减缓气候变化行动绩效评价研究. 南京: 南京信息工程大学.
孙柏铭, 严瑞瑄, 1998. 生命周期评价方法及在汽车代用燃料中的应用. 现代化工(7): 34-38.
孙钰, 2011. 德班: 激烈交锋博弈艰难达成决议. 环境保护, (23): 45-46.
王浩, 2015. 对我国推动碳捕集、利用和封存的对策建议. 中国环保产业, (9) : 56-60.
王萍, 王炳才, 2016. 我国碳捕集与封存技术发展概况. 天津商业大学学报, 36(4): 57-63.
文宗瑜, 谭静, 宋韶君, 2015. “十三五”时期产业结构调整的方向和政策. 经济研究参考, 62: 58-69.
肖兰兰, 2016. 中国对 IPCC 评估报告的参与、影响及后续作为. 国际展望, 8(2): 59-77, 154.
闫红, 2017. 论共同但有区别责任原则的新发展及我国的应对. 石家庄: 河北经贸大学.
叶有华, 邹剑锋, 吴锋, 等, 2012. 高度城市化地区碳汇资源基本特征及其提升策略. 环境科学研究,

25(2): 240-244.
于宏源, 2015. 低碳经济中的挑战与创新. 大连: 东北财经大学出版社.
张君枝, 刘云帆, 马文林, 等, 2014. 基于 fuzzy TOPSIS 的城市水资源适应能力评估方法研究. 环境与可持续发展, 39(6): 147-150.
张伟, 2003. 关注气候变化实现可持续发展——"减缓气候变化: 发展的机遇与挑战"国际研讨会综述. 世界经济与政治(1): 72-74.
赵敏, 2011. 低碳消费方式实现途径探讨. 经济问题探索(2): 33-37.
朱松丽, 张海滨, 温刚, 等, 2014. 对 IPCC 第五次评估报告减缓气候变化国际合作评估结果的解读. 气候变化研究进展, 10(5): 340-347.
ADGER W N, 2000. Social and ecological resilience: are they related? Progress in human geography, 24 (3): 347-364.
ADGER W N, 2006. Vulnerability. Global environmental change, 16 (3): 268-281.
BRAUNER HJELM P, JOHANSSON D, 2013. Climate Change Adaptation in Great Lakes Cities. Ann Arbor: University of Michigan.
BROOKS N, 2003. Vulnerability, risk and adaptation: a conceptual framework. Tyndall Centre for Climate Change Research , University of East Anglia.
BROWN P R, NELSON R, JACOBS B, et al., 2010. Enabling natural resource managers to self-assess their adaptive capacity. Agricultural Systems, 103(8): 562-568.
CARPENTER S R, WALKER B H, ANDERIES J M, et al., 2001. From metaphor to measurement: resilience of what to what? Ecosystems, 4(8): 765-781.
DELOR F, HUBERT M, 2000. Revisiting the concept of 'vulnerability'. Social science & medicine, 50(11): 1557-1570.
ELLIS F, 2000. Rural livelihoods and diversity in developing countries. New York: Oxford University Press USA.
ENGLE N L, 2011. Adaptive capacity and its assessment. Global environmental change, 21(2): 647-656.
GOKLANY I M, 2007. Death and death rates due to extreme weather events: Global and U. S. trends, 1900-2004.
GUNDERSON L H, 2000. Ecological Resilience in theory and application. Annual review of ecology and systematics, 31: 5-39.
HOLLING C S, 1996. Engineering resilience versus ecological resilience// SCHULZE P C(eds.). Engineering within ecological constraints. Washington: National Academy Press: 31-43.
HOLLING C S, 1973. Resilience and stability of ecological systems. Annual review of ecology and systematics, 4: 1-23.
IORIS A A, HUNTER C, WALKER S, 2008. The development and application of water management sustainability indicators in Brazil and Scotland. Journal of environmental management, 88(4): 1190-1201.
IPCC, 2001. Climate Change: Impacts, Adaptation & Vulnerability. Cambridge: Cambridge University Press: 3-26.
KASPERSON J X, KASPERSON R E, TURNER B L, et al., 2005. Vulnerability to global environmental change//KASPERSON J X, KASPERSON R E. Social Contours of Risk (vol. II). London: Earthscan: 245-285.
PANDEY V P, BABEL M S, SHRESTHA S, et al., 2011. A framework to assess adaptive capacity of the water resources system in Nepalese river basins. Ecological indicators, 11(2): 480-488.
PBL Netherlands Environmental Assessment Agency. Trends in global CO_2 emission: 2012 Report[R/OL]. (2012-07-25)[2019-05-27]. https://www.pbl.nl/en/publications/2012/trends-in-global-co2-emissions-2012-report.
PETTENGELL C, JENNINGS S, 2010. Climate change adaptation: enabling people living in poverty to adapt.

Oxfam policy and practice: climate change and resilience: 6 (2) : 1-48.

PIMM S L, 1984. The complexity and stability of ecosystems. Nature, 307 (26) : 321-326.

SMIT B, WANDEL J, 2006. Adaptation, adaptive capacity and vulnerability. Global Environmental Change, 16 (3) : 282-292.

STEWARD J H, 2009. General and theoretical theory of culture change: the methodology of multilinear evolution. American Anthropologist, 59 (3) : 540-542.

TURNER B L, KASPERSON R E, MATSON P A, et al., 2003. A framework for vulnerability analysis in sustainability science. Proceedings of the National Academy of Sciences of the United States of America, 100 (14) : 8074-8079.

WALKER B, HOLLING C S, CARPENTER S R, et al., 2004. Resilience, adaptability and transformability in social-ecological systems. Ecology and society, 9 (2) : 5.

YOHE G ,TOL R S, 2002. Indicators for social and economic coping capacity moving toward a working definition of adaptive capacity. Global Environmental Change, 12 (1) : 25-40.